面向新工科普通高等教育系列教材

专业伦理与职业素养
——计算机、大数据与人工智能

匡芳君 陈 伟 周 苏 主编

机械工业出版社

本书共 12 章，内容包括计算的社会背景，伦理与道德，计算机伦理规则，网络伦理规则，大数据伦理规则，人工智能伦理规则，职业与职业素养，工匠精神与工程教育，计算的学科、思维与职业，安全与法律，知识产权与自由软件，以及区块链技术与应用。本书知识内容系统、全面，可以帮助读者扎实地打好计算学科各专业伦理与职业素养的知识基础。

本书特色鲜明、内容易读易学，既适合高校计算机及信息类专业学生学习，也适合对计算学科相关领域感兴趣的读者阅读参考。

本书配有授课电子课件，需要的教师可登录 www.cmpedu.com 免费注册，审核通过后下载，或联系编辑索取（微信：15910938545，电话：010-88379739）。

图书在版编目（CIP）数据

专业伦理与职业素养：计算机、大数据与人工智能 / 匡芳君，陈伟，周苏主编. —北京：机械工业出版社，2022.9
面向新工科普通高等教育系列教材
ISBN 978-7-111-71565-8

Ⅰ. ①专⋯　Ⅱ. ①匡⋯　②陈⋯　③周⋯　Ⅲ. ①电子计算机-技术伦理学-高等学校-教材　②电子计算机-工程技术人员-职业道德-高等学校-教材　Ⅳ. ①B82-057　②TP3-05　③B822.9

中国版本图书馆 CIP 数据核字（2022）第 166552 号

机械工业出版社（北京市百万庄大街22号　邮政编码　100037）
策划编辑：郝建伟　　责任编辑：郝建伟　马新娟
责任校对：张艳霞　　责任印制：李　昂
唐山三艺印务有限公司印刷

2023年1月第1版·第1次印刷
184mm×260mm·14.5 印张·385 千字
标准书号：ISBN 978-7-111-71565-8
定价：65.00 元

电话服务　　　　　　　　　　网络服务
客服电话：010-88361066　　　机　工　官　网：www.cmpbook.com
　　　　　010-88379833　　　机　工　官　博：weibo.com/cmp1952
　　　　　010-68326294　　　金　书　网：www.golden-book.com
封底无防伪标均为盗版　　　　机工教育服务网：www.cmpedu.com

前言

2020年5月28日，教育部印发《高等学校课程思政建设指导纲要》，全面推进高校课程思政建设。这是落实习近平总书记关于教育重要论述的重要举措，是落实立德树人根本任务的必然要求，是全面提高人才培养质量的重要任务。

为落实立德树人根本任务，深入挖掘提炼计算学科专业课程所蕴含的思政要素，围绕"培养什么人、怎样培养人、为谁培养人"这一根本问题，我们尝试在高等院校计算学科相关各专业开设思政教育课程，制定"专业伦理与职业素养"课程的"课程思政"标准，提高课堂教学质量，提升育人成效，实现共同构建全员、全过程、全方位育人的大思政教育格局。

计算机技术的迅猛发展对社会、经济、文化等领域产生了深远影响，提升了社会劳动生产率，特别是在有效降低劳动成本、优化产品和服务、创造新市场和就业等方面为人类的生产和生活带来了巨大变化。

计算机在造福人类、促进社会发展的同时，也引发了一系列伦理与职业素养问题。相关专业学生在学习计算机知识与技术的同时，必须重视掌握专业伦理知识。重视计算学科的职业伦理教育，防止信息技术的滥用，提高从业人员的责任心和职业道德水准，确保数据和算法系统的安全可靠，使算法系统的可解释性成为未来引导设计的一个基本方向，使伦理准则成为从业者的工作基础，从而提升从业人员的职业抱负和理想。

本书共12章，内容包括计算的社会背景，伦理与道德，计算机伦理规则，网络伦理规则，大数据伦理规则，人工智能伦理规则，职业与职业素养，工匠精神与工程教育，计算的学科、思维与职业，安全与法律，知识产权与自由软件，以及区块链技术与应用，是针对高等院校计算学科相关各专业学生的发展需要，为"专业伦理与职业素养"课程而全新设计编写的，具有丰富知识性与应用特色的主教材。本书知识内容系统、全面，可以帮助读者扎实地打好计算学科专业伦理与职业素养的知识基础。

每章在编写时都遵循下列要点：

（1）安排精选的"导读案例"，引发学生的自主学习兴趣。

（2）介绍基本观念或解释原理，让学生能切实理解和掌握计算学科专业伦理与职业素养的基本原理及相关知识。

（3）组织浅显易懂的案例，注重培养扎实的基本理论知识，重视培养学习习惯。

（4）为学生提供低认知负荷的自我评测题目，让学生在学习过程中逐步理解、掌握专业伦理的基本观念与技术。

（5）思考与实践并进，书中的"研究性学习"环节，建议在教学班中组织研究性学习小组，鼓励学生讨论与积极表达，努力让计算学科专业伦理知识成为日后驰骋职场的立身之本。

虽然已经进入电子时代，但我们仍然竭力倡导课前预习、课后复习，课中在书上做好笔记，最后完成课程学习总结。为各章设计的作业（"四选一"选择题）并不难，学生只要认真阅读课文，所有题目都能准确回答。在本书的附录中我们准备了作业参考答案。

本书的"课程教学进度表"可作为教师授课参考和学生课程学习的概要。实际执行时，应按照教学大纲编排教学进度，根据校历中关于本学期节假日的安排，实际确定课程的教学进度，例如下面两表：

课程教学进度表（32 学时）

（20　—20　学年第　　学期）

课程号：_____　课程名称：__专业伦理与职业素养__　学分：__2__　周学时：__2__
总学时：__32__　（其中，理论学时：__32__；实践学时：__0__）
主讲教师：_____

序号	校历周次	章节（或实训、习题课等）名称与内容	学时	教学方法	课后作业布置
1	1	第1章　计算的社会背景	2	导读案例、课文	作业、研究性学习
2	2	第1章　计算的社会背景	2		
3	3	第2章　伦理与道德	2		
4	4	第2章　伦理与道德（算法歧视）	2		
5	5	第3章　计算机伦理规则	2		
6	6	第3章　计算机伦理规则	2		
7	7	第4章　网络伦理规则	2		
8	8	第5章　大数据伦理规则	2		
9	9	第6章　人工智能伦理规则	2		
10	10	第7章　职业与职业素养	2		
11	11	第8章　工匠精神与工程教育	2		
12	12	第9章　计算的学科、思维与职业	2		
13	13	第10章　安全与法律	2		
14	14	第11章　知识产权与自由软件	2		
15	15	第11章　知识产权与自由软件	2		
16	16	第12章　区块链技术与应用	2		作业、课程学习总结

课程教学进度表（16学时）

（20　—20　学年第　　学期）

课程号：_____　课程名称：<u>专业伦理与职业素养</u>　学分：<u>1</u>　周学时：<u>2（单周）</u>
总学时：__16__　（其中，理论学时：__16__；实践学时：__0__）
主讲教师：_____

序号	校历周次	章节（或实训、习题课等）名称与内容	学时	教学方法	课后作业布置
1	1	第1章　计算的社会背景	2	导读案例、课文	作业、研究性学习
2	2	第2章　伦理与道德	2		
3	3	第3章　计算机伦理规则	2		
4	4	第4章　网络伦理规则 第5章　大数据伦理规则 第6章　人工智能伦理规则	2 选读		
5	5	第7章　职业与职业素养 第8章　工匠精神与工程教育	2		
6	6	第9章　计算的学科、思维与职业	2		
7	7	第10章　安全与法律	2		
8	8	第11章　知识产权与自由软件	2		作业、课程学习总结
9		第12章　区块链技术与应用	自行阅读		—

课程的教学评测可以从以下几个方面入手：

（1）每章课前的"导读案例"学习评价（12项）。

（2）课后作业（"四选一"选择题，12组）。

（3）每章的"研究性学习"小组活动评价（11项）。

（4）"课程学习与实验总结"（大作业，1项）。

（5）平时考勤。

（6）任课老师认为必要的其他考核方面。

本书特色鲜明、内容易读易学，既适合高校学生学习，也适合对计算机相关领域感兴趣的读者阅读参考。

本书的编写得到了温州商学院、浙大城市学院、浙江安防职业技术学院、嘉兴技师学院、杭州汇萃智能科技有限公司等多所院校、企业的支持，在此一并表示感谢！本书由匡芳君、陈伟、周苏主编，张思扬、朱准、周海钧、李婵、王文参与了本书的部分编写工作。

由于编者水平有限，书中疏漏与不足之处在所难免，恳请广大同行和读者指正。

周　苏

目录

前言
第1章 计算的社会背景 ... 1
【导读案例】个人计算机的发展历程 ... 1
1.1 计算机的渊源 ... 4
1.1.1 为战争而发展的计算机器 ... 4
1.1.2 通用计算机 ... 5
1.1.3 人工智能大师 ... 6
1.2 大数据基础 ... 7
1.2.1 信息爆炸的社会 ... 7
1.2.2 大数据的定义 ... 8
1.2.3 大数据的3V特征 ... 9
1.2.4 大数据时代 ... 9
1.2.5 大数据对应的厚数据 ... 10
1.3 从机械思维到数据思维 ... 11
1.3.1 人类现代文明的基础 ... 11
1.3.2 确定的还是不确定的 ... 12
1.3.3 解决不确定性问题的思维 ... 13
1.4 人工智能时代 ... 14
1.4.1 图灵测试 ... 14
1.4.2 定义人工智能 ... 14
1.4.3 强人工智能和弱人工智能 ... 15
1.4.4 大数据与人工智能 ... 17
【作业】 ... 17
【研究性学习】进入人工智能新时代 ... 19

第2章 伦理与道德 ... 21
【导读案例】构建信息服务算法安全监管体系 ... 21
2.1 伦理与道德基础 ... 24
2.1.1 伦理的定义 ... 24
2.1.2 道德的概念 ... 25
2.1.3 伦理是一种自然法则 ... 25
2.1.4 伦理学研究 ... 26
2.2 科技伦理造福人类 ... 26
2.2.1 科技伦理是理性的产物 ... 26

- 2.2.2 科技伦理的预见性和探索性 26
- 2.3 技术伦理 27
- 2.4 工程伦理 28
- 2.5 算法歧视 29
  - 2.5.1 算法透明之争 29
  - 2.5.2 算法透明的实践 31
  - 2.5.3 算法透明的算法说明 32
  - 2.5.4 算法透明的替代方法 32
  - 2.5.5 算法公平的保障措施 33
- 【作业】 34
- 【研究性学习】辩论：算法是否应该透明 36

第3章 计算机伦理规则 37

- 【导读案例】臭名昭著的五大软件 bug 37
- 3.1 计算技术的伦理问题 40
  - 3.1.1 建立计算机伦理学 40
  - 3.1.2 计算机伦理学的理论基础 41
  - 3.1.3 计算机伦理学原则 41
- 3.2 技术评估和控制 42
  - 3.2.1 群体智慧 42
  - 3.2.2 减少信息流 43
  - 3.2.3 便利与责任 43
  - 3.2.4 计算机模型 44
  - 3.2.5 数字鸿沟 44
- 3.3 控制设备和数据 45
  - 3.3.1 远程删除软件和数据 45
  - 3.3.2 自动软件升级 46
- 3.4 关于技术的决策 46
- 3.5 错误、故障和风险 48
  - 3.5.1 个人遇到的问题 48
  - 3.5.2 系统故障 49
  - 3.5.3 遗留系统重用 50
  - 3.5.4 案例：停滞的丹佛机场建设 51
  - 3.5.5 哪里出了毛病 52
- 3.6 软件和设计的问题 53
  - 3.6.1 设计缺陷 53
  - 3.6.2 软件错误 54
  - 3.6.3 为什么会有这么多事故 55
- 3.7 提高可靠性和安全性 56
  - 3.7.1 安全攸关的应用 56
  - 3.7.2 用户界面和人为因素 57

            3.7.3　相信人还是计算机系统 59
            3.7.4　依赖、风险和进步 59
    【作业】 60
    【研究性学习】计算机伦理规则的现实意义 62

第 4 章　网络伦理规则 63
    【导读案例】严控平台滥用算法 63
    4.1　什么是网络伦理 65
        4.1.1　网络伦理问题的成因 66
        4.1.2　网络伦理学的提出 67
        4.1.3　网络伦理学的定义 67
        4.1.4　网络伦理学的道德要素 68
    4.2　网络伦理的基本原则 68
    4.3　网络伦理的研究范畴 69
        4.3.1　善、恶 69
        4.3.2　应当 69
        4.3.3　价值 70
        4.3.4　平等 70
        4.3.5　信用 70
        4.3.6　服务 71
        4.3.7　批判 71
    4.4　网络伦理难题 71
    4.5　垃圾邮件 73
    【作业】 75
    【研究性学习】网络伦理规则的现实意义 76

第 5 章　大数据伦理规则 78
    【导读案例】爬虫技术的法律底线 78
    5.1　数据共享 80
        5.1.1　数据共享存在的问题 80
        5.1.2　个人数据和匿名数据 81
    5.2　大数据伦理问题 81
        5.2.1　数据主权和数据权问题 82
        5.2.2　隐私权和自主权被侵犯问题 82
        5.2.3　数据利用失衡问题 83
        5.2.4　大数据伦理问题表现的 10 个方面 83
    5.3　大数据伦理问题的根源 84
    5.4　欧盟的大数据平衡措施 85
        5.4.1　欧盟隐私权管理平台 86
        5.4.2　伦理数据管理协议 86
        5.4.3　数据管理声明 87
        5.4.4　欧洲健康电子数据库 87

5.5 数据隐私保护对策 ... 88
5.5.1 构建隐私保护伦理准则 ... 88
5.5.2 注重隐私保护伦理教育 ... 89
5.5.3 健全道德伦理约束机制 ... 89
【作业】 ... 90
【研究性学习】制定大数据伦理原则的现实意义 ... 91

第 6 章 人工智能伦理规则 ... 93
【导读案例】勒索软件的 2021 ... 93
6.1 人工智能面临的伦理挑战 ... 97
6.1.1 人工智能与人类的关系 ... 97
6.1.2 人与智能机器的沟通 ... 99
6.2 与人工智能相关的伦理概念 ... 99
6.2.1 功利主义 ... 99
6.2.2 奴化控制 ... 99
6.2.3 情感伦理 ... 100
6.2.4 "人"的定义 ... 101
6.3 人工智能的伦理原则 ... 101
6.3.1 微软六大伦理原则 ... 101
6.3.2 百度四大伦理原则 ... 104
6.3.3 欧盟可信赖的伦理准则 ... 105
6.3.4 美国军用 AI 伦理原则 ... 105
6.4 人工智能伦理的发展 ... 106
6.4.1 职业伦理准则的目标 ... 106
6.4.2 创新发展道德伦理宣言 ... 107
【作业】 ... 109
【研究性学习】制定人工智能伦理原则的现实意义 ... 111

第 7 章 职业与职业素养 ... 112
【导读案例】"人肉计算机"女数学家凯瑟琳·约翰逊 ... 112
7.1 职业素养的概念 ... 116
7.2 职业素养的内涵与特征 ... 116
7.2.1 职业素养基本特征 ... 117
7.2.2 职业素养的三个核心 ... 118
7.2.3 职业素养的分类 ... 118
7.3 职业素养的提升 ... 118
7.3.1 关于新人的蘑菇效应 ... 119
7.3.2 显性素养——专业知识与技能 ... 119
7.3.3 隐性素养——职业意识与道德 ... 120
7.4 培养职业素养 ... 122
7.4.1 职业素养的"冰山"理论 ... 122
7.4.2 职场必备的职业素养 ... 123

  7.4.3 职业素养的自我培养 ·········124
  7.4.4 职业素养的教育对策 ·········124
【作业】·········125
【研究性学习】职业素养的后天素养及其培养途径 ·········127

第8章 工匠精神与工程教育 ·········128
【导读案例】了不起的匠人——王震华 ·········128
8.1 什么是工匠精神 ·········131
  8.1.1 工匠精神的内涵 ·········131
  8.1.2 工匠精神的现实意义 ·········132
  8.1.3 工匠精神的发展 ·········132
8.2 工程素质 ·········133
  8.2.1 理科与工科 ·········133
  8.2.2 理工科学生的工程素质 ·········134
8.3 工程教育 ·········134
  8.3.1 什么是《华盛顿协议》·········134
  8.3.2 中国工程教育规模世界第一 ·········135
  8.3.3 推动工程教育改革的国家战略 ·········136
  8.3.4 国际工程师互认体系的其他协议 ·········136
  8.3.5 工程教育专业认证的特点 ·········136
8.4 CDIO 工程教育模式 ·········138
  8.4.1 CDIO 的内涵 ·········138
  8.4.2 CDIO 的 12 条标准 ·········139
8.5 新工科的形成与发展 ·········140
  8.5.1 新工科研究的内容 ·········140
  8.5.2 促进新工科再深化 ·········140
【作业】·········141
【研究性学习】熟悉工匠精神与工程教育 ·········143

第9章 计算的学科、思维与职业 ·········145
【导读案例】智能汽车出行数据的安全 ·········145
9.1 IEEE/ACM《计算课程体系规范》的相关要求 ·········148
  9.1.1 胜任力培养实践 ·········149
  9.1.2 我国计算机本科教育的现状 ·········149
  9.1.3 CC2020 对中国计算机本科专业学科设置的启发 ·········150
  9.1.4 CC2020 对工业界的启发 ·········150
  9.1.5 我国计算机本科专业设置面临的挑战 ·········151
9.2 计算思维 ·········151
  9.2.1 计算思维的概念 ·········151
  9.2.2 计算思维的作用 ·········152
  9.2.3 计算思维的特点 ·········153
9.3 码农的道德责任 ·········154

		9.3.1	了解码农	155
		9.3.2	职业化和道德责任	155
		9.3.3	ACM 职业道德责任	156
		9.3.4	软件工程师道德基础	157

9.4 计算机职业 158
    9.4.1 计算机专业与工作分类 158
    9.4.2 准备从事计算机行业工作 158
    9.4.3 寻找工作的技巧 159
    9.4.4 人工智能的人才培养 159

【作业】 160

【研究性学习】关注计算类专业的职业与责任 162

第 10 章 安全与法律 163

【导读案例】算力与东数西算 163

10.1 消费者隐私权保护 167
    10.1.1 隐私数据保护 167
    10.1.2 隐私的法律保护 167
    10.1.3 人工智能的隐私保护 169

10.2 计算机犯罪与立法 170
    10.2.1 计算机犯罪 170
    10.2.2 病毒扩散 170

10.3 网络安全问题 171

10.4 大数据安全问题 171
    10.4.1 大数据的管理维度 172
    10.4.2 数据生命周期安全 172
    10.4.3 采集汇聚安全 173
    10.4.4 存储管理安全 174
    10.4.5 共享使用安全 175

10.5 大数据安全体系 175

10.6 人工智能法律问题 176
    10.6.1 人格权保护 177
    10.6.2 数据财产保护 177
    10.6.3 侵权责任认定 177
    10.6.4 机器人主体地位 178

【作业】 179

【研究性学习】辩论：数据公开还是隐私保护 180

第 11 章 知识产权与自由软件 182

【导读案例】谷歌图书馆 182

11.1 知识产权及其发展 184
    11.1.1 保护知识产权 184
    11.1.2 新技术的挑战 185

XI

  11.1.3 版权保护的历史 186
  11.1.4 剽窃和版权 186
  11.1.5 软件著作权 186
 11.2 合理使用条款与案例 187
  11.2.1 "合理使用"条款 187
  11.2.2 环球影城诉索尼公司 188
  11.2.3 逆向工程：游戏机 188
  11.2.4 用户和程序界面 189
 11.3 对侵犯版权的防范 190
  11.3.1 用技术手段阻止侵权 190
  11.3.2 执法 191
  11.3.3 禁令、诉讼和征税 191
  11.3.4 数字版权管理 192
  11.3.5 人工智能知识产权问题 192
 11.4 搜索引擎应用 193
 11.5 自由软件 193
 【作业】 195
 【研究性学习】重视知识产权，熟悉"合理使用"条款 197

第 12 章 区块链技术与应用 200
 【导读案例】促进公共数据依法开放共享 200
 12.1 区块链及其发展 201
  12.1.1 区块链的定义 202
  12.1.2 区块链的发展 202
  12.1.3 区块链的特征 203
 12.2 区块链核心技术 204
  12.2.1 分布式账本 205
  12.2.2 非对称加密 205
  12.2.3 共识机制 206
  12.2.4 智能合约 206
 12.3 区块链技术的应用 206
 12.4 区块链技术与安全 208
 【作业】 209
 【课程学习与实验总结】 211

附录 215
 附录 A 作业参考答案 215

参考文献 219

第1章 计算的社会背景

【导读案例】个人计算机的发展历程

个人计算机诞生于20世纪70年代,到今天已有50多年的历史。计算机发展史上的代表人物,"计算机之父"的称号曾经在艾伦·图灵和冯·诺依曼之间徘徊,但追本溯源,计算机的故事得从19世纪一位英国发明家查尔斯·巴贝奇讲起。

巴贝奇最早提出了制造强大的计算机器的想法。1823年,巴贝奇启动了制造差分机(Difference Engine)的项目。尽管项目最终失败了,但这是人类第一次尝试制造大型计算机。图灵曾经在1953年设计了自动计算机(Automatic Computing Engine),选用"Engine"这个词就是向巴贝奇致敬。

从机械计算机到现代电子计算机,从巨型计算机到微型计算机,中间有几个重要的里程碑事件,例如冯·诺依曼提出存储结构、晶体管和集成电路的发明、硅谷的崛起等,但是,和个人计算机发展关系最密切的是英特尔公司Intel 4004(见图1-1)芯片的诞生。1971年,Intel 4004微处理器正式发布,设计者是泰德·霍夫。单独的4004芯片上包含了2 000多个晶体管,几乎拥有与1945年问世的世界上第一台电子计算机ENIAC一样的运算能力。1974年,英特尔公司设计出一种更强大的微处理器——8080。8080微处理器催生了一系列新应用场景,也催生出了个人计算机。

图1-1 Intel 4004

1975年1月，《大众电子》杂志的封面刊出了ALTAIR 8800问世的消息（见图1-2）——这是个人计算机的"出生证"。ALTAIR 8800由爱德华·罗伯茨的MITS公司制造，售价为397美元。实际上，杂志封面上的ALTAIR也并非真机，只是一个空壳。因为第一台真机在寄送的途中丢失了，而杂志的出版时间已经不允许MITS再提供一台真机了。

图1-2 《大众电子》1975年1月刊封面与需要自己组装的ALTAIR 8800

ALTAIR 8800的第一批买家都是计算机发烧友，他们收到的并非一台能够直接使用的机器，而是一堆零散的部件。在当时，组装这些部件是一项非常具有挑战性的工作。

《大众电子》杂志的编辑莱斯利·所罗门在早期的发烧友圈子里非常有影响力，被年轻的极客们亲切地称为"所罗门大叔"。当时，杂志是技术发布的重要平台，也是发烧友学习交流的主要渠道。图1-3是所罗门大叔家的地下室，当年很多技术先驱曾光顾过这里，收藏了很多台早期的计算机。

图1-3 所罗门大叔家的地下室

在众多发烧友的俱乐部中，"家酿计算机俱乐部"（见图1-4）享有盛誉，他们对某个产品的评价甚至可以左右一家公司的成败。乔布斯和沃兹尼亚克就是家酿计算机俱乐部的常客。在家酿计算机俱乐部中孕育的一些极客文化，如分享、开源等，至今影响深远。

ALTAIR 8800的问世不仅引发了技术革新，还引起了社会变革，很多技术先驱由此看到了大众和计算机的接触方式已经发生了根本性的改变。从那以后，个人计算机产业告别了单纯技术至上的发烧友文化，走上了正规的商业化道路。而其中分别代表着软件的微软和硬件的苹果两家公司，即使在几十年后的今天，仍然对人们的生活产生着巨大的影响。

1981 年，IBM PC（见图 1-5）问世，"个人计算机"（PC）这一术语正式确立。尽管 IBM PC 距离 ALTAIR 8800 问世已经过去了 5 年多，但是凭借这个产品，IBM 立刻获得商业市场认可。他们也进一步对个人计算机进行投资，研发了文字处理和电子表格软件。IBM PC 对整个行业产生了深远影响，各大公司纷纷批量购入，从此，个人计算机在办公中发挥了越来越重要的作用。IBM PC 使用微软开发的 MS-DOS 操作系统，微软也随之崛起。

图 1-4　家酿计算机俱乐部的聚会

图 1-5　1981 年发布的 IBM PC

1984 年，苹果公司推出麦金塔（见图 1-6），并在当时的"超级碗"橄榄球比赛中投放了广告。该广告讽刺 IBM 这位计算机界的"老大哥"企图借助 IBM PC 控制个人计算机市场的野心，并暗示横空出世的麦金塔计算机将会打破这个局面。麦金塔计算机取得了巨大的成功，是第一款真正为非技术人士设计并投向广大消费者市场的计算机。

图 1-6　苹果 1984 年发布的麦金塔

进入 20 世纪 90 年代，个人计算机走向成熟。在摩尔定律的作用下，个人计算机不断推陈出新，从外观、尺寸到功能配置，再到硬件设备的物理布局都变得更加多样化。智能手机和平板计算机在 21 世纪初相继问世，它们的出现快速改变着人们与计算机的交互方式。如今，个人计算机在我们生活中举足轻重的地位日渐式微，后 PC 时代已经到来，我们知道，它的逐步消亡趋势是不可逆转的。

50 多年来，个人计算机产业上演了一场波澜壮阔的历史大戏。一群梦想家发起了一场场技术革命，缔造了一个又一个颠覆性的产品，而这些，最终改变了每个人的生活方式。他们的故事值得铭记，他们的精神值得流传。

资料来源：知乎，https://www.zhihu.com/question/38378488. 有改动。

阅读上文，请思考、分析并简单记录：

（1）什么是个人计算机？请列举一些个人计算机的实例。

答：_____

_____

_____

（2）在个人计算机产业的发展史上，分别代表着 PC 软件的微软和 PC 硬件的苹果两家公司的里程碑级的产品是什么？

答：_____

_____

_____

（3）文中称呼某些发烧友为"极客"。请上网搜索了解更多关于极客的信息并简述如下。

答：_____

_____

_____

_____

（4）请简述你所知道的上一周发生的国内外或者身边的大事：

答：_____

_____

_____

_____

1.1 计算机的渊源

所谓"技术系统"是指一种"人造"系统，它是人类为了实现某种目的而创造出来的。技术系统能够为人类提供某种功能。因此，技术系统具有明显的"功能"特征。科学家已经制造出了汽车、火车、飞机、收音机等技术系统，它们模仿并拓展了人类身体器官的功能。但是，技术系统能不能模仿人类大脑的功能？到目前为止，我们也仅仅知道人类大脑是由数十亿个神经细胞组成的器官（见图 1-7），我们对它还知之甚少，模仿它非常困难。

1.1.1 为战争而发展的计算机器

在 20 世纪 40 年代的时候还没有"计算机（Computer）"这个词。"Computer"原本指的是做计算工作的人。这些计算员在桌子前一坐就是一整天，面对一张纸、一份指导手册，可能还有一台机械加法机，按照指令一步步地费力工作，并且足够仔细，最后可能得出一个正确结果。

面对全球冲突，一帮数学家开始致力于尽可能快地解决复杂数学问题。冲突双方都会通过无线电发送命令和战略信息，而这些信号也可能被敌方截获。为了防止信息泄露，军方会对信号进行加密，而能否破解敌方编码可能关乎着成百上千人的性命，自动化破解过程显然大有裨益。到第二次世界大战结束时，人们已经制造出了两台机器，它们可以被看作是现代计算机的源头。一台是美国的电子数字积分计算机（ENIAC，见图 1-8），它被誉为世界上第一台通用电子数字计算机，另一台是英国的巨人计算机（Colossus）。这两台计算机都不能像今天的计算机一样进行编程，配置新任务时需要进行移动电线和推动开关等一系列操作。

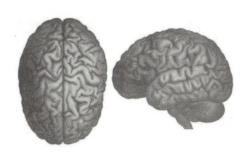 

图 1-7　人脑的外观　　　　　　　　图 1-8　世界上第一台通用计算机 ENIAC

1.1.2　通用计算机

今天，计算机几乎存在于所有的电子设备当中，通常只是因为它比其他选项都要便宜。例如普通的烤面包机本来并不需要计算机，但比起采用一堆组件，只用一个简单的成分就可以实现所有功能还是比较划算的。

这类专用的计算机运行速度不同、体积大小不一，但从根本上讲，它们的功能都是一样的。事实上，这类计算机大部分只能在工厂进行一次编程，这样做是为了对运行的程序进行加密，同时降低可能因改编程序引起的售后服务成本。机器人其实就是配有诸如手臂和轮子这样的特殊外围设备的电子设备，以帮助其与外部环境进行交互。机器人内部的计算机能够运行程序，例如，它的摄像头拍摄物体影像后，相关程序通过数据中心里的照片就可以对影像进行区分，以此来帮助机器人在现实环境中辨认物体。

人们玩计算机游戏，或用计算机写文章、在线购物、听音乐或通过社交媒体与朋友联系时。计算机被用于预测天气、设计飞机、制作电影、经营企业、完成金融交易和控制工厂等。作为一种通用的信息处理机器，电子计算机俗称电脑，它能够执行被详细描述的任何过程，其中用于描述解决特定问题的步骤序列称为算法。算法可以变成软件（程序），确定硬件（物理机）能做什么和做了什么。创建软件的过程称为编程。

中国的第一台电子计算机诞生于 1958 年。在 2021 年 6 月 29 日公布的全球超算 500 强榜单中，中国共有 186 台超级计算机上榜，第 8 次蝉联全球拥有超算数量最多的国家。中国的超级计算机"天河二号"如图 1-9 所示。

图 1-9　中国的超级计算机"天河二号"

但是，计算机到底是什么机器？一个计算设备怎么能执行这么多不同的任务？现代计算机可以被定义为"**在可改变的程序的控制下，存储和操纵信息的机器**"。该定义有两个关键要素：

第一，计算机是用于操纵信息的设备。这意味着可以将信息存入计算机，计算机将信息转换为新的、有用的形式，然后显示或以其他方式输出信息。

第二，计算机在可改变的程序的控制下运行，计算机不是唯一能操纵信息的机器。当你用简单的计算器来运算一组数字时，就是在输入信息（数字），处理信息（如计算连续数字的总和），然后输出信息（如显示）。另一个简单的例子是油泵，给油箱加油时，油泵利用当前每升汽油的价格和来自传感器的信号，读取汽油流入油箱的速率，并将这些数据转换为加了多少汽油和应付多少钱的信息。但是，计算器或油泵并不是完整的计算机，它们只是被构建来执行特定的任务。

在计算机的帮助下，人们可以设计出更有表现力、更加优雅的语言，并通过机器将其翻译为读取—执行周期能够理解的模式。计算机科学家常常会谈及建立某个过程或物体的模型，这并不是说要拿卡纸和软木来制作一个真正的复制品。"模型"是一个数学术语，意思是写出事件运作的所有方程式并进行计算，这样就可以在没有真实模型的情况下完成实验测试。由于计算机运行十分迅速，因此，与真正的实验操作相比，计算机建模能够更快得出答案。

人工智能（Artificial Intelligence, AI）最根本也最宏伟的目标之一就是建立人脑般的计算机模型。完美模型固然最好，但精确性稍逊的模型也同样十分有效。

1.1.3 人工智能大师

艾伦·麦席森·**图灵**（1912年6月23日—1954年6月7日，见图1-10），出生于英国伦敦帕丁顿，毕业于普林斯顿大学，是英国数学家、逻辑学家，被誉为"计算机科学之父""人工智能之父"，他是计算机逻辑的奠基者。1950年，图灵在其论文《计算机器与智能》中提出了著名的"图灵机"和"图灵测试"等重要概念，图灵思想为现代计算机的逻辑工作方式奠定了基础。为了纪念图灵对计算机科学的巨大贡献，1966年，由美国计算机协会（ACM）设立一年一度的"图灵奖"，以表彰在计算机科学中做出突出贡献的人。图灵奖被喻为"计算机界的诺贝尔奖"。

图1-10 计算机科学之父，
人工智能之父——图灵

图1-11 现代计算机之父，
博弈论之父——冯·诺依曼

约翰·**冯·诺依曼**（1903年12月28日—1957年2月8日，见图1-11），出生于匈牙利，毕业于苏黎世联邦工业大学，数学家，是现代计算机、博弈论、核武器和生化武器等领域内的科学全才，被后人称为"现代计算机之父"和"博弈论之父"。他在泛函分析、遍历理论、几何学、拓扑学和数值分析等众多数学领域及计算机学、量子力学和经济学中都有重大成就,也为第一颗原子弹和第一台电子计算机的研制做出了巨大贡献。

1.2 大数据基础

信息社会所带来的好处是显而易见的:每个人口袋里都揣着一部手机,每台办公桌上都放着一台计算机,每间办公室都连接局域网或者互联网。半个世纪以来,随着计算机技术全面和深度地融入社会生活,信息爆炸已经积累到了一个引发变革的程度。它不仅使世界充斥着比以往更多的信息,而且其增长速度也在加快。信息总量的变化还导致了信息形态的变化,即量变引起质变。

1.2.1 信息爆炸的社会

综合观察社会各个方面的变化趋势,我们能真正意识到信息爆炸或者说大数据时代已经到来。以天文学为例,2000 年美国斯隆数字巡天项目(见图 1-12)启动的时候,位于美国新墨西哥州的望远镜在短短几周内收集到的数据,就比世界天文学历史上总共收集的数据还要多。到了 2010 年,信息档案已经高达 1.4×2^{42}B。

图 1-12 美国斯隆数字巡天望远镜

天文学领域发生的变化也在社会各个领域发生。2003 年,人类第一次破译人体基因密码的时候,辛苦工作了十年才完成三十亿对碱基对的排序。大约十年之后,世界范围内的基因仪每 15 分钟(min)就可以完成同样的工作。在金融领域,美国股市每天的成交量高达 70 亿股,而其中三分之二的交易都是由建立在数学模型和算法之上的计算机程序自动完成的,这些程序运用海量数据来预测利益和降低风险。

互联网公司更是被数据淹没了。仅以国内社交网站微信 2021 年的部分数据为例:微信小程序的日活跃用户数达到 4.5 亿,小程序年活跃用户数增长 41%,支付交易小程序数量增长 28%;微信搜索的月度活跃用户数跃升至 7 亿,比一年前的 5 亿增长 40%;实时流媒体电商销售额在 2021 年增长了 15 倍。

从科学研究到医疗保险,从银行业到互联网,各个领域都在发生着一个类似的故事,那就是爆发式增长的数据量。这种增长超过了创造机器的速度,甚至超过了人们的想象。

有趣的是,在 2007 年的数据中,只有 7% 是存储在报纸、书籍、图片等媒介上的模拟数据，其余全部是数字数据。模拟数据也称为模拟量，相对于数字量而言，指的是取值范围是连续的变量或者数值，例如声音、图像、温度、压力等。模拟数据一般采用模拟信号，例如，用一系列连续变化的电磁波或电压信号来表示。数字数据也称为数字量，相对模拟量而言，指的是取值范围是离散的变量或者数值。数字数据采用数字信号，例如用一系列断续变化的电压脉冲（如用恒定的正电压表示二进制数 1，用恒定的负电压表示二进制数 0）或光脉冲来表示。

但以前的情况却完全不是这样的。虽然 1960 年就有了"信息时代"和"数字村镇"的概念，但 2000 年数字存储信息仍只占全球数据量的四分之一，当时，另外四分之三的信息都存储在报纸、胶片、黑胶唱片和盒式磁带这类媒介上。事实上，1986 年，世界上约 40%的计算能力都在袖珍计算器上运行，那时候，所有个人计算机的处理能力之和还没有所有袖珍计算器的处理能力之和高。但是因为数字数据的快速增长，整个局势很快就颠倒过来了。按照希尔伯特的说法，数字数据的数量每三年多就会翻一倍。相反，模拟数据的数量则基本上没有增加。

物理学和生物学都告诉我们，当改变规模时，事物的状态有时也会发生改变。以专注于把东西变小而不是变大的纳米技术为例，其原理就是当事物到达分子级别时，它的物理性质会发生改变。同样，当我们增加所利用的数据量时，也就可以做很多在小数据量的基础上无法完成的事情。

大数据的科学价值和社会价值正是体现在这里。一方面，对大数据的掌握程度可以转化为经济价值的来源。另一方面，大数据已经撼动了世界的方方面面，从商业科技到医疗、教育、经济、人文以及社会的其他各个领域。尽管我们还处在大数据时代的初期，但我们的日常生活已经离不开它了。

1.2.2　大数据的定义

如今，人们不再认为数据是静止和陈旧的。但在以前，一旦完成了收集数据的目的之后，数据就会被认为已经没有用处了。比方说，在飞机降落之后，票价数据就没有用了——设计人员如果没有大数据的理念，就会丢失掉很多有价值的数据。

数据已经成为一种商业资本，一项重要的经济投入，可以创造新的经济利益。事实上，一旦思维转变过来，数据就能被巧妙地用来激发新产品和新服务。如今，大数据是人们获得新的认知、创造新价值的源泉，大数据还是改变市场、组织机构以及政府与公民关系的方法。大数据时代对我们的生活和与世界交流的方式都提出了挑战。

所谓大数据，狭义上可以定义为：**用现有的一般技术难以管理的大量数据的集合**。这实际上是指用目前在企业数据库中占据主流地位的关系型数据库无法进行管理的、具有复杂结构的数据。或者也可以说，是指由于数据量的增大，导致对数据的查询响应时间超出了允许的范围。

研究机构加特纳公司给出了这样的定义："大数据是需要新的处理模式才能具有更强的决策力、洞察发现力和流程优化能力的海量、高增长率和多样化的信息资产。"

全球知名的管理咨询公司麦肯锡这样定义："大数据指的是所涉及的数据集规模已经超过了传统数据库软件获取、存储、管理和分析的能力。这是一个被故意设计成主观性的定义，并且是一个关于多大的数据集才能被认为是大数据的可变定义，即并不定义大于一个特定数字的 TB 才叫大数据。因为随着技术的不断发展，符合大数据标准的数据集容量也会增长；并且随不同的行业也有变化，这依赖于在一个特定行业通常使用何种软件和数据集的大小。因此，大数据在今天不同行业中的范围可以从几十 TB 到几 PB。"

随着大数据的出现，数据仓库、数据安全、数据分析、数据挖掘等围绕大数据商业价值的利用正逐渐成为行业人士争相追捧的利润焦点，在全球引领了又一轮技术革新的浪潮。

1.2.3 大数据的 3V 特征

从字面上看，"大数据"这个词可能会让人觉得只是容量非常大的数据集合而已，但容量大只不过是大数据特征的一个方面，如果只拘泥于数据量，就无法深入理解当前围绕大数据所进行的讨论。因为"用现有的一般技术难以管理"这样的状况，并不仅仅是由于数据量增大这一因素所造成的。

IBM 称："可以用 3 个特征相结合来定义大数据：数量（Volume，或称容量）、种类（Variety，或称多样性）和速度（Velocity），或者就是简单的 3V（见图 1-13），即庞大容量、种类丰富和极快速度的数据。"

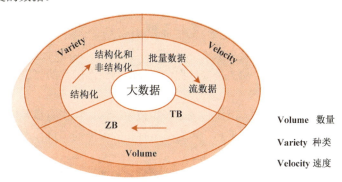

图 1-13 按数量、速度和种类来定义大数据

（1）Volume（数量、容量）。如今，存储的数据量在急剧增长中，存储的数据包括环境数据、财务数据、医疗数据、监控数据等，数据量不可避免地会转向 ZB 级别。可是，随着可供企业使用的数据量不断增长，可处理、理解和分析的数据的比例却在不断下降。

（2）Variety（种类、多样性）。随着传感器、智能设备以及社交协作技术的激增，企业中的数据也变得更加复杂，因为它不仅包含传统的关系型（结构化）数据，还包含来自网页、互联网日志文件（包括流数据）、搜索索引、社交媒体、电子邮件、文档、主动和被动系统的传感器数据等原始、半结构化和非结构化数据。当然，这些数据中有些是过去就一直存在并保存下来的。和过去不同的是，除了存储，还需要对这些大数据进行分析，并从中获得有用的信息。

（3）Velocity（速度）。数据产生和更新的频率也是衡量大数据的一个重要特征。这里，速度的概念不仅是与数据存储相关的增长速率，还应该动态地应用到数据流动的速度上。有效地处理大数据，需要在数据变化的过程中动态地对它的数量和种类执行分析。

在 3V 的基础上，IBM 又归纳总结了第四个 V——Veracity（真实和准确）。"只有真实而准确的数据才能让对数据的管控和治理真正有意义。随着新数据源的兴起，传统数据源的局限性被打破，企业越发需要有效的信息治理以确保其真实性及安全性。"

总之，大数据是个动态的定义，不同行业根据其应用的不同有着不同的理解，其衡量标准也在随着技术的进步而改变。

1.2.4 大数据时代

大数据成为继互联网、云计算、物联网之后 IT 行业的又一大颠覆性技术革命。云计算为数据资产提供了保管、访问的场所和渠道,而数据才是真正有价值的资产。企业内部的经营信息、互联网世界中的商品物流信息,互联网世界中的人与人的社交信息、地理位置信息等,其数量将远远超越现有企业 IT 架构和基础设施的承载能力,实时性要求也将大大超越现有的计算能力。如何盘活这些数据资产,使其为国家治理、企业决策乃至个人生活服务,是大数据的核心议题,也是云计算内在的灵魂和必然的升级方向。随着时间的推移,人们将越来越多地意识到数据对企业的重要性。

2012 年 2 月《纽约时报》的一篇专栏文章中称,"大数据"时代已经来临,在商业、经济及其他领域中,决策将日益基于数据和分析而做出,而并非基于经验和直觉。哈佛大学社会学教授加里·金说:"这是一场革命,庞大的数据资源使得各个领域开始了量化进程,无论学术界、商界还是政府,所有领域都将开始这种进程。"

1.2.5 大数据对应的厚数据

有这样一个例子。某数据分析团队为一家车贷公司搭建了一套信用审查数据模型,该模型可以根据贷款申请者的数据自动预测其在未来能否按时还款,以决定是否通过用户的贷款申请。相比人工信用审核,模型预测是全自动的机器过程,在保证判断准确率的前提下,它能为公司节省大量的人力成本。

该项目在客户的工作地点开展,其工位处于一个信审专区,周围有很多信审工作人员,他们每天的工作是审核贷款申请者的信息资料,审查其中存在的可能的骗贷行为,这将成为该申请者能否被成功授信的"减分项"。

虽然目的都是实现快速、准确的信贷审核,但数据建模的工作逻辑与人工审核存在明显的差异。数据分析专家面对的是一串串数字,而业务人员面对的是鲜活的申请者。数据分析的基础是客户的申请资料,包括此人的性别、年龄、资产情况等基本信息,以及一些来自第三方平台的风险数据(如该申请者有无犯罪记录)。而另一方面,信贷审核人员在处理每笔信贷业务时,他们除了面对每个申请者的具体信息,还会通过电话核实申请者的身份,最终做出人工决策。可见,数据是分析师们每天的工作伙伴,但实际上大数据也存在局限性,如无法替代人们对真实业务的体会。

大数据是人们认识世界的一种方式,它将关于某人的一切量化为很多数据标签并存储。大数据的优势很明显,它具有通用的结构,每个用户在这些维度上的数据都会被记录。然而,不足之处在于,它仅仅是对世界认识的一个切片,对于切片之外的事物一无所知。

例如,面试官在面试新员工时,首先会查看申请者的简历,他的教育背景、工作经验、语言能力等都是以固定结构记录的数据,然而申请者给面试官留下的感觉,例如他是气场强大的还是平易近人的,大数据则无法给出答案。

在一些项目中人们通过数据发现,有些教育程度较高的贷款申请者也可能会在未来逾期还款。这听上去有些违背常理,然而精通业务的经理告诉我们这是合理的现象,那些所谓的高学历是申请者在填写表格时编造的。后者并不是大数据能够捕捉的行为,但对理解申请者却至关重要。

我们可以把人类认识世界的途径分为两种,一种是如今家喻户晓的大数据,另一种则是一直长久存在,却往往在这个时代被我们忽视的"厚数据"。如果将大数据比作对客观世界的标准化切片,那么厚数据就是我们在每个独特场景的深度感知。

简历上的文字属于大数据,而面试官对申请者的感觉则属于<u>厚数据</u>;表格中教育程度一列等于"大学"属于大数据,而填写者在背后的伪装是厚数据;股票、汇率的历史走势是大数据,而酒吧里人们的闲聊则是厚数据。

大数据缺乏厚数据所携带的场景信息。我们对任何事物的理解都不能将其孤立为一个元素,还要考虑这个元素所处的具体场景,以及它与其他元素的相互关系。例如同样的一杯红酒,在点亮烛光的法国餐厅里或是在嘈杂的办公桌前饮用,注定是不一样的感受,虽然它们的化学质地是相同的;同样是一个小时,在课堂度过或者是与好友一起度过,必然感觉是不同的长度,虽然它们的自然属性没有差异;两名被数据标记有犯罪记录的贷款申请者,虽然数据将它们一视同仁,然而一位只是过失的交通肇事,另一位则有抢劫银行的前科,他们在未来的还款能力上或许大相径庭。仅仅面对数据和算法,人们无法洞察所处的独特场景,所以大数据分析与人类决策是相互补充的关系,而非相互替代的关系。

1.3 从机械思维到数据思维

对于整个社会来说,大数据不仅仅是一种技术革命,更是一种由技术而引发的思维革命。在社会影响力上,只有始于英国的工业革命、始于德国和美国的二次工业革命,以及"二战"后摩尔定律带来的信息革命能够与其相比。而对人类认识世界的方法上,只有引发工业革命的机械思维能够与之相匹配。

我们来看看将人类带入现在社会,并影响了人类几个世纪的机械思维(见图 1-14)是什么?

图 1-14 机械思维

1.3.1 人类现代文明的基础

说起机械思维,人们可能会将其与死板、僵化、落伍等贬义词联系在一起,但是在过去的三个多世纪里面,机械思维可以算得上是人类总结出的最重要的思维方式,一如大数据思维、互联网思维在当今的地位,甚至从某种意义上说,近代工业革命得益于机械思维,并且其影响力也一直延续到今天。

对机械思维做出最大贡献的是科学家牛顿,他用几个简单而优美的公式破解了自然之谜(见图 1-15)。持机械思维的科学家们认为,世界确定无疑,就像一个精密的钟表,依据几个简单公式可以推算事物未来发展变化的趋势。据说时至今日,仍然可以利用牛顿的理论,精确地预测出一千年后日食和月食的时间。

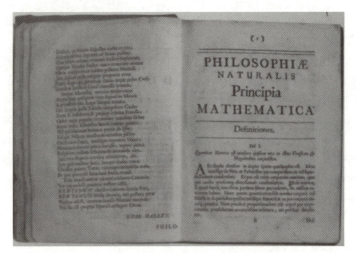

图 1-15 牛顿的《自然哲学之数学原理》

机械思维是欧洲之所以能够在科学上领先于世界的重要原因,其核心方法论是笛卡儿建立的"通过正确的证据、正确的推理,得到正确的结论"的科研方法,概括地说,就是"大胆假设,小心求证"。这种思维方式造就了从欧几里得到托勒密再到牛顿等一位位科学巨匠,将人类带入科学时代,让人们相信世界万物的运动遵循着某种确定性的变化规律,而这些规律又是可以被认知的,给人类带来了前所未有的自信。

机械思维以及因其而发明的各种各样的机械,直接导致了人类迄今为止最伟大的事件——工业革命,极大地增加了社会财富、延长了人类寿命,为人类文明带来了前所未有的进步,其核心思想是:

(1) 世界变化的规律是确定的。

(2) 因为有确定性做保证,因此规律不仅是可以被认知的,而且可以用简单的公式或者语言描述清楚。

(3) 这些规律应该是放之四海皆准的,可以应用到各种未知领域来指导实践。

概括来说,机械思维就是确定性(可预测性)和因果关系。牛顿可以把所有天体运动的规律用几个定律讲清楚,并且应用到任何场合都正确,这就是确定性。同样,当我们给物体施加一个外力时,它就获得一个加速度,而加速度的大小取决于外力和物体本身的质量,这是一种因果关系。机械思维的所有逻辑都建立在确定性的基础上,这个基础的正确性就决定了机械思维的适用性。

1.3.2 确定的还是不确定的

但是,人们发现,这个世界是确定的同时,也充满了不确定性。

对于不确定性最好的例子就是股市预测(见图 1-16)。如果统计各种专家对股市的预测,会发现它们基本上是对错各一半(巴菲特甚至用猴子来比喻这些投资专家)。这一方面是由于影响股市的因素太多,即使是最好的经济学家也很难将这些因素都研究透彻,有太多的不确定因素是他们考虑不到的,因此无法准确预测市场。再加上还有很多因素是目前人们尚未发现的,或者发现了但是被忽略了,这就使得预测的准确率进一步下降。事实上,美国大部分基金的投资回报率并没有市场的平均值高,这也在很大程度上证明了世界的不确定性。

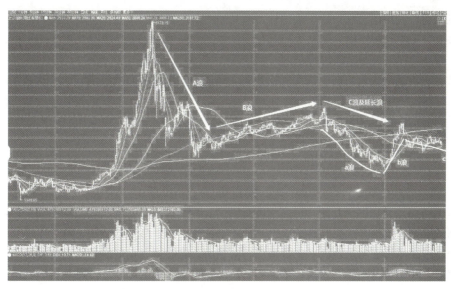

图 1-16 股市预测

预测活动本身也影响了被测量的结果，当有人按照某个理论买或卖股票时，其实给股市带来了一个相反的推动力，导致股市在微观上的走向和理论预测的方向相反，从而也推动了股市的不可预测性。

这就是世界不确定性的两个主要来源。一个是当我们对这个世界的方方面面了解得越细致后，会发现影响世界的变量其实非常多，已经无法通过简单的方法或者公式算出结果，因此我们宁愿采用一些针对随机事件的方法来处理，即人为地把它归为不确定的一类。

另一个来自客观世界本身，它是宇宙的一个特性。在宏观层面，如行星围绕恒星运动的速度和位置是可以计算得很准确的，从而可以画出它的运动轨迹。但是在微观世界里，如电子在围绕原子核做高速运动时，我们不可能准确地测定出它在某一时刻的位置和运动速度，当然也就不能描绘它的运动轨迹了。

1.3.3 解决不确定性问题的思维

要解决不确定性问题，这在过去可能很难，因为不确定性因素太多，确定它的成本太高且收益并没有想象中的大（见图 1-17）。得益于由摩尔定律带来的信息革命，从数据的产生、存储、传输和处理各个环节的成本都极大降低，数据量呈现出爆炸性增长，使得收集各个维度的数据成为可能，这就为解决不确定性问题奠定了基础。

图 1-17 机器无法很好理解非结构化数据

概括来讲，利用信息来消除不确定性，就是用不确定性的眼光看待世界，再用信息消除不确定性，将很多智能问题转化为信息处理问题。具体到操作方法上就是用寻找事物的强相关性关系代替原来的寻找因果关系来解决问题。

大数据思维是从大量数据中找到直接答案（即使不知道原因）的思维方法，这为我们寻找解决问题的方法提供了捷径。但是，大数据思维和机械思维并非对立，它更多的是后者的补充。对于能够找到确定性和因果关系的事物，机械思维依然是最好的方法。但是面对不确定的世界，当无法确定因果关系时，大数据思维将为我们提供新的方法。

1.4 人工智能时代

将人类与其他动物区分开的特征之一就是省力工具的使用。人类发明了车轮和杠杆，以减轻远距离携带重物的负担。人类发明了长矛，从此不再需要徒手与猎物搏斗。数千年来，人类一直致力于创造越来越精密复杂的机器来节省体力，然而，能够帮助我们节省脑力的机器却只是一个遥远的梦想。时至今日，我们才具备了足够的技术实力来探索更加通用的思考机器。虽然计算机面世还不到 100 年，但我们日常生活中的许多设备都蕴藏着人工智能技术。

1.4.1 图灵测试

1950 年，在计算机发明后不久，图灵提出了一套检测机器智能的测试，也就是后来广为人知的图灵测试。在测试中，测试者分别与计算机和人类各交谈五分钟，随后判断哪个是计算机，哪个是人类。当时图灵认为，到 2000 年，测试者答案的正确率可能只有 70%。每一年，所有参加测试的程序中最接近人类的那一个将被授予由图灵创办的勒布纳人工智能奖。

到目前为止，还没有出现任何程序能够如图灵预测的那样出色，但它们的表现确实越来越好了，就像象棋程序能够击败象棋大师一样，也许计算机最终一定可以像人类一般流畅交谈。当那天来临的时候，会话能力显然就不能再代表智力了。

数十年来，研究人员一直使用图灵测试来评估机器仿人思考的能力。如今，研究者认为应该更新换代，开发出新的评判标准，以驱动人工智能研究在现代化的方向上更进一步。新的图灵测试会包括更加复杂的挑战，例如，由加拿大多伦多大学的计算机科学家赫克托·莱维斯克所建议的"威诺格拉德模式挑战"。这个挑战要求人工智能回答关于语句理解的一些常识性问题。例如，这个纪念品无法装在棕色手提箱内，因为它太大了。问：什么太大了？回答 0 表示纪念品，回答 1 表示手提箱。

也有学者建议在图灵测试中增加对复杂资料的理解，包括视频、文本、照片和播客。例如，一个计算机程序可能会被要求"观看"一个电视节目或者视频，然后根据内容来回答问题，像"为什么电视剧《天龙八部》中，契丹人萧远山的儿子叫乔峰？"

1.4.2 定义人工智能

作为计算机科学的一个分支，人工智能是研究、开发用于模拟、延伸和扩展人的智能的理论、方法、技术及应用系统的一门新的技术学科，是一门自然科学、社会科学和技术科学交叉的边缘学科，它涉及的学科内容包括哲学和认知科学、数学、神经生理学、心理学、计算机科学、信息论、控制论、不定性论、仿生学、社会结构学等。

人工智能研究领域的一个较早流行的定义，是由约翰·麦卡锡在 1956 年的达特茅斯会议上提出的，即人工智能就是要让机器的行为看起来像是人类所表现出的智能行为一样。另一个定义指出：人工智能是人造机器所表现出来的智能性。总体来讲，对人工智能的定义大多可划分为四类，即机器"像人一样思考、像人一样行动、理性地思考和理性地行动"。这里"行动"应广义地理解为采取行动或制定行动的决策，而不是肢体动作。

美国斯坦福大学人工智能研究中心尼尔逊教授对人工智能下了这样一个定义："人工智能是关于知识的学科——怎样表示知识以及怎样获得知识并使用知识的学科。"而温斯顿教授认为："人工智能是研究如何使计算机去做过去只有人才能做的智能工作。"这些说法反映了人工智能学科的基本思想和基本内容，即人工智能是研究人类智能活动的规律，构造具有一定智能的人工系统，研究如何让计算机去完成以往需要人的智力才能胜任的工作，也就是研究如何应用计算机的软/硬件来模拟人类某些智能行为的基本理论、方法和技术。

可以把人工智能定义为一种工具，它用来帮助或者替代人类思维。它是一项计算机程序，可以独立存在于数据中心，在个人计算机里，也可以通过诸如机器人之类的设备体现出来。它具备智能的外在特征，有能力在特定环境中有目的地获取和应用知识与技能。

人工智能是对人的意识、思维的信息过程的模拟。人工智能不是人的智能，但能像人那样思考，甚至也可能超越人的智能。自诞生以来，人工智能的理论和技术日益成熟，应用领域也不断扩大，可以预期，人工智能所带来的科技产品将会是人类智慧的"容器"。因此，人工智能是一门极富挑战性的学科。

20 世纪 70 年代以来，人工智能被称为世界三大尖端技术之一（空间技术、能源技术、人工智能技术），也被认为是 21 世纪三大尖端技术（基因工程、纳米科学、人工智能）之一，这是因为近几十年来人工智能获得了迅速的发展，在很多学科领域都获得了广泛应用，取得了丰硕成果。

1.4.3 强人工智能和弱人工智能

人工智能的传说甚至可以追溯到古埃及，而电子计算机的诞生使信息存储和处理的各个方面都发生了革命，计算机理论的发展产生了计算机科学并最终促使了人工智能的出现。计算机这个用电子方式处理数据的发明，为人工智能的可能实现提供了一种媒介。

对于人的思维模拟的研究可以从两个方向进行，一是结构模拟，仿照人脑的结构机制，制造出"类人脑"的机器；二是功能模拟，对人脑的功能过程进行模拟。现代电子计算机的产生便是对人脑思维功能的模拟，是对人脑思维的信息过程的模拟。于是，实现人工智能有三种途径，即强人工智能、弱人工智能和实用型人工智能。

1. 强人工智能

强人工智能又称多元智能，研究人员希望人工智能最终能成为多元智能并且超越大部分人类的能力。有些人认为要达成以上目标，可能需要拟人化的特性，如人工意识或人工大脑。上述问题被认为是人工智能的完整性：为了解决其中一个问题，你必须解决全部的问题。即使一个简单和特定的任务，如机器翻译，要求机器按照作者的论点（推理），知道什么是被人谈论（知识），忠实地再现作者的意图（情感计算）。因此，机器翻译被认为具有人工智能的完整性。

强人工智能不再局限于模仿人类的行为，这种人工智能被认为具有真正独立的思想和意识，并且具有独立思考、推理并解决问题的能力，甚至这种人工智能具有和人类类似的情感，可以与个体进行共情。强人工智能观点的倡导者指出,具有这种智能级别的事物,已经不再是人类所开发的工具,而是具有思维的个体,从本质上来说已经和人类没有差别了——因为人类也可以看作一台有灵魂的机器。既然机器有了灵魂,为何不能成为"人类"?这其中更是涉及了"何为人"的哲学探讨,这种探讨在诸多的科幻小说中也多有描述,其中重要的载体就是这种"强人工智能"。虽然强人工智能和弱人工智能只有一字之差,但就像物理学中的强相互作用力和弱相互作用力一样,二者含义有着巨大的差别:这种"强"其实是一种断层式的飞跃,是一种哲学意义上的升华。

强人工智能的观点认为有可能制造出真正能推理和解决问题的智能机器,并且这样的机器将被认为是有知觉、有自我意识的。强人工智能可以有两类:

(1) 类人的人工智能,即机器的思考和推理就像人的思维一样。

(2) 非类人的人工智能,即机器产生了和人完全不一样的知觉与意识,使用和人完全不一样的推理方式。

强人工智能即便可以实现也很难被证实。为了创建具备强人工智能的计算机程序,我们必须清楚了解人类思维的工作原理,而想要实现这样的目标,我们还有很长的路要走。

2. 弱人工智能

弱人工智能观点认为不可能制造出能真正地推理和解决问题的智能机器,这些机器只不过看起来像是智能的,但是并不是真正拥有智能,也不会有自主意识。

弱人工智能指的是利用设计好的程序对动物以及人类的逻辑思维进行模拟,所指的智能体表现出与人类相似的活动,但是这种智能体缺乏独立的思想和意识。目前就算最尖端的人工智能领域也仅仅停留在弱人工智能的阶段,即使这种人工智能可以做到人类难以完成的事情。甚至有人工智能学者认为,人类作为智能体,永远不可能制造出真正能理解和解决问题的智能机器。就目前的生活来看,这种弱人工智能已经完全融入到了我们的生活环境之中:譬如手机中的语音助手、智能音箱等。但是说到底,这些只是工具,被称为"机器智能"或许更为贴切。

1979年,汉斯·莫拉维克制成了斯坦福马车(见图1-18),这是历史上首台无人驾驶汽车,能够穿过布满障碍物的房间,也能够环绕人工智能实验室行驶。

弱人工智能只要求机器能够拥有智能行为,具体的实施细节并不重要。深蓝就是在这样的理念下产生的,它没有试图模仿国际象棋大师的思维,而是仅仅遵循既定的操作步骤。倘若人类和计算机遵照同样的步骤,那么比赛时间将会大大延长,因为计算机每秒验算的可能走位就高达2亿个,就算思维惊人的象棋大师也不太可能达到这样的速度。人类拥有高度发达的战略意识,这种意识将需要考虑的走位限制在几步或是几十步以内,而计算机的考虑则数以百万计。就弱人工智能而言,这种差异无关紧要,能证明计算机比人类更会下象棋就足够了。

如今主流的研究活动都集中在弱人工智能上,并且一般认为这一研究领域已经取得可观的成就,而强人工智能的研究则处于停滞不前的状态。

3. 实用型人工智能

实用型人工智能的研究者们将目标放低,不再试图创造出像人类一般智慧的机器。眼下我们已经知道如何创造出能模拟昆虫行为的机器人(见图1-19)。例如,机械家蝇看起来似乎并没有什么用,但即使是这样的机器人,在完成某些特定任务时也是大有裨益的。例如,一群如狗大小,具备蚂蚁智商的机器人在清理碎石和在灾区找寻幸存者时就能够发挥更大的作用。

 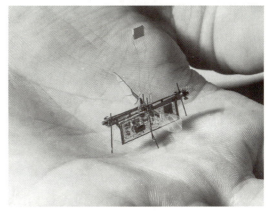

图 1-18　斯坦福马车　　　　图 1-19　华盛顿大学研制的靠激光束驱动的 RoboFly 昆虫机器人

随着模型变得越来越精细，我们的机器能够模仿的生物越来越高等，最终，我们可能必须接受这样的事实：机器似乎变得像人类一样智慧了。也许实用型人工智能与强人工智能殊途同归，但考虑到一切的复杂性，我们不会相信机器人是有自我意识的。

1.4.4　大数据与人工智能

大数据是物联网、Web 和信息系统发展的综合结果。大数据相关的技术紧紧围绕数据展开，包括数据的采集、整理、传输、存储、安全、分析、呈现和应用等。大数据的价值主要体现在分析和应用上，例如大数据场景分析等。

人工智能是典型的交叉学科，研究的内容集中在机器学习、自然语言处理、计算机视觉、机器人学、自动推理和知识表示六大方向。机器学习的应用范围比较广泛，例如自动驾驶、智慧医疗等领域都有广泛的应用。人工智能的核心在于"思考"和"决策"，如何进行合理的思考和合理的行动是人工智能研究的主流方向之一。

大数据和人工智能虽然关注点不同，但是却有密切的联系，一方面人工智能需要大量的数据作为"思考"和"决策"的基础，另一方面大数据也需要人工智能技术进行数据价值化操作，例如机器学习就是数据分析的常用方式。在大数据价值的两个主要体现当中，数据应用的主要渠道之一就是智能体（人工智能产品），为智能体提供的数据量越大，智能体运行的效果就会越好，因为智能体通常需要大量的数据进行"训练"和"验证"，从而保障运行的可靠性和稳定性。

大数据相关技术已经趋于成熟，相关的理论体系逐步完善，而人工智能尚处在行业发展的初期，理论体系依然有巨大的发展空间。从学习的角度来说，从大数据开始是个不错的选择，从大数据过渡到人工智能也会相对比较容易。总的来说，两个技术之间并不存在孰优孰劣的问题，发展空间都非常大。

【作业】

1. 所谓"技术系统"是指一种"（　　）"系统，它是人类为了实现某种目的而创造出来的。
   A. 人造　　　　B. 自然　　　　C. 工业　　　　D. 逻辑
2. 最初，"计算机（Computer）"这个词指的是（　　）。
   A. 计算的机器　　B. 做计算的人　　C. 电脑　　　　D. 计算桌

3. 1821 年，英国数学家兼发明家查尔斯·巴贝奇开始了对数学机器的研究，他研制的第一台数学机器叫（　　）。

  A．计算机   B．计算器   C．差分机   D．分析机

4. 被誉为世界上第一台通用电子数字计算机的是（　　）。

  A．ENIAC   B．Colossus   C．Ada   D．SSEM

5. 中国的第一台电子计算机诞生于（　　）年。在 2021 年 6 月 29 日公布的全球超算 500 强榜单中，中国第 8 次蝉联全球拥有超算数量最多的国家。

  A．1949   B．1971   C．1982   D．1958

6. 被誉为"人工智能之父"的科学大师是（　　）。

  A．爱因斯坦   B．图灵   C．钱学森   D．冯·诺依曼

7. 所谓大数据，狭义上可以定义为（　　）。

  A．用现有的一般技术难以管理的大量数据的集合

  B．随着互联网的发展，在我们身边产生的大量数据

  C．随着硬件和软件技术的发展，数据的存储、处理成本大幅下降，从而促进数据大量产生

  D．随着云计算的兴起而产生的大量数据

8. 所谓"用现有的一般技术难以管理"，例如是指（　　）。

  A．用目前在企业数据库占据主流地位的关系型数据库无法进行管理的、具有复杂结构的数据

  B．由于数据量的增大，导致对非结构化数据的查询产生了数据丢失

  C．分布式处理系统无法承担如此巨大的数据量

  D．数据太少无法适应现有的数据库处理条件

9. 大数据的定义是一个被故意设计成主观性的定义，即并不定义大于一个特定数字的 TB 才叫大数据。随着技术的不断发展，符合大数据标准的数据集容量（　　）。

  A．稳定不变   B．略有精简   C．也会增长   D．大幅压缩

10. 可以用 3 个特征相结合来定义大数据：即（　　）。

  A．数量、种类和速度   B．庞大容量、极快速度和丰富的数据

  C．数量、速度和价值   D．丰富的数据、极快的速度、极大的能量

11. 数据产生和更新的频率，也是衡量大数据的一个重要特征。在下列选项中，（　　）更能说明大数据速度（速率）这一特征。

  ① 在大数据环境中，数据产生得很快，在极短的时间内就能聚集起大量的数据集

  ② 从企业的角度来说，数据的速率代表数据从进入企业边缘到能够马上进行处理的时间

  ③ 处理快速的数据输入流，需要企业设计出弹性的数据处理方案，同时也需要强大的数据存储能力

  ④ 在数据变化的过程中，动态地对大数据的数量和种类执行分析

  A．①②③   B．②③④   C．①③④   D．①②③④

12. 实际上，大多数的大数据都是（　　）。

  A．结构化的   B．非结构化的

  C．非结构化或半结构化的   D．半结构化的

13. （　　）已经成为一种商业资本、一项重要的经济投入，可以创造新的经济利益。

　　　　A．能源　　　　　B．数据　　　　　C．财物　　　　　D．环境
14．今天，（　　）是人们获得新的认知、创造新的价值的源泉，它还是改变市场、组织机构，以及政府与公民关系的方法。
　　　　A．算法　　　　　B．程序　　　　　C．传感器　　　　D．大数据
15．在对人类认识世界的方法上，只有引发工业革命的（　　）思维才能够与大数据思维相匹配。
　　　　A．机械　　　　　B．计算　　　　　C．逻辑　　　　　D．具象
16．作为计算机科学的一个分支，人工智能的英文缩写是（　　）。
　　　　A．CPU　　　　　B．AI　　　　　　C．BI　　　　　　D．DI
17．下列关于人工智能的说法不正确的是（　　）。
　　A．人工智能是关于知识的学科——怎样表示知识以及怎样获得知识并使用知识的科学
　　B．人工智能就是研究如何使计算机去做过去只有人才能做的智能工作
　　C．自 1946 年以来，人工智能学科经过多年的发展，已经趋于成熟，得到充分应用
　　D．人工智能不是人的智能，但能像人那样思考，甚至也可能超过人的智能
18．人工智能经常被称为世界三大尖端技术之一，下列说法中错误的是（　　）。
　　A．空间技术、能源技术、人工智能
　　B．管理技术、工程技术、人工智能
　　C．基因工程、纳米科学、人工智能
　　D．人工智能已成为一个独立的学科分支，无论在理论和实践上都已自成系统
19．（　　）年夏季的达特茅斯学会聚会上，首次提出了"人工智能（AI）"这一术语，它标志着"人工智能"这门新兴学科的正式诞生。
　　　　A．1946　　　　　B．1956　　　　　C．1976　　　　　D．1986
20．人工智能在计算机上的实现方法有多种，但下列（　　）不属于其中。
　　A．传统的编程技术，使系统呈现智能的效果
　　B．多媒体拷贝复制和剪贴的方法
　　C．传统开发方法而不考虑所用方法是否与人或动物机体所用的方法相同
　　D．模拟法，不仅要看效果，还要求实现方法也和人类或生物机体所用的方法相同或相类似

【研究性学习】进入人工智能新时代

　　所谓"研究性学习"，是以培养学生"具有永不满足、追求卓越的态度，发现问题、提出问题、从而解决问题的能力"为基本目标；以学生从学习和社会生活中获得的各种课题或项目设计、作品的设计与制作等为基本的学习载体；以在提出问题和解决问题的全过程中学习的科学研究方法，获得的丰富且多方面的体验和科学文化知识为基本内容；以在教师指导下，学生自主开展研究为基本的教学形式的课程。

　　在本书中，我们结合各章学习内容，精心选取了系列【导读案例】，用一篇篇精选的文章试图引导读者对本课程的兴趣与理解，着眼于通过深度阅读来掌握学习方法，着眼于"如何灵活应用这一技术"来"开动对未来的想象力"。

　　（1）组织学习小组。"研究性学习"活动需要通过学习小组，以集体形式开展活动。为此，

请你邀请或接受其他同学的邀请，组成研究性学习小组。小组成员以 5 到 7 人为宜。

小组成员是：

召集人：＿＿＿＿＿＿＿＿＿＿＿（专业、班级：＿＿＿＿＿＿＿＿＿＿＿＿＿＿＿）

组员：＿＿＿＿＿＿＿＿＿＿＿＿（专业、班级：＿＿＿＿＿＿＿＿＿＿＿＿＿＿＿）

＿＿＿＿＿＿＿＿＿＿＿＿＿＿（专业、班级：＿＿＿＿＿＿＿＿＿＿＿＿＿＿＿）

＿＿＿＿＿＿＿＿＿＿＿＿＿＿（专业、班级：＿＿＿＿＿＿＿＿＿＿＿＿＿＿＿）

＿＿＿＿＿＿＿＿＿＿＿＿＿＿（专业、班级：＿＿＿＿＿＿＿＿＿＿＿＿＿＿＿）

＿＿＿＿＿＿＿＿＿＿＿＿＿＿（专业、班级：＿＿＿＿＿＿＿＿＿＿＿＿＿＿＿）

＿＿＿＿＿＿＿＿＿＿＿＿＿＿（专业、班级：＿＿＿＿＿＿＿＿＿＿＿＿＿＿＿）

（2）**小组活动**：结合本章的【导读案例】，讨论：

① 计算机的发展经历了哪四代？冯氏计算机的基本组成是什么？

② 最早是计算机时代，接着有网络时代，请讨论，按时间发展，罗列出你们所知道的信息技术发展的各个时代及其时代特征。

③ 人工智能时代对我们的职业生涯有什么影响？

记录：请记录小组讨论的主要观点，推选代表在课堂上简单阐述小组成员的观点。

评分规则：若小组汇报得 5 分，则小组汇报代表得 5 分，其余同学得 4 分，余类推。

＿＿＿＿＿＿＿＿＿＿＿＿＿＿＿＿＿＿＿＿＿＿＿＿＿＿＿＿＿＿＿＿＿＿＿＿＿＿＿

＿＿＿＿＿＿＿＿＿＿＿＿＿＿＿＿＿＿＿＿＿＿＿＿＿＿＿＿＿＿＿＿＿＿＿＿＿＿＿

＿＿＿＿＿＿＿＿＿＿＿＿＿＿＿＿＿＿＿＿＿＿＿＿＿＿＿＿＿＿＿＿＿＿＿＿＿＿＿

＿＿＿＿＿＿＿＿＿＿＿＿＿＿＿＿＿＿＿＿＿＿＿＿＿＿＿＿＿＿＿＿＿＿＿＿＿＿＿

实训评价（教师）：＿＿＿＿＿＿＿＿＿＿＿＿＿＿＿＿＿＿＿＿＿＿＿＿＿＿＿＿

＿＿＿＿＿＿＿＿＿＿＿＿＿＿＿＿＿＿＿＿＿＿＿＿＿＿＿＿＿＿＿＿＿＿＿＿＿＿＿

第 2 章 伦理与道德

【导读案例】构建信息服务算法安全监管体系

人类社会的信息化进程正在快速从数字化、网络化进入智能化阶段。随着人工智能、大数据等信息技术的发展,算法广泛应用于互联网信息服务,为用户提供个性化、精准化、智能化的信息服务。与此同时,算法的不合理应用也影响了正常的传播秩序、市场秩序和社会秩序,给维护意识形态安全、社会公平公正和网民合法权益带来了严峻挑战。

为规范互联网信息服务算法应用,国家互联网信息办公室、工业和信息化部、公安部、国家市场监督管理总局联合发布《互联网信息服务算法推荐管理规定》(以下简称《规定》),为互联网信息服务算法综合治理提供了重要法治保障。《规定》的出台,是进一步提升网络综合治理能力的应时应势之举,具有很强的探索性和前瞻性,也标志着我国网络空间治理迈入新的发展阶段。同时,我们需要清晰地认识到算法综合治理的复杂性和长期性,明确算法治理的边界,完善算法安全监管体系,推进算法自主创新,促进算法健康、有序、繁荣发展(见图2-1)。

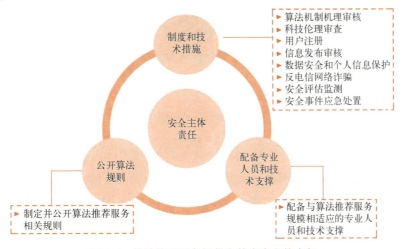

图 2-1 算法推荐服务提供者的安全主体责任

"算法"本身是一个技术概念,顾名思义是指"计算的方法",体现为一系列解决问题的步骤或计算机指令。随着电子计算机的普及,"算法"一词逐渐为人们所熟知。在人们的最初印象中,算法只是在"不折不扣"地执行人的指令,对算法的探讨也主要停留在其时间复杂度和空间复杂度等技术层面，算法安全风险尚未引起广泛关注。随着人工智能、大数据等信息技术快速发展，算法的内涵逐渐演变为"用数据训练的模型"，算法不再一成不变，而是在不断被"投喂"数据的过程中持续进化。算法在变得越来越"智能"的同时，也给人们带来了日益强烈的"不适应感"，算法安全风险逐步进入公众视野，并引起越来越多的关注。本质上讲，智能和风险是算法的一体两面，这也是技术从诞生到应用的必经阶段。总体上来看，算法安全风险既包括算法自身存在的漏洞、脆弱性、黑箱等技术风险，也包括算法不合理应用带来的算法偏见、霸凌、共谋等社会风险。

互联网信息服务算法综合治理着眼于管理好、使用好、发展好算法应用，引导算法应用公平公正、透明可释，充分保障网民合法权益。为此，《规定》首先从算法分级分类管理的角度出发，有效识别出互联网信息服务中的高风险类算法，重点关注生成合成类、个性化推送类、排序精选类、检索过滤类、调度决策类这五大类互联网信息服务中广泛使用的算法。进而，《规定》从信息服务规范和用户权益保护两个方面明确了算法推荐服务提供者的主体责任，在鼓励充分发挥算法服务正能量传播作用的同时，重点明确了算法应用应当遵循的准则和不得存在的行为，最大限度地保护网民在使用算法推荐服务时的知情权、选择权以及未成年人、老年人、劳动者、消费者等群体的合法权益。总之，互联网信息服务算法综合治理的着眼点不仅是算法自身的技术风险，还在于防范算法不合理应用影响正常的传播秩序、市场秩序和社会秩序。

互联网信息服务算法综合治理着眼于标本兼治，关键是构建完善的算法安全监管体系。国家互联网信息办公室等九部委印发的《关于加强互联网信息服务算法综合治理的指导意见》，明确了算法安全监管体系，规定了算法备案、算法监督检查、算法风险监测、算法安全评估四项举措。其中，算法备案是算法安全监管的抓手和基石；算法监督检查和算法风险监测相辅相成、互为补充，检查是现场监测，监测是线上检查；算法安全评估是出口，是算法安全监管的落脚点。算法自身的复杂性和算法安全风险的隐蔽性，给算法安全监管体系各项举措的实施提出了挑战。

从实施角度，这四项举措的落实关键在于：

（1）算法备案。《规定》要求具有舆论属性或者社会动员能力的算法推荐服务提供者通过互联网信息服务算法备案系统履行算法备案手续，并在其对外提供服务的网站、应用程序等的显著位置标明其备案编号。算法备案是算法安全监管体系的重要一环，推荐算法备案工作首先需要明确算法备案的范围，即哪些算法需要进行备案、算法的哪些信息需要备案。从备案"登记备查"的目的来看，备案信息应当涵盖算法推荐服务的基本原理、目的意图和主要运行机制，包括算法所使用的数据描述、基础模型、应用场景、服务形式、人工干预等。从备案实施层面来看，算法备案工作应当以用户可以感知到的互联网信息服务或功能为入口，对支撑服务或功能的算法进行备案；算法推荐服务提供者作为备案算法的责任主体，负责完成算法备案，并保证备案信息的真实性。算法种类繁多、形式多样，给算法备案工作带来了诸多困难，推进备案工作的关键是将算法和服务作为有机整体来看，"以服务为入口、以算法为载体"，综合考虑备案工作的有效性和实施难度，稳步推进算法备案工作。

（2）算法监督检查。《规定》中明确了网信、电信、公安、市场监管等有关部门对算法推荐服务依法开展算法监督检查工作的职责，并对发现的问题及时提出整改意见并限期整改。一方面，算法监督检查工作着眼于督促企业落实算法安全主体责任、完善相关管理制度和技术措施、配备与算法推荐服务规模相适应的专业人员和技术支撑；另一方面，算法监督检查工作从网民反映强烈的互联网信息服务算法乱象入手，剖析算法乱象的成因，现场检查互联网信息服务提供者是否存在涉法违法违规行为，通过检查督促企业提高算法安全风险意识，防范和排除潜在的算法安全风险。

（3）算法风险监测。这是一个常态化的工作，包括企业开展的算法风险监测、公众监督举报、监管部门巡查等多个方面。从算法安全监管体系的角度来看，算法风险监测致力于对算法的数据使用、应用场景、影响效果等开展日常监测，感知算法应用带来的网络传播趋势、市场规则变化、网民行为等信息，预警算法应用可能产生的不规范、不公平、不公正等隐患，发现算法应用安全问题。从实施层面看，算法风险监测包括人工巡查和技术巡查两种方式，发展趋势是加强算法风险监测的系统建设，持续提高互联网信息服务算法运行时的风险监测能力，增强技术治网水平。

（4）算法安全评估。此工作包括分析算法机制机理，评估算法设计、部署和使用等环节的缺陷与漏洞，研判算法应用过程中产生的安全风险，提出针对性应对措施。《规定》中明确的算法安全评估包括算法推荐服务提供者定期开展的自评估和监管部门对算法推荐服务依法开展的安全评估两个方面。对于互联网企业而言，算法安全评估是防范和应对算法安全风险的重要举措，企业的自评估报告也是算法备案的重要组成部分。对于监管部门而言，算法安全评估是算法备案、算法风险监测和算法监督检查等工作的落脚点。

构建互联网信息服务算法安全监管体系需要在技术支撑和能力建设方面进一步加强。国家科研机构应加大算法安全方面的科技攻关，建设算法安全评估和风险监测的科研创新平台，探索共建新型研发机构，形成引领算法安全基础研究的战略力量。组织建立专业技术评估队伍，研究算法安全内生机理、算法安全风险评估、算法全生命周期安全监测等关键技术。加强基础科研设施建设，完善算法安全治理人才队伍培养体系，提升算法自主创新和安全可控能力。推进算法安全的科学普及工作，提升企业和社会公众的算法安全风险意识，引导社会各界积极参与社会监督，共同推进算法综合治理。

资料来源：作者：沈华伟，中国科学院计算技术研究所，网络资料。有改动。

阅读上文，请思考、分析并简单记录：

（1）什么是算法？你接触过算法开发，或者接受过算法提供的应用服务吗？请举例说明。

答：_____

_____

_____

（2）国家有关部门为什么要针对算法发布《互联网信息服务算法推荐管理规定》？发布《规定》的是哪些部门，权威性如何？你觉得《规定》能得到有效执行吗？

答：_____

_____

_____

（3）从实施角度看，《规定》提出了哪四项举措？你认为其中哪些举措最为关键？为什么？

答：_____

_____

_____

_____

（4）请简述你所知道的上一周发生的国内外或者身边的大事：
答：

2.1 伦理与道德基础

在西方文化中，"伦理学"一词源出希腊文"ethos"，意为风俗、习惯、性格等。古希腊哲学家亚里士多德最先赋予其伦理和德行的含义，所著《尼各马可伦理学》一书为西方最早的伦理学专著。首次出版于 1677 年的荷兰哲学家斯宾诺莎的伦理学著作《用几何学方法作论证的伦理学》认为，只有凭理性的能力获得的知识，才是最可靠的知识。人有天赋的知识能力，世界是可以认知的，伦理学从本体论、认识论开始，最后得出伦理学的最高概念——自由，为人的幸福指明了道路。

在中国文化中，"伦理"一词最早出现于《礼记·乐记》："乐者，通伦理者也。"我国古代思想家们对伦理学都十分重视，"三纲五常"就是基于伦理学产生的。最开始对伦理学的应用主要体现在对于家庭长幼辈分的界定，后又延伸至社会关系的界定。

2.1.1 伦理的定义

伦理学是哲学的一个分支，被定义为规范人们生活的一整套规则和原理，包括风俗、习惯、道德规范等，简单来说，就是人们认为什么可做什么不可做、什么是对的什么是错的。

哲学家认为伦理是规则和道理，即人作为总体，在社会中的一般行为规则和行事原则，强调人与人之间、人与社会之间的关系；而道德是指人格修养、个人道德和行为规范、社会道德，即人作为个体，在自身精神世界中心理活动的准绳，强调人与自然、人与自我、人与内心的关系。道德的内涵包含了伦理的内涵，伦理是个人道德意识的外延和对外行为表现。伦理是客观法，具有律他性，而道德是主观法，具有律己性；伦理要求人们的行为基本符合社会规范，而道德则是表现人们行为境界的描述；伦理义务对社会成员的道德约束具有双向性、相互性特征。

可以这样理解，法律是具有国家或地区强制力的行为规范，道德是控制我们行为的规则、标准、文化，而伦理是道德的哲学，是对道德规范的讨论、建立以及评价，研究的是道德背后的规则和原理。它可以为我们提供道德判断的理性基础，使我们能对不同的道德立场进行分类和比较，使人们能在有现成理由的情况下坚持某种立场。现代伦理已经延伸至不同的领域，因而也越发具有针对性，引申出了环境伦理、科技伦理等不同层面的内容。

在长期的发展中，关于伦理形成了如下定义：

定义 1：美国《韦氏大辞典》指出：伦理是一门探讨什么是好什么是坏，以及讨论道德责任义务的学科。

定义 2：伦理一般是指一系列指导行为的观念，是从概念角度上对道德现象的哲学思考。它不仅包含着对人与人、人与社会和人与自然之间关系处理中的行为规范，而且也深刻地蕴涵着依照一定原则来规范行为的深刻道理。

定义 3：所谓伦理，是指人类社会中人与人之间，人们与社会、国家的关系和行为的秩序规范。任何持续影响全社会的团体行为或专业行为都有其内在特殊的伦理的要求。企业作为独立法人有其特定的生产经营行为，也有企业伦理的要求。

定义 4：伦理是指人们心目中认可的社会行为规范。伦理也是对人与人之间的关系进行调整，只是它调整的范围包括整个社会的范畴。管理与伦理有很强的内在联系和相关性。管理活动是人类社会活动的一种形式，当然离不开伦理的规范作用。

定义 5：伦理是指人与人相处的各种道德准则。生态伦理是伦理道德体系的一个分支，是人们在对一种环境价值观念认同的基础上，维护生态环境的道德观念和行为要求。

定义 6：伦理是指人与人相处的各种道德标准；伦理学是关于道德的起源、发展，人的行为准则和人与人之间的义务的学说。

2.1.2 道德的概念

道德是调整人们相互关系的行为规范的总和。《道德经》中有写，所谓"道"是万物万法之源，创造一切的力量，而"德"是为顺应自然、社会和人类客观需要去做事的行为，是不违背自然发展规律，去发展自然、发展社会，提升自己的践行方式。道是在承载一切，德是在昭示道的一切，德是道的具体实例，也是道的体现。大道无言无形、看不见听不到摸不着，只有通过我们的思维意识去认识和感知它。如果没有德，我们就不能如此形象地了解道的理念，这就是德与道的关系。

不同的对错标准是特定生产能力、生产关系和生活形态下自然形成的。道德可以是源自于特定哲学、宗教或文化的行为准则中衍生出来的一系列标准或原则，也可以源于一个人所相信的普遍价值。

一些研究认为，对道德情操的注重，存在于所有的人类社会当中，道德情操是普遍适用的文化通则的一部分；而一些研究更认为，诚实、助人、宽容、忠诚、责任、社会公正、平等、家庭与国家安全、社会秩序的稳定等和道德相关的行为，是普遍适用的价值的一部分，也就是说，这些行为可能是所有社会普遍认可的德行。

2.1.3 伦理是一种自然法则

伦理是一种有关人类关系（尤其以姻亲关系为重心）的自然法则（见图 2-2），这个概念也是道德及法律的绝对分界线。道德是人类对于人类关系和行为的柔性规定，这种柔性规定以伦理为大致范本，但又不同于伦理，甚至经常与伦理相悖。法律则是人类对于人类关系和行为的刚性规定，这种刚性规定是以法理为基础原则的。

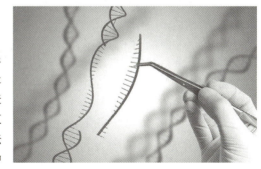

图 2-2 伦理是一种自然法则

现实生活中，"伦理"二字与"道德"二字常常会一起出现。若是严格加以区分，则伦理偏重于社会层面，道德偏重于个人层面。在一般使用上，二者经常被视为同义词，有时更被连用为"伦理道德"一词。伦理道德专属于人文世界的范围，它表现为人类加诸彼此及自身的规范与评价。

伦理与道德都在一定程度上起到了调节社会成员之间相互关系的规则的作用。规则是为现实的存在不被破坏服务的，它本身并不倡导创新，甚至在一定程度上束缚了创新，而规则与创新的矛盾无一不是以创新的成功和规则被打破之后形成新的规则而结束的。

随着社会所处的阶段乃至文化环境的不同，"道德"有着不同的规范。例如，在古代氏族部落里，财产是共有的，保留私有财产是不道德的，而拿走部落其他成员刚刚用过的工具则没有什么不道德。在法律认可私有财产的现代社会，保留私有财产不再是不道德的，而拿走他人的工具则要征求他人的意见。

2.1.4 伦理学研究

伦理学以道德现象为研究对象，不仅包括道德意识现象（如个人的道德情感等），还包括道德活动现象（如道德行为）以及道德规范现象等。伦理学将道德现象从人类活动中区分开来，探讨道德的本质、起源和发展，道德水平同物质生活水平之间的关系，道德的最高原则和道德评价的标准，道德规范体系，道德的教育和修养，人生的意义、人的价值和生活态度等问题。其中，最重要的是道德与经济利益和物质生活的关系、个人利益与整体利益的关系问题。对这些问题的不同回答，形成了不同的甚至相互对立的伦理学派别。马克思主义伦理学将道德作为社会历史现象加以研究，着重研究道德现象中带有普遍性和根本性的问题，从中揭示道德的发展规律。

2.2　科技伦理造福人类

2019 年 7 月 24 日，中央全面深化改革委员会第九次会议审议通过了诸多重要文件，其中《国家科技伦理委员会组建方案》排在首位通过。这表明中央将科技伦理建设作为推进国家科技创新体系不可或缺的重要组成部分。组建国家科技伦理委员会的要旨在于，抓紧完善制度规范，健全治理机制，强化伦理监管，细化相关法律法规和伦理审查规则，规范各类科学研究活动。

2.2.1 科技伦理是理性的产物

科技伦理是指科学技术创新与运用活动中，人与社会、人与自然以及人与人关系的思想与行为准则的道德标准和行为准则，是一种观念与概念上的道德哲学思考，它规定了科学技术共同体应遵守的价值观、行为规范和社会责任范畴。人类科学技术的不断进步，也带来了一些新的科技伦理问题，因此，只有不断丰富科技伦理这一基本概念的内涵，才能有效应对和处理新的伦理问题，提高科学技术行为的合法性和正当性。如果把人类文明的演化当作一个永无止境的征程，人类奔向更高文明的原动力就是科技和创新。但是，仅有动力还不够，还必须能识别方向，科技伦理就是指引科技造福人类的导航仪。

科技伦理是理性的产物。最根本的理性是，要求科技创新和成果只能有益于或最大限度地有益于人、生物和环境，而不能损伤人、损害生物和破坏环境，即便不可避免地会不同程度地损人毁物——如药物的副作用，也要把这种副作用降到最低，甚至为零。在具体的伦理规则上，还应两利相权取其大、两害相衡择其轻。

科技伦理不只是涉及科学研究中的伦理，也不只是科研人员要遵守科技伦理，还包括科技成果应用中的伦理，例如手机 App 下载的同意条款和医院治病时的知情同意等。科技伦理最早起源于人类的生活，在今天有了更多更新的内容，应对今天科技创新所带来的诸多挑战，需要更多、更细的科技伦理来规范科研行为和科研成果的使用。

2.2.2 科技伦理的预见性和探索性

提出和遵循科技伦理不仅有益于所有人，也有利于生态和环境。尽管人是理性的并因此诞生了科技伦理，但人类也有一些非理性思维和行动，因此在历史上产生了一些违背科技伦理的非理性行为。在今天，这样的危险并未消除。

第二次世界大战时期，纳粹德军和日军用活人（俘虏）做试验，既违背了科技伦理，更犯下了残害人类和反人类的罪行。尽管人体活体试验获得了一些科学数据和结论，但建立在伤害人、毁灭生命之上的科学研究是绝对不能为人类社会所接受的。因此，二战后的纽伦堡审判产生了《纽伦堡法典》（1946 年），1975 年第 29 届世界医学大会又修订了《赫尔辛基宣言》以完善和补充《纽伦堡法典》，1982 年世界卫生组织（WHO）和国际医学科学组织理事会（CIOMS）联合发表《人体生物医学研究国际伦理指南》，对《赫尔辛基宣言》进行了详尽解释。再到 1993 年，WHO 和 CIOMS 联合发表了《伦理学与人体研究国际指南》和《人体研究国际伦理学指南》。2002 年，WHO 和 CIOMS 修改制定了《涉及人的生物医学研究国际伦理准则》，提出了需要遵守的 21 项准则，体现了生命伦理的知情同意、生命价值、有利无伤原则。

当科技创新成为今天人类最重要的活动之一，以及人类需要科技创新才能快速和有效地推动人类文明向更高阶段发展之时，科技伦理又有了大量的新范畴、新内容和新进展。人类基因组和基因编辑、人工生命和合成生命、人工智能、5G/6G 通信技术、机器人、脑机接口、人脸识别、纳米技术、辅助生殖技术、精准医疗等，都是今天科技创新和科技研发的新领域，也关系到所有人的福祉，但另一方面也可能会伤害人，甚至让人类走向灾难和毁灭，如此，科技伦理的导航和规范作用就极为重要和显著。

因此，科技伦理需要有预见性和探索性，在一项研究和一个行业发展到一定规模与程度时，必须要求有相适应的科技伦理来规范。同时，由于人的非理性和逐利性，也导致今天人们在进行科技创新活动和科学研究时既可能违背已有的伦理原则，还可能因为新的伦理原则尚未建立，在新旧之间、有规定和无规定的结合部打擦边球，产生有违人类伦理的或争议极大的科研行为，以及科研成果的不当使用。

之前有一个涉及前沿科研的极具风险的研究就是如此。有研究人员认为，CCR5 基因是导致人被艾滋病病毒（HIV）感染的帮凶，于是在试验中对新生儿敲除了这一基因，以期永远预防艾滋病。这一科研的初衷也许是积极的，然而，由于伦理审查不严，导致这一研究存在巨大风险，既有可能违背既有的生命伦理四大原则——有利、尊重、公正和互助，也存在更大的实际风险。敲除 CCR5 基因固然可以预防艾滋病，但是它的免疫功能、抗癌功能等其他有益于人的作用也会随之完全消失。这实际上是因为并不了解 CCR5 基因的全面用途而导致的伦理审查失责。

由此，可以看出制定各个学科和多学科研究及成果应用的伦理规范有多么重要和迫切。

2.3　技术伦理

技术伦理是 20 世纪后期新兴的一门以探讨如何认识和约束技术发展带来的社会问题的学科，主要讲授现代科技提出的伦理问题，如科技共同体内的伦理问题、科技时代中人与自然的伦理问题、安乐死问题、克隆人问题等。

计算机技术串联并融合了现实空间和虚拟空间，具有广泛的社会意义和深层的伦理意蕴，为我们提供了一个人—机关系、技术—社会双向形塑的伦理分析范型。我们可以深入分析计算机技术，以此为例探寻技术伦理学的时代性和未来性。

在 20 世纪 50 年代左右，控制论创始人罗伯特·维纳向世人提醒信息技术对社会构成的威胁，提出应将对新技术的讨论提高到道德认识的层面，由此奠定了计算机伦理学的基础。20 世纪 70 年代，美国计算机专家沃尔特·曼纳注意到计算机伦理问题日益突出，提出研究这些问题的领域应当成为应用伦理学的一个独立分支，命名为"计算机伦理学"，并将计算机伦理学界定为研究计算机技术引发、改变和加剧伦理问题的应用伦理学科。1984 年是计算机伦理学发展的分水岭,美国计算机伦理学家詹姆士·摩尔和黛博拉·约翰逊提出"真空说",认为计算机伦理学是一门全新的伦理学,因为计算机技术具有以往技术不具有的逻辑延展性,这一特性导致了理论的含混和政策的真空,从前的伦理学理论无法回答计算机技术提出的挑战,需要建立一门全新的伦理学来应对。

1966 年,美国麻省理工学院计算机专家韦曾鲍姆编写了一个名为 ELIZA(艾丽莎)的心理疗法计算机程序。这个程序表明计算机能够进行自动化的心理治疗。韦曾鲍姆担忧人类"信息处理模式"会增强科学家甚至普通公众把人仅仅看作机器的倾向,认为人工智能的滥用可能损害人类的价值。1988 年,IBM 公司的雷蒙·巴尔金提出,如果机器人最终与人难以区分,那么我们必须制定伦理行为规范来调整真实的人与"人工的人"之间的关系。他编撰了"赛博伦理学"一词,用以概括这一研究领域。巴尔金提出的这条路径代表计算机伦理学的机器人伦理学线索。随着互联网崛起和商业化普及,网络伦理问题获得空前的关注。斯皮内洛、塔瓦尼等众多学者相继出版了大量网络伦理学著作,在 20 世纪 90 年代掀起了网络伦理学的研究热潮。

计算技术不只是延长或代替人脑,更重要的是促成万物互联。多种技术如计算机技术、基因技术、纳米技术、人工智能技术、能源技术等的融合,将加快万物互联的进程。技术的融合将促进人机的融合,促成虚拟空间和现实空间的融合,使我们难以区分身处其中的这两类空间,难以区分我们的身体与人工物,并最终导致各类技术伦理学的融合。

技术与人类未来、人与技术的自由关系是技术时代伦理学乃至整个哲学探寻的核心。在不同的技术时代,人与技术的自由关系问题聚焦在不同的内容上。在机器大工业时代,它聚焦于人与机器的自由关系;在当今互联网、大数据和人工智能时代,它聚焦于人与信息、人与数据、人与自主机器的自由关系。人与技术的关系本质上是人与人之间的关系,是基于技术的人与人之间的关系。如何确保人与人之间的自由关系,确保人类的未来,便成了技术时代伦理学探寻的终极目标。

2.4 工程伦理

发生于 1907 年的加拿大魁北克大桥(见图 2-3)事件号称是这个世纪最大的技术失误之一。这座大桥原本应该是美国著名设计师特奥多罗·库帕的一个有价值的不朽杰作。库帕曾称他的设计是"最佳、最省的",可惜它最终并没有建成。库帕自我陶醉于他的设计,而忘乎所以地把大桥的长度由原来的约 500 米(m)加到约 600 米,以成为当时世界上最长的桥。桥的建设速度很快,施工组织也很完善。正当投资修建的人士开始考虑如何为大桥剪彩时,人们忽然听到一阵震耳欲聋的巨响——大桥的整个金属结构垮了(见图 2-4):19 000 吨(t)钢材和 86 名建桥工人落入水中,只有 11 人生还。由于库帕的过度自信而忽略了对桥梁重量的精确计算,导致了一场悲剧。

图 2-3　1907 年的魁北克大桥

图 2-4　垮塌的魁北克大桥

近几年来，一批环境污染事件不断被曝光。在经济利益的驱动下，牺牲环境导致的每一个事件背后，都暴露出了工程项目决策者和实践者在趋利心态下的错误行动，值得我们思考。

20 世纪 70 年代西方一些发达国家在工业革命的进程中，也面临类似的环境污染和安全事故，有些事故甚至危及人类的生存和发展。1986 年，因 O 型环密封圈失效而导致的美国"挑战号"航天飞机灾难事件震惊世界。事后发现，在决策中无视已知的缺陷，忽视工程师提出的低温下发射具有危险性的警告，是导致这次事件的关键因素。在应对这些挑战和压力的过程中，西方发达国家发现并开始开展工程伦理教育，并将其作为未来工程师所必备的基本素质之一。

所谓"工程伦理"就是对工程负责的态度，无论是一个人，还是一个团队，对所参与的工程必须要有负责任的态度。工程伦理至少有两个层面的含义，一是工程项目内在的伦理，即工程的伦理准则；二是工程项目核心实施者之一的工程师的职业伦理，即工程师的伦理准则。

随着现代工程技术的发展，工程决策与实践中的伦理冲突不断出现。例如，医学上的"转基因工程和换头术"产生的生命伦理问题，化学与化学工程的发展带来的抗生素问题、环境激素问题等新的伦理冲突。这些冲突，大致上蕴含着两类问题。一是工程本身是否可能带来近期的或长期的环境影响或生态破坏；二是工程决策时决策者、设计者和实施者承担着怎样的伦理角色。

伦理决策和价值选择对于社会的可持续发展来说至关重要。因此，工程伦理教育应该是全过程、全方位的教育。培养具有"伦理意识"的现代工程师，以造福人类和可持续发展为理念的工程师，才能在面临着道德困境时做出正确的判断和选择。工程师应该掌握风险辨识和评价的基本方法，具备基于长期利润与道德的平衡而进行工程决策的能力。

2.5 算法歧视

算法是信息技术，尤其是大数据、人工智能的基础。"算法就是一系列指令，告诉计算机该做什么。""算法的核心就是按照设定程序运行以期获得理想结果的一套指令。"所有的算法都包括以下几个共同的基本特征：输入、输出、明确性、有限性、有效性。

算法因数学而起，但现代算法的应用范畴早已超出了数学计算的范围，已经与每个人的生活息息相关，因此，"我们生活在算法的时代"。随着人工智能时代的到来，算法越来越多地支配着我们的生活，也给现存的法律制度和法律秩序带来了冲击与挑战。

2.5.1 算法透明之争

"黑箱"是控制论中的概念。作为一种隐喻，它指的是那些不为人知的不能打开、不能从外部直接观察其内部状态的系统。人工智能所依赖的深度学习技术就是一个"黑箱"。深度学习是由计算机直接从事物原始特征出发，自动学习和生成高级的认知结果。在人工智能系统输入的数据和其输出的结果之间，存在着人们无法洞悉的"隐层"，这就是算法黑箱。对透明的追求会使人心理安定，"黑箱"则使人恐惧。如何规制算法"黑箱"，算法是否要透明、如何透明，是法律规制遇到的首要问题（见图 2-5）。

面对算法黑箱，不少人主张、呼吁算法透明。其理由主要有以下几点：

（1）算法透明是消费者知情权的组成部分。

图 2-5　算法

这种观点主张，因为算法的复杂性和专业性，人工智能具体应用领域中的信息不对称可能会更加严重，算法透明应是消费者知情权的组成部分。

（2）算法透明有助于缓解信息的不对称。这种观点主张，算法的信息不对称加重不只发生在消费者与算法设计者、使用者之间，更发生在人类和机器之间，而算法透明有助于缓解这种信息不对称。

（3）算法透明有助于防止人为不当干预。这种观点认为算法模型是公开的，在双方约定投资策略的前提下，执行策略由时间和事件函数共同触发，执行则由计算机程序自动完成，避免了人为不当干预的风险，它比人为干预更加公平、公开和公正。

（4）算法透明有助于防止利益冲突。这种观点认为由于算法的非公开性和复杂性，难以保证诸如投资建议的独立性和客观性。只有算法透明，才能防止这种利益冲突。

（5）算法透明有助于防范信息茧房。这种观点认为，算法可能形成信息茧房（将自己的生活桎梏于像蚕茧一般）。算法科学的外表容易误导使用者，强化使用者的偏见，从而导致错误决策。例如，算法技术为原本和大众疏离的复杂难懂的金融披上了简单易懂的面纱，金融的高风险性被成功掩盖，轻松化的人机交互界面掩盖了金融风险的残酷本质。

（6）算法透明有助于打破技术中立的外衣。事实上技术的背后是人，人类会将人性弱点和道德缺陷带进和嵌入算法之中，但它们却可能隐蔽于算法背后，从而更不易被发觉。

（7）算法透明有助于打破算法歧视。美国的汤姆·贝克和荷兰的 G.本尼迪克特、C.德拉特认为：公众不能预设机器人没有人类所具有的不纯动机。因为算法存在歧视和黑箱现象，因此才需要算法的透明性或解释性机制。

（8）算法透明有助于打破"算法监狱"与"算法暴政"。在人工智能时代，商业企业和公权部门都采用人工智能算法做出自动化决策，算法存在的缺陷和偏见可能会使得大量的客户不能获得贷款、保险、承租房屋等服务，这如同被囚禁在"算法监狱"。然而，如果自动化决策的算法不透明、不接受人们的质询、不提供任何解释、不对客户或相对人进行救济，则客户或相对人就无从知晓自动化决策的原因，自动化决策就会缺少"改正"的机会，这种情况就属于"算法暴政"。算法透明则有助于打破"算法监狱"与"算法暴政"。

（9）算法透明是提供算法可归责性问题的解决工具和前提。有学者认为算法透明性和可解释性是解决算法可归责性的重要工具。明确算法决策的主体性、因果性或相关性，是确定和分配算法责任的前提。

（10）算法透明有助于提高人们的参与度，确保质疑精神。这种观点认为，如果你不了解某个决策的形成过程，就难以提出反对的理由。由于人们无法看清其中的规则和决定过程，人们就无法提出不同的意见，也不能参与决策的过程，只能接受最终的结果。为走出这一困境，算法透明是必要的。还有人认为，质疑精神是人类前进的工具，如果没有质疑，就没有社会进步。为了保证人类的质疑，算法必须公开——除非有更强的不公开的理由，例如保护国家安全或个人隐私。

（11）公开透明是确保人工智能研发、设计、应用不偏离正确轨道的关键（见图 2-6）。这种观点认

图 2-6　算法透明

为,人工智能的发展一日千里,人工智能可能拥有超越人类的超级优势,甚至可能产生灾难性风险,因而应该坚持公开透明原则,将人工智能的研发、设计和应用置于监管机构、伦理委员会以及社会公众的监督之下,确保人工智能机器人处于可理解、可解释、可预测状态。

现实中反对算法透明的声音也不少,其主要理由如下:

(1) 类比征信评分系统。征信评分系统不对外公开是国际惯例,其目的是防止"炒信""刷信",使评级结果失真。很多人工智能系统类似于信用评级系统。

(2) 周边定律。周边定律是指法律无须要求律师提请我们注意身边具有法律意义的内容,而是将其直接植入我们的设备和周边环境之中,并由这些设备和环境付诸实施。主张该观点的人宣称,人类正在步入技术对人类的理解越来越深刻而人类却无须理解技术的时代。智能时代的设备、程序,就像我们的人体器官和中枢神经系统,我们对其知之甚少但却可以使用它们。同样,算法为自我管理、自我配置与自我优化而完成的自动计算活动,也无须用户的任何体力与智力投入。

(3) 算法不透明有助于减少麻烦。如果披露了算法,则可能会引起社会舆论的哗然反应,从而干扰算法的设计,降低预测的准确性。大数据预测尽管准确的概率较高,但也不能做到百分之百。换言之,大数据预测也会不准,也会失误。如果将算法公之于众,人们对预测错误的赋值权重就有可能偏大,从而会阻碍技术的发展。

(4) 防止算法趋同。算法披露之后,好的算法、收益率高的算法、行业领导者的算法可能会引起业界的效仿,从而出现"羊群效应",加大风险。

(5) 信息过载或难以理解。算法属于计算机语言,不属于日常语言,即使对外披露了,除专业人士之外的大多数客户仍难以理解。换言之,对外披露的信息对于大多数用户来讲可能属于无效信息。

(6) 偏见存在于人类决策的方方面面,要求算法满足高于人类的标准是不合理的。算法透明性本身并不能解决固有的偏见问题。要求算法的透明性或者可解释性,将会减损已申请专利的软件的价值。要求算法的透明性还可能为动机不良者扰乱系统和利用算法驱动的平台提供了机会,它将使动机不良者更容易操纵算法。

(7) 算法披露在现实中存在操作困难。例如,可能涉及多个算法,披露哪个或哪些算法?算法披露到什么程度?

折中派的观点认为,算法是一种商业秘密。"算法由编程者设计,进而给网站带来巨大的商业价值,因此其本质上是具有商业秘密属性的智力财产。"如果将自己的专有算法程序公之于众,则有可能泄露商业秘密,使自己丧失技术竞争优势。鉴于很多算法属于涉及商业利益的专有算法,受知识产权法保护,因此即使是强制要求算法透明,也只能是有限度的透明。

还有人认为,如何对待算法,这个问题并没有"一刀切"的答案。在某些情况下,增加透明度似乎是一个正确的做法,它有助于帮助公众了解决策是如何形成的,但是在涉及国家安全时,公开源代码的做法就不适用了,因为一旦公开了特定黑盒子的内部运行机制,某些人就可以绕开保密系统,使算法失效。

2.5.2 算法透明的实践

2017 年,美国计算机学会公众政策委员会公布了 6 项算法治理指导原则。

第一个原则是知情原则,即算法设计者、架构师、控制方以及其他利益相关者应该披露算法设计、执行、使用过程中可能存在的偏见以及可能对个人和社会造成的潜在危害。

第二个原则是质询和申诉原则，即监管部门应该确保受到算法决策负面影响的个人或组织享有对算法进行质疑并申诉的权力。

第三个原则是算法责任认定原则。

第四个原则是解释原则，即采用算法自动化决策的机构有义务解释算法运行原理以及算法具体决策结果。

第五个原则是数据来源披露原则。

第六个原则是可审计原则。

仔细审视这 6 项原则，其要求的算法透明的具体内容主要是算法的偏见与危害、算法运行原理以及算法具体决策结果，以及数据来源。

2017 年年底，纽约州通过一项《算法问责法案》要求成立一个由自动化决策系统专家和相应的公民组织代表组成的工作组，专门监督自动化决策算法的公平和透明。之前，该法案有一个更彻底的版本，规定市政机构要公布所有用于"追踪服务"或"对人施加惩罚或维护治安"的算法的源代码，并让它们接受公众的"自我测试"。"这是一份精炼的、引人入胜的，而且是富有雄心的法案"，它提议每当市政机构打算使用自动化系统来配置警务、处罚或者服务时，该机构应将源代码——系统的内部运行方式——向公众开放。很快，人们发现这个版本的法案是一个很难成功的方案，他们希望不要进展得那么激进。因此，最终通过的法案删去了原始草案中的披露要求，而是设立了一个事实调查工作组来代替有关披露的提议，原始草案中的要求仅在最终版本里有一处间接提及——"在适当的情况下，技术信息应当向公众开放"。

在欧盟，《通用数据保护条例》（GDPR）在鉴于条款中规定："在任何情况下，该等处理应该采取适当的保障，包括向数据主体提供具体信息，以及获得人为干预的权利，以表达数据主体的观点，在评估后获得决定解释权并质疑该决定。"据此，有人主张 GDPR 赋予人们算法解释权。但也有学者认为，这种看法很牵强，个人的可解释权并不成立。

我国《新一代人工智能发展规划》指出："建立健全公开透明的人工智能监管体系。"它提出了人工智能监管体系的透明，而没有要求算法本身的透明。

2.5.3 算法透明的算法说明

人们呼吁算法透明，但透明的内容具体是算法的源代码，还是算法的简要说明？秉承"算法公开是例外，不公开是原则"的立场，即使是在算法需要公开的场合，也需要考察算法公开的具体内容是什么。

算法的披露应以保护用户权利为基点。算法的源代码、算法的具体编程公式（实际上也不存在这样的编程公式）是不能公开的。这主要是因为算法的源代码一方面非常复杂，且不断迭代升级，甚至不可追溯，无法予以披露；另一方面，公开源代码是专业术语，绝大部分客户看不懂，即使公开了也没有意义。

算法透明追求的是算法的简要说明（简称算法简介）。算法简介包括算法的假设和限制、逻辑、种类、功能、设计者、风险、重大变化等。算法简介的公开，也是需要有法律规定的，否则，不公开仍是基本原则。

2.5.4 算法透明的替代方法

算法透明的具体方法除了公开披露之外，还可以有其他替代方法。这些方法究竟是替代方法还是辅助方法，取决于立法者的决断。

（1）备案或注册。备案即要求义务人向监管机构或自律组织备案其算法或算法逻辑，算法或算法逻辑不向社会公开，但监管机构或自律组织应知悉。

算法很复杂，很难用公式或可见的形式表达出来。算法的种类很多，一个人工智能系统可能会涉及很多算法，且算法也在不断迭代、更新和打补丁，就像其他软件系统不断更新一样。因此，算法本身没有办法备案，更无法披露。可以备案和披露的是算法的逻辑与参数。除了算法逻辑的备案以外，还可以要求算法开发设计人员的注册。

（2）算法可解释权。一旦人工智能系统被用于做出影响人们生活的决策，人们就有必要了解人工智能是如何做出这些决策的。方法之一是提供解释说明，包括提供人工智能系统如何运行以及如何与数据进行交互的背景信息。但仅发布人工智能系统的算法很难实现有意义的透明，因为诸如深度神经网络之类的最新的人工智能技术通常是没有任何算法输出可以帮助人们了解系统所发现的细微模式的。基于此，一些机构正在开发建立有意义的、透明的最佳实践规范，包括以更易理解的方法、算法或模型来代替那些过于复杂且难以解释的方法。

2.5.5 算法公平的保障措施

算法公开、算法备案等规制工具都属于信息规制工具，它们是形式性的规制工具。除了信息规制工具之外，还有其他实质性规制工具。形式性规制工具追求的价值目标是形式公平，实质性规制工具追求的价值目标是实质公平。在消费者权益和投资者权益的保护过程中，除了保障形式公平之外，也要保障实质公平。因此，除了信息规制工具之外，还应有保障算法公平的其他实质性规制工具，这些工具主要包括三个方面，一是算法审查、评估与测试，二是算法治理，三是加强第三方算法监管力量。

（1）算法审查、评估与测试。在人工智能时代，算法主导着人们的生活。数据应用助推数据经济，但也有许多模型把人类的偏见、误解和偏爱编入了软件系统，而这些系统正日益在更大程度上操控着我们的生活。"只有该领域的数学家和计算机科学家才明白该模型是如何运作的。"人们对模型得出的结论毫无争议，从不上诉，即使结论是错误的或是有害的。凯西·奥尼尔将其称为"数学杀伤性武器"。

然而，数学家和计算机科学家应当接受社会的审查。算法是人类的工具，而不是人类的主人。数学家和计算机科学家是人类的一员，他们应与大众处于平等的地位，而不应凌驾于人类之上，他们不应是人类的统治者。即使是统治者，在现代社会也应接受法律的规范和治理、人民的监督和制约。总之，算法应该接受审查。

算法黑箱吸入数据，吐出结论，其公平性也应接受人类的审查。算法的开发者、设计者也有义务确保算法的公平性。

应该对人工智能系统进行测试。人工智能机器人目前尚未成为独立的民事主体，不能独立承担民事责任，但这并不妨碍对其颁发合格证书和营运证书。这正如汽车可以获得行驶证书和营运许可证书一样。

（2）算法治理。质疑精神是人类社会前进的基本动力，必须将算法置于人类的质疑和掌控之下。人工智能的开发者和运营者应有能力理解和控制人工智能系统，而不是单纯地一味依赖于第三方软件开发者。

人工智能系统还应建立强大的反馈机制，以便用户轻松报告遇到的性能问题。任何系统都需要不断迭代和优化，只有建立反馈机制，才能更好地不断改进该系统。

（3）加强第三方算法监管力量。为了保证对算法权力的全方位监督，应支持学术性组织和非营利机构的适当介入，加强第三方监管力量。目前在德国已经出现了由技术专家和资深媒体人挑头成立的名为"监控算法"的非营利组织，宗旨是评估并监控影响公共生活的算法决策过程。具体的监管手段包括审核访问协议的严密性、商定数字管理的道德准则、任命专人监管信息、在线跟踪个人信息再次使用的情况、允许用户不提供个人数据、为数据访问设置时间轴、未经同意不得将数据转卖给第三方等。为了让人工智能算法去除偏私，在设计算法时，对相关主题具有专业知识的人（例如，对信用评分人工智能系统具有消费者信用专业知识的人员）应该参与人工智能的设计过程和决策部署。当人工智能系统被用于做出与人相关的决定时，应让相关领域的专家参与设计和运行。

【作业】

1. 伦理是指在处理相互关系时应遵循的各种道理和道德准则。下列（ ）不属于其中。
   A．人与人　　　　B．人与社会　　　C．动物之间　　　D．人与自然

2. 伦理是一系列指导行为的观念，例如中国古训中的忠、孝、悌、忍、信是处理人伦的规则。其中的悌是指（ ）。
   A．爱护弟弟　　　B．敬爱兄长　　　C．呵护晚辈　　　D．孝敬爷爷

3. 在下列关于伦理的一些定义中，不正确的是（ ）。
   A．伦理是指人们个人心目中的行为准则，受到个人素质和道德观的制约
   B．伦理是一门探讨什么是好什么是坏，以及讨论道德责任义务的学科
   C．生态伦理是人们在对一种环境价值观念认同的基础上维护生态环境的道德观念和行为要求
   D．伦理学是关于道德的起源、发展，人的行为准则和人与人之间的义务的学说

4. 道德是人类对于人类关系和行为的（ ）规定，这种规定以伦理为大致范本，但又不同于伦理这种自然法则，甚至经常与伦理相悖。
   A．硬性　　　　　B．原则　　　　　C．明确　　　　　D．柔性

5. 科技伦理是科技创新和科研活动中人与社会、人与自然以及人与人关系的思想与行为准则，但与下列（ ）无关。
   A．科学研究中的伦理　　　　　　　B．科研人员要遵守科技伦理
   C．科研人员的感性体验　　　　　　D．科技成果应用中的伦理

6. 世界卫生组织（WHO）制定的《涉及人的生物医学研究国际伦理准则》提出了需要遵守的21项准则，其中体现的生命伦理原则不包括（ ）原则。
   A．知情同意　　　B．归属权　　　　C．生命价值　　　D．有利无伤

7. （ ）是一门以探讨如何认识和约束技术发展带来的社会问题的学科，主要讲授现代科技提出的伦理问题。
   A．信息伦理　　　B．数字社会　　　C．技术伦理　　　D．道德计算

8. 计算技术不只是延长或代替人脑，更重要的是促成（ ），多种技术的融合将加快其进程。
   A．万物互联　　　B．人机交互　　　C．社会公正　　　D．自然和谐

9. 下列（ ）不属于工程伦理责任类型。
   A．职业伦理　　　B．社会伦理　　　C．环境伦理　　　D．家庭伦理

10. 下列（　　）不属于工程伦理的含义。
    A. 是对工程负责的态度，无论是一个人，还是一个团队，对所参与工程必须要有负责任的态度
    B. 是工程项目内在的伦理，即工程的伦理准则
    C. 因缺乏工程伦理章程而导致的问题
    D. 是工程项目核心实施者之一的工程师的职业伦理，即工程师的伦理准则

11. 下列（　　）不属于工程教育的核心内容。
    A. 忠诚于股东　　　B. 意识与责任　　　C. 明辨是非　　　D. 先觉先知

12. 算法的核心就是按照设定程序运行以期获得理想结果的一套指令。所有的算法都包括输入、输出以及（　　）这样几个共同的基本特征。
    ① 明确性　　　② 有限性　　　③ 低成本　　　④ 有效性
    A. ①②③　　　B. ②③④　　　C. ①③④　　　D. ①②④

13. 我们生活在算法的时代。"算法黑箱"是指信息技术算法的（　　）。
    ① 不为人知　　　② 不公开　　　③ 不透明　　　④ 不值钱
    A. ②③　　　B. ①②　　　C. ①④　　　D. ③④

14. 面对算法黑箱，不少人主张、呼吁算法透明。其理由很多，其中包括（　　）。
    ① 算法透明是消费者知情权的组成部分，有助于打破算法歧视
    ② 算法透明有助于缓解信息不对称、防止利益冲突
    ③ 算法透明有助于防止人为不当干预
    ④ 算法透明有助于参考复制，以降低程序设计的作业成本
    A. ①③④　　　B. ①②④　　　C. ①②③　　　D. ②③④

15. 现实中反对算法透明的声音也不少，其主要理由包括（　　）。
    ① 有助于减少麻烦　　　　　　② 防止算法趋同
    ③ 信息过载或难以理解　　　　④ 希望技术垄断
    A. ①③④　　　B. ①②④　　　C. ②③④　　　D. ①②③

16. 2017 年，美国计算机学会公众政策委员会公布了 6 项算法治理指导原则，如知情原则、质询和申诉原则、算法责任认定原则，还包括（　　）。
    ① 免责原则　　　② 解释原则　　　③ 可审计原则　　　④ 数据来源披露原则
    A. ②③④　　　B. ①②④　　　C. ①③④　　　D. ①②③

17. 算法治理指导原则中的（　　）原则，即算法设计者、架构师、控制方以及其他利益相关者应该披露算法设计、执行、使用过程中可能存在的偏见以及对个人和社会造成的潜在危害。
    A. 知情　　　B. 利润　　　C. 解释　　　D. 质询和申诉

18. 算法治理指导原则中的（　　）原则，即采用算法自动化决策的机构有义务释疑算法运行原理以及算法具体决策结果。
    A. 知情　　　B. 利润　　　C. 解释　　　D. 质询和申诉

19. 算法治理指导原则中的（　　）原则，即监管部门应该确保受到算法决策负面影响的个人或组织享有对算法进行质疑并申诉的权力。
    A. 知情　　　B. 利润　　　C. 解释　　　D. 质询和申诉

20. 人们呼吁算法透明，要追求透明的应该是（　　）。
    A. 算法源代码　　　B. 算法说明　　　C. 算法图形　　　D. 算法所有人

【研究性学习】辩论：算法是否应该透明

小组活动： 通过讨论，深入了解有关算法透明之争的内涵、不同的观点及其对信息技术发展的影响。

正方观点： 算法应该透明；面对算法黑箱，主张和呼吁算法透明。

反方观点： 算法不能透明。偏见存在于人类决策的方方面面，要求算法满足高于人类的标准是不合理的。

记录： 请记录小组讨论的主要观点，推选代表在课堂上简单阐述小组成员的观点。

本小组担任：☐ 正方辩手　　☐ 反方辩手

本小组的基本观点是：_____

_____

_____

_____

_____

_____

评分规则： 若小组汇报得5分，则小组汇报代表得5分，其余同学得4分，余类推。

实训评价（教师）： _____

第 3 章 计算机伦理规则

【导读案例】臭名昭著的五大软件 bug

我们知道,只要是软件就会有 bug(错误)。因为再严格的测试也只是抽样活动,总会有 bug 被遗留下来。对于这些 bug,我们要看它的影响程度是什么样的。对于生命周期比较长的系统,这些 bug 只要产生了影响就都是要修改的。

1. 万"虫"之母,史上留名

1947 年 9 月 9 日下午 3 点 45 分,历史上最早一批程序员格蕾丝·赫柏在她的记录本上记下了史上第一个计算机 bug——在 Harvard Mark II 计算机里找到的一只飞蛾,她把飞蛾贴在日记本上,并写道"First actual case of bug being found(第一个发现错误的实际案例)"(见图 3-1)。这个发现奠定了 bug 这个词在计算机世界的地位,甚至成为无数程序员的噩梦。从那以后,bug 这个词在计算机世界表示计算机程序中的错误或者疏漏,它们会使程序计算出莫名其妙的结果,甚至引起程序的崩溃。

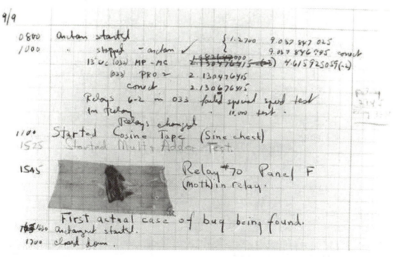

图 3-1 软件史上第一虫

这是流传最广的关于计算机 bug 的故事。可是历史的真相是,bug 这个词早在发明家托马斯·爱迪生的年代就被广泛用于指机器的故障,这在爱迪生本人 1870 年左右的笔记里面也能看得到,美国的电气电子工程师学会 IEEE 也将 bug 这一词的引入归功于爱迪生。

2. 千年虫,炒作的狂欢

在 20 世纪,软件业者从来没有考虑过他们的代码和产品会跨入新千年。因此,很多软件业者为了节省内存省略掉代表年份的前两位数字"19",或者默认前两位为"19"。

而当日历越来越接近 1999 年 12 月 31 日时,人们越来越担心在千禧年的新年夜大家的计算机系统都会崩溃,因为系统日期会更新为 1900 年 1 月 1 日而不是 2000 年 1 月 1 日,这样可能意味着无数的灾难事件,甚至是"世界末日"。

在今天,我们可以调侃这个故事,因为核导弹并没有自动发射,飞机也没有失控从天上掉下来,银行也没有把国家和用户的大笔存款弄丢。

千年虫 bug 是真实的,全球花了上亿的美金用来升级系统,而且也发生了一些小的事故:在西班牙,停车场计费表坏了;在法国,气象局公布了 1910 年 1 月 1 日的天气预报;在澳大利亚,公共汽车验票系统崩溃。

3. 宰赫兰导弹事件,毫秒的误差

在 1991 年 2 月的第一次海湾战争中,一枚伊拉克发射的飞毛腿导弹准确击中美国在沙特阿拉伯的宰赫兰基地,当场炸死 28 个美国士兵,炸伤 100 多人,造成美军在海湾战争中一次伤亡超过百人的损失。

在后来的调查中发现,由于一个简单的计算机 bug,使基地的爱国者反导弹系统失效,未能在空中拦截飞毛腿导弹。当时,负责防卫该基地的爱国者反导弹系统已经连续工作了 100 小时(h),每工作一小时,系统内的时钟会有一个微小的毫秒级延迟,这就是这个失效悲剧的根源。爱国者反导弹系统的时钟寄存器设计为 24 位,因而时间的精度也只限于 24 位的精度。在长时间的工作后,这个微小的精度误差被渐渐放大。在工作了 100 小时后,系统时间的延迟是三分之一秒(见图 3-2)。

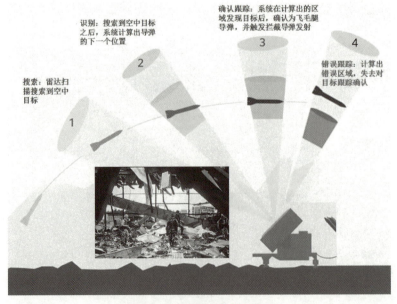

图 3-2 宰赫兰导弹事件图解

对一般人来说,0.33 秒(s)是微不足道的。但是对一个需要跟踪并摧毁一枚空中导弹的雷

达系统来说，这是灾难性的——事件中的飞毛腿导弹空速达 4.2 马赫（每秒 1.5 公里，1.43km/s），这个"微不足道的" 0.33 秒相当于大约 471 米的误差。在宰赫兰导弹事件中，雷达在空中发现了导弹，但是由于时钟误差没有能够准确地跟踪它，因此基地的反导弹并没有发射。

4. 公尺还是英尺（1 英尺（ft）=30.48 厘米（cm））？火星气候探测者号的星际迷航

火星气候探测者号在 1997 年发射，目的为研究火星气候，但是它没有能够达成这项花费 3 亿多美元的使命。

探测者号在太空飞行几个月以后，由于导航错误，最终在火星大气层解体。探测器的控制团队使用英制单位来发送导航指令，而探测器的软件系统使用公制来读取指令。这一错误大大改变了导航控制的路径。最后探测器进入过低的火星轨道（大约 100 公里（km）误差），在过大的火星大气压力和摩擦下解体（见图 3-3）。

5. 阿丽亚娜 5 型运载火箭，昂贵的简单复制

程序员在编程时必须定义程序用到的变量，以及这些变量所需的计算机内存，这些内存用比特（bit 位）定义。一个 16 位的变量可以代表 $-32\ 768$ 到 $32\ 767$ 之间的值。而一个 64 位的变量可以代表 $-9\ 223\ 372\ 036\ 854\ 775\ 808$ 到 $9\ 223\ 372\ 036\ 854\ 775\ 807$ 之间的值。

1996 年 6 月 4 日，阿丽亚娜 5 型运载火箭首次发射点火后，火箭开始偏离路线，最终被迫引爆自毁，整个过程只有短短 37 秒。阿丽亚娜 5 型运载火箭基于前一代 4 型火箭开发。在 4 型火箭系统中，对一个水平速率的测量值使用了 16 位的变量及内存，因为在 4 型火箭系统中反复验证过，这一数值不会超过 16 位的变量，而 5 型火箭的开发人员简单复制了这部分程序，没有对新火箭进行数值的验证，结果发生了致命的数值溢出。发射后这个 64 位带小数点的变量被转换成 16 位不带小数点的变量，引发了一系列的错误，从而影响了火箭上所有的计算机和硬件，瘫痪了整个系统，因而不得不选择自毁，研制费 80 亿美元变成一个巨大的烟花（见图 3-4）。

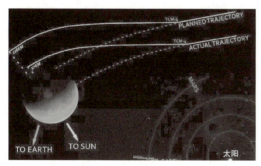

图 3-3 公尺还是英尺？偏离 100 公里　　图 3-4 阿丽亚娜 5 型运载火箭自毁

资料来源：博客园，https://www.cnblogs.com/yangxia-test/p/5122833.html。有改动。

阅读上文，请思考、分析并简单记录：

（1）你觉得，为什么本文作者在文章标题中用了"臭名昭著"？请简单分析。

答：

（2）作为学习计算机及相关专业的学生，你认为本文介绍的这 5 个案例给你带来了什么启示？请简述之。

答：_____

_____

_____

（3）女性有机会成为一个优秀的程序员或者计算工作者、数据科学家吗？请结合本文第 1 个案例以及本书第 7 章"导读案例"所述的"人肉计算机"，谈谈你的看法。

答：_____

_____

_____

（4）请简述你所知道的上一周发生的国内外或者身边的大事：

答：_____

_____

_____

_____

3.1 计算技术的伦理问题

计算机伦理学是应用伦理学的一个分支，它是开发和使用计算机相关技术与产品时的行为规范和道德指引，涉及计算机技术的开发和应用，信息的生产、储存、交换和传播中的广泛伦理道德问题。随着信息与网络技术的飞速发展，计算机信息伦理学已引起全球性的关注。

3.1.1 建立计算机伦理学

计算技术的发展延伸了人的身体、扩展了人的智能，促成了万物互联，迎来真正的信息社会。一方面，它给人类社会政治、经济和文化等方面带来了巨大影响，重塑了人类的价值观、生产方式和生活方式；另一方面，它的发展也离不开政治、经济和文化环境。

计算技术的发展亦面临诸多伦理问题和挑战，如网络安全、个人隐私、数字鸿沟等。这些热点和急待解决的现实问题，促成了技术伦理学的大发展。需要强调的是，因特网、大数据和人工智能对人类社会的影响日益广谱化和深层化，已经超越个体和区域，涉及人类的整体利益和人类的未来。这使得伦理学正经历"未来转向"，要求人类不仅应对当代人负责，也应对未来人和人类命运负责。

戴博拉·约翰逊在《计算机伦理学》一书中认为，计算机被广泛应用到工商、民用、管理、教育、司法、医疗、科研等方面。在每一个环境中，存在着人们的目的与利益、机构目标、人际关系、社会规范的矛盾与冲突。研究计算机伦理学，是为了理解计算机信息技术引起的伦理道德问题。他指出，"在这方面，计算机伦理学研究的出现，是为了研究人类与社会——我们的目标与价值，我们的行为规范，我们组织自我的方式，分配权利与责任等。"

一些学者认为，计算机的应用折射出社会的行动与观念。计算机伦理学研究可以作为探视社会的一扇窗户。在"网络社会"中，社会的、政治的、经济的力量在活动。计算机信息与网络技术的最重要特点是它们的易变性，即几乎可以做任何事情。在"网络社会"这一"虚拟的真实"

社会中，人们的行为涉及个人、社会、企业、社会团体等各方面的利益。计算机伦理学正是为了合理认识和调节信息与网络技术应用中引起的利益而得以成立。

3.1.2 计算机伦理学的理论基础

一些学者强调计算机伦理学的"实用性"，它探究的是当人们做出选择和采取行动时，如何才是善的和有价值的实践真理，研究具体行为的规范性指导方针，以解决信息技术带来的一系列具体道德问题。

一些学者认为，计算机伦理问题有一些独一无二的特征，但它研究的往往是伦理学的"老问题"。例如隐私权问题，人们应用计算机面临着前所未有的隐私权被侵犯的危险，但隐私权受到威胁这个道德问题早已存在。计算机伦理学并不需要去创造一个新的伦理学理论或体系，人们可以依靠传统的道德原则与理论，去把握计算机伦理的理论与实践问题。同时，计算机伦理学可以应用传统伦理学的基本概念来区分范畴，如隐私权、财产权、犯罪和泛用、权力与责任、职业实践等。

许多学者认为，需要借助传统的伦理学理论和原则，把它们作为计算机信息伦理问题的指导方针和确立规范性判断的依据，才能使人们区分出什么是正当的行为，什么是错误的行为。戴博拉·约翰逊和斯平内洛在他们的著作中，分别把以边沁和密尔为代表的功利主义，以康德和罗斯为代表的义务论，以霍布斯、洛克和罗尔斯为代表的权利论，这三大目前影响较大的经典道德理论，作为他们构建计算机伦理学的理论基础。

戴博拉·约翰逊和斯平内洛认为，功利主义是为了每一个受到某一行为影响的人的最大幸福所必须遵循的道德原则。它把许多道德问题用自然的、常识性的方法进行处理，并尽可能考虑到各方面的利益，有利于人们在计算机应用的道德冲突中做出合理的道德选择。他们认为，康德道德义务论中的道德"普适性"原则和"永远把人当作目的，永远不把人仅仅看作手段"的原则，罗斯提出的守信、补偿、公正、仁慈、自律、感恩、无害 7 个自明的道德义务，在调节信息与网络技术条件下的人与人之间的关系方面具有十分重要的价值。这些道德义务可以转换成一些特定的"二级义务"，如避免用计算机伤害他人；尊重知识产权；尊重隐私权；对信息技术产品的性能和效用的宣传要诚实，避免不诚实的、欺骗性的和虚伪的宣传等。

在信息时代，个人的法定权利、道德权利、契约权利应当受到特别的尊重。正当的行为是与尊重人的各种基本权利或自由的正义原则相一致的，个人对私人信息的"非公开性""准确性""安全性"拥有权利。

3.1.3 计算机伦理学原则

计算机伦理学原则是指计算机信息网络领域的基本道德原则，是把社会所认可的一般伦理价值观念应用于计算机技术，包括信息的生产、储存、交换和传播等方面。美国学者罗伯特·巴格在 1993 年于美国华盛顿召开的第二届布鲁克林计算机伦理协会年会上，提出了计算机伦理学的三条基本原理：

(1) 一致同意的原则，如诚实、公正和真实等。
(2) 把这些原则应用到对不道德行为的禁止上。
(3) 通过对不道德行为的惩处和对遵守规则行为的鼓励来对不道德行为进行防范。

美国学者斯平内洛在《信息技术的伦理方面》一书中，依据功利主义、义务论、权利论等基本道德理论，对计算机信息技术伦理问题进行了较深入的分析，提出了计算机伦理道德是非判断应当遵守的三条一般规范性原则：

（1）"**自主原则**"。在信息技术高度发展的情况下，尊重自我与他人的平等价值与尊严，尊重自我与他人的自主权利。如当计算机技术被用来侵犯别人的隐私权，便侵犯了别人的自主权。

（2）"**无害原则**"。人们不应该用计算机和信息技术给他人造成直接的或间接的损害。这一原则被称为"最低道德标准"。

（3）"**知情同意原则**"。人们在网络信息交换中，有权知道谁会得到这些数据以及如何利用它们。没有信息权利人的同意，他人无权擅自使用这些信息。

结合计算机和信息技术发展的实际情况，我国学者也提出了公正原则、尊重原则、允许原则、可持续发展原则、自由原则、互惠原则等。

3.2 技术评估和控制

许多摄影师都会通过搭建或虚构场景，并且在暗室里对照片进行后期修改。当看到一个视频，一位现在的流行歌手正在和 1977 年去世的猫王合唱的时候，我们知道这个创意节目的背后采用了数字技术。

视频处理工具提供了更复杂的"伪造"机会。一个公司开发的动画系统可以对一个真人的视频图像进行修改，产生一个新的视频，可以让人按照系统用户提供的任何内容讲话。另一个系统可以分析一个人的讲话录音，根据他的语音、语调和声调来合成其讲话。把这些系统结合起来，将可能有许多用途，包括娱乐和广告，但显然人们也可以用来以不道德的方式进行误导。

3.2.1 群体智慧

人们会在数字助手、手机 App 和一些网站上问各种各样的问题。这些问询包括广泛的个人问题以及更广泛的技术、社会、经济和政治问题。当然，其中有些答复是驴唇不对马嘴的。在网站上，提问者可以把他认为最好的答案指定为正确答案。

在网站上提问题显然非常容易。对于有些问题，网站上可能无法提供最佳结果，但是却有可能会由此产生很多的想法和观点，有时候这正是提问者所希望的。如果没有网络，一个人遇到问题只能询问自己认识的几个朋友，所得到的答案不会如此多样性，可能用处也不大。

我们来分析不正确、扭曲和被操纵的信息可能带来的问题。早在因特网出现之前，以新闻文章、书籍、广告和竞选传单的形式出现的"诋毁"就曾以不诚实的手法对很多政治家进行攻击；历史电影把真实与虚构融合在一起，有些是为了戏剧性的目的，还有些是出于意识形态的目的。《纽约时报》通常由受过训练的记者撰写，而且有一个编委会来负责。然而，曾经就有一位记者捏造了许多故事，涉及抄袭、虚构和核查事实不足的许多事件，此事件曾使很多报纸和电视网络蒙羞。可见，不可靠信息并不是一个新问题，但是，网络会把这种问题放大化。

研究人员发现，事实上，群体会对特定类型的问题给出较好的答案。当大量的人做出回应时产生了很多答案，但其平均值、中位数或最常见的回答往往会是一个很好的答案。这在当人们彼此隔离来发表独立意见的时候会更为可行。一些研究人员认为，对于一些问题，如估计经济增长，或是预测一个新产品或电影的销售情况时，一个大的（独立）群体可能会比专家更为准确。例如，一家加拿大矿业公司利用这种现象，在网上发布了大量的地质数据集，举行了一场选择不同区域来寻找黄金的竞赛；美国专利局正在试验以在线众包的方式来帮助确定专利申请中所描述的发明是否是真的或是新的，具有特定技术专业知识的人可以向专利局提醒是否存在相似的现有产品。

然而，群体智慧需要一些独立性和多样性。人们在看到别人提供的答案时，有可能会修改调整自己的答案，从而造成最后的答案集合变得不够多样化，最好的答案可能就无法脱颖而出。人们通过强化会变得更加自信，但是精确度却并没有改进。在社交网络上（以及在企业、组织和政府机构工作的人员团队中），同事压力和主导人物可能会影响该团体的智慧。

为区分网上信息的来源，搜索引擎和其他服务一开始会根据访问网站的人数对网站进行排名。有些服务还开发了更复杂的算法来衡量用户提供内容的网站上的信息质量。各种各样的人和服务会对网站与博客进行评论和打分。但是，无论网络内外，都不存在某个神奇的公式来告诉我们什么是真实可靠的。如果愿意，我们可以选择只阅读由诺贝尔奖获得者和大学教授撰写的博客，或者那些只由朋友或者我们信任的其他人推荐的博客；可以选择只阅读由专业人员撰写的产品评论，或者也可以阅读由公众发表的评论，以获得不同的观点。随着时间的推移，在网上相对应的负责任的新闻报道和超市小报之间的区别也逐渐变得清晰起来。

3.2.2 减少信息流

尽管网络上的信息并不完美，但相比以前通过图书馆获得的信息，现在通过网络还是能够让我们获得更多高质量的最新信息，而且更为方便。以时事、政治和有争议的问题为例，我们可以在网络上：

（1）阅读和收听成千上万的来自海内外的新闻来源，让我们可以获得关于事件的不同文化和政治观点。

（2）阅读政府文件的全文，包括法案、预算、调查报告等，而不像过去只能依赖新闻中引用的寥寥数语。

（3）搜索过去多年前的新闻，其中包括了数以百万计的文章。

（4）关注在网站、博客、微博和社交媒体上的新闻，与我们曾经不得不去寻找和订阅印刷版的通讯和杂志相比，现在会更加容易和廉价。

不过，有些人还是会选择从少量的几个网站获取所有的新闻报道和事件评论，而这些网站反映的可能是某种特定的观点。使用在线工具，用户只需要设置书签和来源，就可以查看那些经常访问的网站所推荐的内容。

搜索引擎会根据用户的位置、历史搜索、个人信息，以及其他标准来对用户投票结果进行个性化。鉴于在网上拥有如此大量的信息，这样的精细调整可以帮助我们迅速找到想要的东西。但是，有时候我们并不知道所得到的信息是经过过滤的，或者是有偏见的。因特网有可能会导致我们的信息流变窄，因此我们必须认真地考虑网络的运行机制。

3.2.3 便利与责任

若一味使用计算机系统带来的便利，而忽视或者推卸自己做出判断的责任，会导致鼓励精神上的懒惰，从而可能造成严重后果。在英国，一个卡车司机由于忽视了"不适合大型车辆"的路标警告，而使他的卡车陷在一条羊肠小道上，因为他在开车时不加质疑地听从了导航系统的指示。类似这样的例子在使用导航仪的时候并不少见。

又例如，企业在风险分析软件的帮助下，做出贷款和保险申请的决定；或者医生、法官和飞行员会在软件的指导下做出决定。当决策者不知道系统存在的局限性或错误的时候，他们就可能会做出糟糕或不正确的选择。

仅仅依赖计算机系统，而缺乏必要的人为判断，有时会造成组织管理变得"制度化"。在复杂领域，计算机系统会提供有价值的信息，但它可能还不足以好到可以代替经验丰富的专业判断。当出了问题的时候，"我是按照程序的建议做的"相比"我是按照自己的专业判断和经验来做的"，在应对调查或诉讼时，会成为一个更好的辩护借口。然而，这样做是在鼓励个人推卸责任，并且会带来潜在的有害结果。

这些例子显示了依赖于软件结果的危险性。另一方面，也有许多例子表明软件可以比人们做得更好。因此，用户有责任了解他们所使用的系统的功能与局限性。

3.2.4 计算机模型

数学模型是数据和公式的集合，用来描述或模拟所研究对象的特点和行为，它们通常必须在计算机上才能运行。研究人员和工程师使用广泛的建模方法来模拟物理系统，例如设计一辆新的汽车或预测一条河的水流量；它们也可以用来模拟无形的系统，例如经济学中的问题。有了模型，我们就可以对不同的设计、方案和政策可能会产生的影响进行模拟与分析。模拟结果和模型可以带来许多社会效益和经济效益：可以帮助培训电厂、潜艇和飞机的操作人员，预测未来趋势从而能够提前考虑替代方案，并因此做出更好的决策，减少浪费、降低成本和风险。

模型是一种简化。例如，数学模型不可能在公式中将所有可能影响结果的因素都包含进来。它们通常包含简化的公式，因为完全正确的公式是未知的，或者太过于复杂。物理模型通常与真实的大小并不相同，例如模型飞机比真实的要小很多，而分子模型则比真实的要大很多。在计算机上做一个复杂的物理过程的细节建模，所需的计算往往比实际过程中发生的需要花费更多的时间。对于大范围现象的模型（如人口增长和气候变化），计算必须比真实现象花费更少的时间，因为只有这样的结果才是有用的。

因此，对于计算机专家和广大民众来说，重要的是，要了解计算机程序的功能是什么，其中的不确定性和弱点可能是什么，以及如何来评价它们所声称的结果。而对于设计和开发公共问题模型的人来说，他们有职业和道德上的责任来诚实和准确地描述模型的结果、假设和限制。

以下问题可以帮助我们确定一个模型的准确性和实用性。

（1）建模的人是否清楚在研究的系统背后的科学或理论（物理学、化学、经济学或其他学科）？他们是否很好地理解了所涉及材料的相关属性？数据的准确性和完整度如何？

（2）模型必然涉及对现实的假设和简化，在该模型中采取了哪些假设和简化？

（3）模型的结果或预测与物理实验结果或实际经验中的结果之间有多接近？

3.2.5 数字鸿沟

所谓"数字鸿沟"是指这样的事实：某些群体的人可以享受并定期使用各种形式的现代信息技术，而其他人则做不到。在20世纪90年代，数字鸿沟的关注点是不同群体在访问计算机和因特网之间的鸿沟。因特网访问和移动电话已取得快速发展，但许多非常困难的问题仍然阻碍了贫穷国家和发展中国家访问计算机和因特网技术的机会。

"数字鸿沟"又称为信息鸿沟，即信息富有者和信息贫困者之间的鸿沟。它最初是由美国国家远程通信和信息管理局于1999年在名为《在网络中落伍：定义数字鸿沟》的报告中提出。随后，数字鸿沟最早正式出现在美国的官方文件里面——1999年7月美国官方发布的名为《填平数字鸿沟》的报告。2000 年 7 月，世界经济论坛组织提交专题报告《从全球数字鸿沟到全球数字机遇》。在当年召开的亚太经合组织会议上，数字鸿沟成为世界瞩目的焦点问题。

联合国开发计划署的顾问达尼西指出，数字鸿沟实际上表现为一种创造财富能力的差距。美国"全国城市联盟"的技术计划指导基思·富尔顿认为，必须落实培训和教育方面的投资，数字鸿沟并不仅仅指是否拥有计算机。历史上发生过"工业革命"，但许多国家在工业革命中各行其道，许多国家落在后面。

美国商务部把数字鸿沟概括为："在所有的国家，总有一些人拥有社会提供的最好的信息技术。他们有最强大的计算机、最好的电话服务、最快的网络服务，也受到了这方面的最好的教育。另外有一部分人，他们出于各种原因不能接入最新的或最好的计算机、最可靠的电话服务或最快最方便的网络服务。这两部分人之间的差别，就是所谓的'数字鸿沟'。处于这一鸿沟的不幸一边，就意味着他们很少参与到以信息为基础的新经济当中，也很少参与到在线教育、培训、购物、娱乐和交往当中。"这一定义主要从经济、技术角度入手，虽然没有包括文化、民族、性别等方面的差异，但道出了数字鸿沟的主要原因和表现，因而具有一定的代表性。

一些学者也认为，所谓的"数字鸿沟"应当被称为"知识鸿沟"或者"教育鸿沟"。在因特网时代，个人计算机的主要用途已经由计算转化为信息搜索、信息交换和信息处理了，所谓"知识鸿沟"，就是一方面闲置着大量的劳动力，另一方面，这些劳动力却因为知识储备不足而无法被吸收到最具价值创造潜力的、占国民经济比重高于 70% 的经济过程中去，从而不得不挤在只占国民经济价值总额 30% 以下的传统农业和工业部门内。

同我国的地形梯级分布相似，我国不同地区使用数字技术的程度也呈梯级分布，只不过方向刚好相反，表现为东部沿海城市数字化程度相对来说比较高，而中西部地区数字化程度相对较低。

3.3 控制设备和数据

我们知道，苹果公司试图限制人们可以在他们的 iPhone 上安装哪些应用程序，而有些用户找到了关掉这些控制的方法，但这样做会增加黑客攻击的风险。另一方面，提供设备、软件或数据的公司也可能进入我们的设备并删除或修改我们的数据。他们的干预可能对我们有所帮助，也可能只是为了满足公司的需求，或两者兼而有之。但无论如何，这都是我们失去对设备和数据的控制的一个例子。

3.3.1 远程删除软件和数据

在亚马逊开始为它的 Kindle 电子书阅读器销售电子图书之后不久，发现有个别出版商的一些书并没有取得合法版权，于是，亚马逊从在线商店中删除了这些书，在用户的 Kindle 阅读器上也删除了这些书，并返还了用户支付的相关费用。但这是否是一个合理和适当的反应呢？对于许多用户和媒体观察员来说，这样是不对的。令用户愤怒的是，亚马逊可以从他们个人拥有的 Kindle 阅读器中删除书籍。人们的反应是如此强烈，以至于亚马逊公司不得不宣布它保证以后不会再从客户个人的 Kindle 阅读器中删除图书。但很少有人意识到，这个时候苹果的 iPhone 已经拥有了可以用来远程删除手机应用的方法。当一个软件开发人员在一个安卓手机的应用中发现恶意代码之后，谷歌迅速从应用商店和超过 25 万部手机中删除了该应用。虽然这是关于远程删除作用的一个好的例子，但谷歌可以从手机中删除应用这一事实还是让很多人感到不安。

在许多企业中，IT 部门可以访问到所有的桌面计算机，并且可以安装或删除软件。在个人计算机和其他电子设备上的软件，不需要我们直接操作，就可以定期与企业和组织的服务器进行通信，以检查是否有更新的软件。在软件更新之后，通常还会远程删除旧的版本。

谷歌和苹果进行远程删除的一个主要目的是安全性。事实上，像谷歌和苹果这样提供了流行应用商店的公司，认为保护用户免受恶意软件的攻击是他们的责任。如果有数百万部手机都在运行某个恶意应用，会对整个通信网络带来破坏性的影响。有些公司会在用户使用协议的条款中告知他们有这些删除的能力，但是，这样的协议可能会包含数十万字，并且包含很多含糊、笼统的说法；所以很少有人会阅读它们。

对于远程删除来说，潜在的用途和风险是什么呢？例如恶意的黑客可能会找到一种办法，使用删除机制来进行恶作剧或者索要赎金。

3.3.2 自动软件升级

微软提供的升级功能可以把计算机操作系统从 Windows 7 升级到 Windows 10，我们使用这个例子来说明有关自动软件升级的一般性问题和质疑。2016 年，微软 Windows 7 的用户发现他们的计算机自动且意外地升级到了 Windows 10。长时间的升级过程给许多正在进行重要项目的人带来了不便，而其他人则遇到了更严重的问题。一些用户选择接受操作系统更新，但不希望整个操作系统升级到新的版本。微软表示只有在用户给出明确许可的情况下，才会安装 Windows 10。有些用户可能已经允许升级却并没有意识到他们这样做了，但是一些系统管理员表示他们看到在没有明确的用户同意的测试系统上，也出现了被升级的情况。

在这个案例中，新版操作系统提供了许多改进的安全功能，以及各种硬件平台之间更好的兼容性。当所有用户使用相同版本的操作系统时，公司可以更容易地为用户提供支持。但是，有些人可能使用了与新系统不兼容的软件，有些人则更喜欢旧的用户界面，有些人不希望在大型项目进行过程中发生中断，以免发生潜在的未知问题。自动软件更新也可能会给那些没有机会对此次更新的兼容性和安全性进行测试的 IT 员工带来麻烦。

汽车、医疗设备等的软件更新可能会对安全产生严重影响。例如在更新安装过程中，你肯定不希望自动驾驶汽车在高速公路上停下来；一家半自动驾驶汽车制造商会自动下载更新车辆的软件，并通知车主让其选择安装时间（例如，可以选择在晚上安装），而一个用户如果没有安装更新，他可能会使其他人面临不必要的风险。

3.4 关于技术的决策

科学、工程和商业领域的大多数人几乎都会接受这样的观点：人们有权选择采用某种技术，不管其结果是好还是坏。技术的一些批评者则不一定会同意这一点。例如，远程医疗是计算机技术的一个很好的应用。计算机和通信网络使远程检查患者和医疗测试以及远程控制的医疗过程成为可能。你应该能够想到，这样的系统会带来一些潜在的隐私和安全问题。

简单回顾通信技术和计算机技术的发展过程，可以看到评估一项新技术的后果和未来应用是非常困难的。早期的计算机被用于军事目的，如计算弹道轨迹。个人计算机（PC）原本是用来做计算和公文写作的一种工具。除了少数有远见的人之外，没有人能想象到计算机目前的大部分用途。每一种新的技术都可能找到新的意想不到的用途。当物理学家开始建立因特网的时候，有谁能预测到网上拍卖、社交网络或共享家庭视频呢？会有人能预测到使用智能手机的多种方式中的哪怕很小一部分吗？波兹曼声称技术完成的"是它所被设计来要做的事情"，他忽略了人的责任和选择、创新、发现新的用途、无法预料的后果，以及鼓励或阻止特定应用的社会行为。计算机科学家彼得·丹宁则认为："虽然技术不能驱使人类采取新的做法，但是它塑造了可能的空间，使人们能够采取行动；人们被技术所吸引，是因为可以扩大自己的行为和关系的空间。"丹宁说，人们采用的新技术会给他们带来更多的选择。

在技术发展的历史上有无数完全错误的预测——有些过于乐观，有些过于悲观。一些科学家对空中旅行、太空旅行，甚至铁路都曾持怀疑态度（他们认为乘客将无法在高速列车上呼吸）。其中有些观点反映了人们缺乏足够的想象力，无法预测每一种新技术的无数用途，大众会喜欢什么，以及他们会花钱买什么。杰出的数学家和计算机科学家冯·诺依曼在 1949 年说过，"我们已经达到了计算机技术可能达到的极限，但是做出这样的陈述的时候要十分小心，因为它们在 5 年后就可能会听起来很愚昧。"

计算机科学家约瑟夫·魏泽鲍姆在 1975 年发表观点反对计算机技术中的语音识别系统。现在 40 年过去了，我们再回头来看这个事件。很多物美价廉的语音识别应用其实在 20 世纪 90 年代初就已经出现了。下面是魏泽鲍姆反对的观点，以及从今天的角度对此做的评论。

"这个问题太大了，只有规模最大的计算机才有可能完成这样的任务。"现在，语音识别软件在智能手机上就可以运行。

"……一台语音识别机器注定是极其昂贵的。……因此只有政府和可能极少数非常大的公司才能买得起它。"现在，无数人拥有包含语音识别功能的智能手机和其他设备。

"我们又能用它来做什么？"现在，语音识别技术已经成为一个价值数十亿美元的产业。

下面是语音识别系统现在的一些用途，而且目前还只是处于起步阶段：

（1）我们可以用语音搜索信息、发送短信、预约会面时间、控制家用电器等。我们可以查询航空公司的航班时刻表、获取股票行情和天气信息、进行银行交易，以及在手机上购买电影票；这一切都只需要自然地讲话就可以完成，而不用任何按钮。

（2）我们可以给一家公司打电话，然后说出想要找的人的姓名，就可以自动连接到这个人的分机。

（3）软件可以从视频和电视的语音轨道创建对应的文字版本，这样有听觉障碍的人就可以读到语音的内容，搜索引擎也可以对此进行索引。

（4）使用语音识别，培训系统（如空中交通管制员）和各种工具可以帮助残疾人使用计算机和控制家里的电器。

（5）遭受重复性劳损的人可以使用语音识别来输入，而不必使用键盘。IBM 向诗人推销其语音输入软件，这样他们就能够专注于诗歌本身，而不是把精力放在打字上。有读写障碍的人也可以使用语音识别软件，这样他们就可以通过口述来写作。

（6）语音翻译系统还可以识别语音并把它翻译成其他语言。它们对于游客、商务人士、社会服务工作者、酒店预订职员和许多其他人都是很有用的。

（7）声控的、免提操作的手机，音响系统以及汽车里的其他电器可以消除在驾驶时使用这些设备的一些安全隐患。

（8）除了简单地识别单词之外，软件还可以分析语音中的情绪。一个可能的应用领域是婚姻咨询。

人们可以使用语音识别技术来提高窃听的效率和效果。魏泽鲍姆担心对窃听的滥用；他没有明确提到对犯罪嫌疑人的窃听。人们可以争辩说，政府可以使用相同的工具来合法地监听嫌疑罪犯和恐怖分子，但事实上，语音识别和许多其他技术工具一样可能带来危险。为了避免这样的滥用，部分依赖于对权力的严格控制，一定程度上还要依赖于法律和执法机制来保证。

魏泽鲍姆并没有把计算机技术当作一个整体来进行评价，而是只专注于一个特定的应用领域。如果我们允许政府、专家或者大众通过多数票选来禁止某些技术的发展，那么，我们至少要能够对其后果（既有风险，也有好处）做出相当准确的估算。其实，我们无法做到这一点，专家们也无法做到这一点。

3.5 错误、故障和风险

从消费软件到控制通信网络的系统，大多数计算机应用都是如此的复杂，以至于几乎不可能生产出没有错误的程序。某些错误并不严重，而有些事件可能会造成较大的经济损失，甚至会造成悲剧。由于计算机系统的复杂性，有时候，即使所有人都遵守了职业规范，并没有人犯任何错误，但还是会有意外发生。不过，研究这些失败、造成失败的原因以及由此带来的风险，有助于防止未来的失败情形。

3.5.1 个人遇到的问题

人们遇到的因为计算机系统的故障而造成负面影响的事件并不少见，例如收费账单错误、系统（数据库）中数据不准确或者被曲解等。

我们来看一个例子。在美国纽约州，麦格劳-希尔为学校开发了标准化测试软件 CTB 并用其打分，每年会有数百万名学生参加它的测试。但是，CTB 软件中出现了一个问题，导致它在好几个地区都错误地报告了大大低于正确分数的测试结果，一些老师因此遭受了职业生涯危机。由于分数错误，近 9 000 名学生不得不参加暑期学校以补习功课。当然，最终 CTB 纠正了错误：测试成绩实际上提高了 5 个百分点。

为什么这个问题没有被及早发现，从而避免严重的后果呢？几个州的学校测试官员都对分数结果持怀疑态度，因为这次分数出现了突然的、意外的下降。他们向 CTB 提出质疑，但 CTB 告诉他们说一切正常。即使在 CTB 发现软件错误后，公司也没有及时告知学校，而是拖了好几个星期。

当然，软件错误是很难完全避免的。人们通常会注意到显著的错误，就像这个事件中一样。但该公司没有对有关结果的准确性问题采取足够的重视，也不愿承认出错的可能性。如果发现错误并能迅速纠正，那么该错误造成的损害是可以控制在小范围的。

CTB 其实也建议学校等部门不要使用其标准化测试的分数作为决定重要事项的唯一因素。但很多学校这样做了。单纯依靠一个因素或一个数据库中的数据是如此容易，特别是考虑到额外的审查或验证带来的开销时，这对人们是一种简单的诱惑。在许多情况下，负责关键决策的人都无法抵制住这种诱惑。

在 2001 年恐怖袭击后，美国联邦调查局向很多机构提供了一个"观察名单"，收到该名单的机构包括警察部门和一些企业，例如汽车租赁公司、银行、赌场以及货运和化工企业。收到名单的单位又把信息通过邮件发给了其他人，最终有成千上万的警察局和公司都收到了这个名单。许多人把该名单添加到了他们的数据库和系统中，用来筛选客户或求职者。虽然该名单包括的人不全是犯罪嫌疑人，还包括警察需要质问的一些人，但是一些公司把列表中的人都标记为"恐怖分子嫌疑人"。其中许多表项不包含出生日期、地址或其他识别信息，使得很容易出现错误识别。

有些公司通过传真收到这个名单，依照模糊的副本把错误的名字输入到他们的数据库中。在联邦调查局停止更新列表之后，并没有告诉所有收到列表的人，因此许多条目的信息都过时了。即使有人在原始数据库中更正了错误，但对受影响的人来说，麻烦并不会就此结束。在其他系统中，还会包含不正确或错误标记的数据副本。

因为数据库中的错误以及对内容的误解，导致人们遭遇问题的频率和严重程度取决于几个因素：

（1）人口众多（很多人都有相同或相似的名字，而且与之交往的大部分人都是陌生人）。
（2）自动处理系统不具备人类的常识，或者没有识别特殊情形的能力。
（3）对在计算机上存储的数据准确性的过度自信。
（4）在数据录入时出现的错误（有时候因为粗心）。
（5）未能及时更新信息和纠正错误。
（6）缺乏对错误的问责。

第一个因素是不可能改变的，它是我们生活的环境。我们可以通过规范系统和培训用户来减少第二个负面影响，其他因素其实都在个人、专业人士和政策制定者的控制范围之内。

3.5.2 系统故障

现代通信、电力、医疗、金融、零售、交通系统都严重依赖于计算机系统，这些系统如果不能按照计划运行，就会导致失败。我们要看到故障的严重影响，以及要努力避免的事情。充分的规划和测试，在出现错误的时候采取备份，以及在应对错误时以诚相待，这些教训同样适用于各种项目。以下是一些故障示例。

（1）一个软件错误曾经迫使成千上万的星巴克门店关闭，原因是一次日常软件更新导致门店无法处理订单、接受付款或继续开展正常业务。

（2）瑞士银行合作社的一个软件错误导致其客户不仅收到了他们自己的年终报表，还收到了其他几家银行客户的报表。这个事件侵犯了数千名客户的财务隐私，并使账户安全性受到威胁。

（3）在一个有两百万行代码的电信交换程序中，因为修改了三行代码，而造成几个主要城市的电话网络故障。虽然该方案此前经过了 13 周的测试，但是在修改之后没有重新测试，其中包含了一个简单的拼写错误。

（4）一个软件升级的错误关闭了东京证券交易所的所有交易。在纳税年度的最后一天，伦敦证券交易所的计算机故障导致其业务停顿了几乎 8 个小时，影响了很多人的税单。

在某些系统中，由于出现极端的缺陷，以至于该系统在浪费了数百万美元，甚至是数十亿美元之后，最终被废弃。例如：

（1）英国的一个大型食品零售商花费超过 5 亿美元开发了一个自动化供应管理系统，却导致货物被丢在仓库和转运站。他们又额外雇佣 3 000 个工人来把这些物品搬回到货架上。

（2）一个酒店和汽车租赁业务的财团斥资 1.25 亿美元开发了一个综合旅游产业的预订系统，然后因为它无法工作又取消了该项目。

（3）经过 9 年的开发，英国国家健康服务中心放弃了一项费用超过 100 亿英镑的患者记录系统。这个项目的失败原因包括：项目规模太大、需要说明的变化、卫生部管理不善、技术问题以及与供应商的纠纷。

（4）在原定开发周期为 4 年的一个项目干了 7 年后，宾夕法尼亚州放弃了这个管理失业补偿金的系统。在项目取消的时候，该系统比其原先的 1.07 亿美元预算已经多花了 6 000 万美元，并且依然无法正常运行。

软件专家罗伯特·夏雷特估计，在所有信息化项目中，大约有 5%到 15%会在交付之前或之后不久被当作"无可救药的缺陷系统"而被抛弃。他列举的一些原因包括：

（1）缺乏清晰的、深思熟虑的目标和需求说明。

（2）客户、设计师、程序员之间的管理不善和缺乏沟通。

（3）由于机构或政治压力，鼓励了不切实际的低价投标、不切实际的低预算要求，以及对时间需求的严重低估。

（4）使用了非常新的技术，其中可能包含未知的可靠性和问题，而且它的软件开发者也没有足够的经验和专业知识。

（5）拒绝承认和接受一个项目已经出现了问题。

多达六分之一的大型软件项目的进展是如此糟糕，以至于它们会对公司的生存带来威胁。这样大规模的损失涉及很多人，包括计算机专业人员、信息技术管理人员、企业管理人员和为大型项目设置预算和进度的政府官员。

3.5.3 遗留系统重用

在全美航空公司和美国西部航空公司合并之后，他们把彼此的预订系统合并到了一起，结果却造成自助值机服务机器无法工作，人们都到登记手续办理柜台区排队，导致数千名乘客和航班的延误。把不同的计算机系统进行合并是非常棘手的，而且问题也很普遍。但是，这起事件说明了另一个因素。根据全美航空公司副总裁的说法，大多数航空公司的系统开发时间都是在 20 世纪 60 年代和 70 年代。它们是专为那个时代的大型计算机设计的。航空公司高管说，这些旧系统"是非常可靠的，但是非常不灵活"。这些都是"遗留系统"的例子，即依然在使用中的过时系统（硬件、软件或外围设备都已经过时了），它们通常会配备特殊的接口、转换软件或其他适应性改变，使它们可以与更现代的系统进行交互。遗留系统的问题多如牛毛，如旧的硬件会发生故障，而需要更换的部件则很难找到。

与现代系统的连接是另一个频繁的故障点。旧软件通常运行在新的硬件之上，但它如果是使用程序员不再学习的老的编程语言编写的，那么维护或者修改这些软件就会非常困难。旧程序往往文档很少或根本没有说明文档，编写软件或操作该系统的程序员可能都已经离开公司了。即使有好的设计文档和手册，它们也可能不再存在或无法找到。编程风格和标准在这些年也发生了大的变化。例如 20 世纪 80 年代的机场用来和飞行员通信的系统，在设计时没有考虑现在的网络威胁，因此包含安全漏洞。

计算机在初期的主要用户包括银行、航空公司、政府机构和像电力公司这样提供基础设施服务的公司。这些系统是逐步成长的，因此完全重新设计和开发一个新的现代系统当然是非常昂贵的。转换到新的系统可能需要一些停机时间，这也可能是破坏性的，并且需要对员工进行大规模重新培训，因此，遗留系统的问题仍然存在。

人们将继续发明新的编程语言、范型和协议，还会把它们添加到以前开发的系统中，在遗留系统给计算机专业人员提供的经验教训中，有一点是：需要意识到有 30 或 40 年后还有人可能会使用你的软件，因此，为你的工作准备文档是非常重要的。它对于设计的灵活性、可扩展性和升级都非常重要。当鼓励软件开发团队为代码写文档，并使用良好的编程风格时，一些管理人员会提醒开发人员"想想那些不得不维护你的代码的可怜的程序员。想办法让他们的生活愉快点吧，他们会感激你的善良"。

3.5.4 案例：停滞的丹佛机场建设

耗费32亿美元巨资修建的丹佛国际机场在原定启用时间延迟10个月之后，仍然没有启用。这个机场占地53平方英里[1平方英里（$mile^2$）=2.589平方公里（km^2）]，大约是曼哈顿面积的两倍左右，它的启用时间至少推迟了四次。花在债券利息和运营成本上的延迟支出每月超过3 000万美元。造成严重延迟的主要原因是耗资1.93亿美元开发的计算机控制的行李处理系统（见图3-5）。

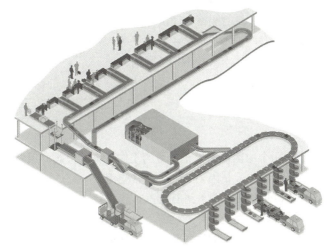

图3-5 机场行李处理系统

该行李系统的规划相当雄心勃勃。通过自动化的行李车系统，行李车可以在长达22英里的地下轨道上，以高达19英里/小时的时速穿梭，从而在登记柜台或路边柜台托运的出发行李可以在10分钟以内到达该机场的任何角落。同样，到达的行李也可以自动传送到登机口或直接转送到机场任何地方的转机航班。该系统中的激光扫描仪会追踪4 000辆小车，并把它们的位置信息发送到计算机。计算机使用包含航班、登机口和路线信息的数据库来控制小车的发动机与转向开关，以将行李车送到目的地。

该系统未能按计划正常工作。在测试过程中，小车会在轨道交叉点处相撞。该系统会出现错误路径、丢弃和乱放行李的情况，如本应该去搬运行李的小车却被错误地送到等待区。

这个案例中的具体问题都是很有启发性的：

（1）现实世界的问题。有些扫描仪被弄脏了或者被撞歪了，因此无法检测到路过的小车。在有些小车上出现了插销故障，导致行李会落在轨道上。

（2）在其他系统中的问题。该机场的电气系统无法处理与行李系统有关的电源峰值。在第一次全面测试时，许多电路被烧坏，因此测试不得不中止。

（3）软件错误。因为软件错误导致真正需要的小车被导向了等待区。

没有人期望如此复杂的软件和硬件能够在首次测试时就可以完美地工作，会存在设计人员可能没有预料到的无数的相互作用和状况。如果在早期测试时发现行李会被送错，并且错误被及时修复的话，那么并不会让人觉得尴尬。但是如果问题是在系统运行之后才被发现，或者它需要花长达一年时间来修复的话，这才是令人尴尬的。是什么导致了在丹佛行李系统出现的这种令人惊讶的拖延呢？有两个主要的原因：

（1）留给开发和系统测试的时间是不够的。唯一一个同等规模的行李处理系统是在德国法兰克福机场。开发该系统的公司花了六年时间进行开发，并用了两年进行测试和调试。而负责建造丹佛机场行李系统的 BAE 自动系统公司则总共只给了两年时间。一些报告表明，因为机场的电气问题，实际上只有六个星期的测试时间。

（2）在项目开始之后，丹佛机场对项目需求做了大量修改。最初，该自动化系统只是为了服务美国联合航空公司，但是丹佛官员决定将它扩大到包括整个机场，使得该系统的规模比 BAE 公司曾在旧金山国际机场为联合航空公司安装的自动行李系统的规模扩大了 14 倍。

《PC 周刊》的一名记者表示："该事件的主要教训是，当把成熟的技术扩展到一个更复杂的环境中的时候，设计师需要预留大量的测试和调试时间。"有观察家批评 BAE 公司，它们在知道没有足够的时间来完成它的时候，就不应该接手这个任务。其他人指责市政府管理不善，决策带有政治动机，以及试图推动一个虽然宏大却不切实际的计划。

人们质疑在确定机场启用的预计时间时，是否考虑了政治上的需要，而不仅仅是项目的需要。

3.5.5 哪里出了毛病

计算机系统故障一般有两个原因：它们正在做的工作本来就很难，以及有时候它们没有把工作做好。之所以它们的任务很困难，是因为有几个因素交织在一起造成的。计算机系统需要与现实世界（包括机械设备和不可预测的人类）进行交互，包含复杂的通信网络，它们拥有众多相互连接的子系统，拥有需要满足许多类型用户的功能，而且它们的规模是非常大的。从智能手机到汽车、客运飞机和喷气式战斗机，它们的设备和机器上都包含数百万行计算机代码。机械系统中的一个小错误可能会导致一个小的性能下降，而在计算机程序中一个地方敲错就可能会导致行为上的巨大差异。

在构建和使用一个系统的工作中，任何一个阶段都可能出现问题：从系统设计和实现，到系统的管理和使用。当然，这个特性不是计算机系统独有的。我们可以用相同的方式来描述建造桥梁、楼房、汽车或其他任何复杂的系统。

出现问题的原因如下：

（1）**过度自信**。或者说对一个复杂系统中的风险拥有不切实际的或不足的认识，是软件故障的一个核心问题。当系统开发人员和用户能够理解风险的时候，他们有更多的动力来利用现有的"最佳实践"以构建更可靠和更安全的系统。

发生故障的一些安全关键系统都拥有所谓的"故障保护"的软件控制。在某些情况下，程序的基本逻辑是好的，而出现故障是因为没有考虑到系统与实际用户或现实世界进行交互的问题（如线缆变松、火车轨道上的落叶、一杯咖啡洒落到飞机驾驶舱内等）。

对可靠性和安全性的不切实际的估计，可能来自真正缺乏了解、粗心大意，或故意的不实陈述。对诚信不是很重视的人，或者在缺乏诚信文化和没有专注于安全的组织中工作的人，有时候会为了商业或政治压力而夸大安全或隐藏缺陷，其目的是避免不利的宣传，或避免因为改正错误或诉讼而产生费用。

（2）**软件复用**。前面我们说过，在法国阿丽亚娜 5 型火箭首次发射后不到 40 秒，火箭就偏离了轨道。火箭和它携带的卫星的成本约为 5 亿美元。这起事故是软件复用时造成的软件错误所致。

再看一例。一个叫作杨·亚当斯的人，和姓亚当斯并且名字的首字母是 J 的许多其他人一样，都被标记为可能是恐怖分子，从而在试图登机时会受到阻拦。事实上，在航空安全局发给航空公司的可疑恐怖分子（或其他被认为有安全威胁的人）的"禁飞"名单上的名字是"Joseph Adams（亚当斯）"。为了与在"禁飞"名单上的乘客名字进行比较，一些航空公司使用的是比较老的软件和策略，其目的是帮助机票代理商迅速找到乘客的机票预订记录（例如，如果乘客打电话咨询或要做出修改的时候）。该软件会执行快速搜索，并且会"广撒网"。也就是说，它会找到所有可能的匹配，然后由销售代理执行进一步的验证。在预期应用场景中，如果该程序给代理提供具有类似名称的多个匹配，并不会给大家带来不便。然而，在把乘客标记为可能的恐怖分子的情况下，一个人如果被错误"匹配"，就可能会不得不接受安全人员的质询以及对行李和身体的额外检查。

面向对象的代码这类编程范型的一个重要目标是开发可以广泛使用的软件构件，从而可以节省我们的时间和精力。复用运行良好的软件还可以提高安全性和可靠性。毕竟，它经历过在真实的运行环境下的现场测试，我们也知道它可以正常工作。关键的一点是，它需要可以在不同的环境下正常工作。因此，必须重新审视该软件的需求说明、假设和设计，考虑在新环境下的影响和风险，并对该软件的新用途进行重新测试。

3.6 软件和设计的问题

隶属于加拿大政府的原子能有限公司（AECL）制造的 Therac-25（瑟拉克-25）是用于治疗癌症患者的一种用软件控制的双模式辐射治疗仪（见图 3-6），它可以产生电子束或 X 射线光子束，所需的光束类型取决于要治疗的肿瘤种类。该仪器的线性加速器会产生非常危险的高能量电子束（2 500 万电子伏）。患者不能直接被原始电子束所照射，所以在电子束开启的时候，一定要有适当的防护装置就位。有一台计算机负责监视和控制一个装有这些装置的转盘。根据期望的治疗手段，机器会把这些装置的不同组合转到电子束前面，对它进行扩散，从而使之变成安全的。转盘的另一个位置会使用一个光束，而不是电子束，其目的是帮助操作者把光束精确地定位到患者体内的正确位置。

图 3-6　瑟拉克-25 双模式辐射癌症治疗仪

从 1985 年至 1987 年，瑟拉克-25 在四个医疗中心对六个病人造成了严重的辐射过量。在有些案例中，因为机器显示的数据中表明它没有给病人进行辐射治疗，导致操作员重复进行了过量治疗。医务人员后来估计，一些患者接受的辐射是预定剂量的 100 倍以上。这些事件造成了严重和痛苦的伤害，以及三名病人死亡。

在瑟拉克-25 出事几十年后，在巴拿马操作另外一种辐射治疗仪的医生试图规避软件的限制，尝试为患者提供更多的辐射屏障。他们的行为造成了剂量计算错误，28 例患者接受了过量的辐射，造成了多人死亡。关于瑟拉克-25 事件的研究表明，许多因素促成了它造成的伤害和死亡。这些因素包括缺少良好的安全性设计、测试不足、在控制机器的软件中的错误，以及没有完善的事故报告和调查制度。

3.6.1　设计缺陷

瑟拉克-25 是较早的瑟拉克-6 和瑟拉克-20 治疗仪的后续产品。与前两者不同的是，它是完全由计算机控制的。老机器含有硬件安全连锁机制，独立于计算机系统之外，用以防止在不安全的条件下发射电子束。在瑟拉克-25 的设计中消除了硬件的许多安全特性，但是复用了瑟拉克-20 和瑟拉克-6 上的一些软件。开发人员显然不正确地假定该软件在新的环境下能够正常使用。当新的操作员使用瑟拉克-20 的时候，虽然会频繁出现停机和保险丝（熔丝）被烧断的情形，但是从来没有发生过辐射过量。瑟拉克-20 的软件也存在缺陷，但是其上的硬件安全机制在起作用。有可能是厂家并不知道瑟拉克-20 所存在的问题，或者他们完全没有意识到它会带来的严重影响。像它的前任一样，瑟拉克-25 也会频繁发生故障。一家医疗机构报告说，有时候每天会出现 40 次的剂量故障，一般都是剂量偏低。因此，操作员逐渐习惯了经常会出现的这些错误消息，因为其中并没有迹象表明有可能存在安全隐患。

　　在操作界面的设计上存在不少的设计缺陷。出现在显示屏上的错误信息通常是简单的错误代码或是含糊不清的信息。这对于早期的计算机程序并不鲜见，因为当时的计算机所拥有的内存和大容量存储都比现在要少很多。人们不得不手动去查找关于每个错误代码的更多解释。但是，瑟拉克-25 的操作手册并没有包括关于错误消息的说明，维修手册也没有解释它们。

　　机器会根据要继续操作所需的工作量来区分错误的程度。对于某些错误情形，机器会暂停，操作员可以通过按一个键就继续操作（打开电子束）。对于其他类型的错误，机器则会停止运转，从而不得不执行完全复位的操作。人们通常会假定，只有在轻微的、非安全相关的错误之后，该机器才会允许一键恢复。然而，一键恢复也发生在一些严重事故中，使患者接受了过量辐射。

　　这些事件的调查人员发现，AECL 在程序开发过程中所产生的关于软件说明或测试计划的文档非常少。虽然 AECL 声称，他们对该机器进行了广泛测试，但其测试力度似乎是不够的。

3.6.2 软件错误

　　调查人员能够把一些过量的情形追溯到两个特定的软件错误上。

　　在操作者从控制台输入治疗参数之后，被称为"设置测试"的一个软件过程会负责进行各种检查，以确定机器是否位于正确的位置，以及其他事项。如果有什么事情还没有准备好，这个过程会安排自己重新运行检查（该系统可能只需要等待转盘移动到相应的位置）。在设定一次治疗的过程中，该"设置测试"过程可能会运行数百次。有一个标志变量被用来表示该机器上的特定设备是否在正确的位置上。如果它的值是 0，意味着该设备已准备就绪；如果值非 0，意味着它必须接受检查，为了确保该设备会被检查，每次运行"设置测试"过程时，都会对该变量加 1，使之变为非 0 值。问题是，当该标志变量被增加到它能保存的最大数值的时候，变量会产生溢出，它的值会变成 0。如果在这一刻，所有其他事情都是准备好的，那么该程序就不会去检查设备的位置，治疗也会继续进行。调查人员认为，在一些事故中，这个错误会允许当转盘被定位为利用光束的时候却可以使用电子束，这种情况下并没有任何保护装置就位来对电子束进行衰减。

　　这个案例中错误是如此简单，改正也是非常容易的。任何一个好的程序员都不应该犯这样的错误。解决方案是将用来指示需要进行检查的标志变量设置为一个固定的值，例如 1 或者"true"，而不是每次递增它。

　　还有其他错误导致了该机器会忽略由操作员在控制台上所进行的改动或更正。当操作员输入了关于一次治疗的所有必要信息之后，程序就开始将各种设备移动到位。这个过程可能需要几秒钟，在此期间，软件会检测操作者是否会对输入进行编辑，如果它检测到有编辑的情况，就会重新启动设置过程。然而，由于在这段程序中的错误，该程序的某些部分会收到被编辑的信息，而另一些部分则没有收到。这将导致机器的设置是不正确的，并且与安全治疗规定不一致。根据美国食品药物监督管理局（FDA）后来的调查，在该程序中似乎没有进行一致性检查。

在一个控制物理机械设备的系统中，在操作员输入信息并有可能会对输入进行修改的时候，有很多复杂的因素可能会促成微妙的、间歇性的并且难以被检测到的错误。开发这样系统的程序员必须学会用良好的编程习惯来避免这些问题，并且坚持通过测试流程来暴露潜在的问题。

3.6.3 为什么会有这么多事故

已知的瑟拉克-25 过量事故至少有 6 起，但是，在第一次过量事故发生后，为什么医院和诊所还在继续使用该机器？

1. 事故的延续

瑟拉克-25 在一些诊所已经使用了超过两年。医疗机构并不会因为最初的几个意外就立即把它停止使用，因为他们无法立刻确定这些伤害是该机器造成的。医务工作人员会考虑各种其他的解释。他们向制造商提出了可能辐射过量的质疑，但该公司（在几次事故发生后）回应说，该机器不可能会造成对病人的这种伤害。按照勒夫森和特纳的调查报告，他们甚至还告诉一些医疗机构，并没有出现过类似的受伤案件。

在第二次事故发生后，AECL 进行了调查，并发现了涉及转盘的几个问题（不包括任何医务人员所描述的问题）。他们对系统做了一些修改，对操作过程提出了一些建议性的改变。他们宣布已经把该机器的安全性提高了五个数量级，但他们也表示不知道该次事故的确切原因。也就是说，他们并不知道他们是否发现了造成该起事故的问题，抑或只是其他不相干的问题。在做出是否继续使用该机器的决定时，医院和诊所不得不考虑很多原因，包括停止使用一台价格高昂的机器带来的成本（收入损失，以及导致需要它的病人无法得到治疗）；关于该机器是否是造成伤害的原因的不确定性等。

一家加拿大的政府机构和使用瑟拉克-25 的一些医院提出了更多的修改建议，以加强其安全性，它们都没能付诸实施。在第五次事故发生后，FDA 宣布该机器存在故障，并下令 AECL 通知所有用户该机器存在问题。FDA 和 AECL 花了大约一年时间（在此期间发生了第六起事故）对应该如何改动该机器进行谈判。最终方案包括了超过 20 项的改动。他们最终还是安装了关键的硬件安全联锁装置，在此之后，仍在使用的大部分机器都没有发生过新的辐射过量事件。

2. 过度自信

使用该机器的医院假设它可以安全工作，这是一种可以理解的假设。不过，他们的一些行动则表明存在过度自信，或者至少存在一些他们可以避免的实践。

（1）在第一起过量事件中，当患者告诉机器操作员说，机器让她感到"灼烧"，操作员对她说这是不可能的。

（2）操作员会忽略错误消息，因为机器产生的错误消息太多了。

（3）治疗室的摄像机和对讲系统使操作员能够监视治疗，并与病人沟通（操作员在被屏蔽的治疗室外面使用一个控制台）。一个诊所已经使用该机器成功治疗了超过 500 名患者。然后，在有一天视频监控和对讲设备都无法使用的时候，事故发生了。操作员无法看到或听到病人在辐射过之后尝试站起来的场景。在病人走到门口并用力撞门之前，又接受了第二次过量治疗。

对于软件过度自信最明显和最重要的迹象是，AECL 做出了取消硬件安全机制的决定。在这些事件发生多年以前，AECL 对该机器进行的安全性分析表明，他们并不认为软件错误会带来严重的问题。在一个案例中，其中一间诊所自己在机器上添加了硬件安全功能，AECL 告诉他们这是没有必要的，因为在该诊所并没有发生任何意外事件。

3. 观察和思考

从设计决策到对辐射过量事故的响应方式，瑟拉克-25 的制造商表现出了一种不负责任的模式。瑟拉克-25 的事件给了我们一个鲜明的提醒：粗心大意、偷工减料、工作不专业和试图逃避责任会带来严重的后果。一个复杂的系统虽然可以正常工作上百次，但也会存在很少见的异常情况下才会出现的错误，因此在操作有潜在危险的设备时，遵循好的安全流程总是非常重要的。这个案例也说明了个人的主动性和责任感的重要性。回想一下，有些诊所认识到了风险，并采取了行动来减少风险，为他们的瑟拉克-25 机器安装了硬件安全设备。在一家诊所工作的某住院医生花了大量时间来尝试重现过量可能会发生的条件。在缺少制造商的支持和信息的情况下，他独立找出了其中的一些故障原因。

为了强调安全，需要的不仅仅是没有错误的代码。下面考虑涉及其他放射治疗系统的故障和事故。两位新闻记者审阅了提交给美国政府的超过 4 000 例关于辐射过量的报告。这里有一些它们所描述的过量事件（与瑟拉克-25 无关）。

（1）一位技术人员在治疗开始之后，离开了病人 10～15 分钟去参加办公室聚会。

（2）一位技术人员未能仔细检查需要治疗的时间。

（3）一位技术人员没有对所需使用的放射性药品进行称重，她觉得只要看起来适量就可以了。

（4）至少在两个案例中，技术人员把微居里和毫居里这样的单位都搞混了（居里是放射性的计量单位，1 毫居里是 1 微居里的一千倍）。

这里的基本问题是粗心大意、对所涉及的风险缺乏了解、培训不够，以及缺乏足够的惩罚措施来鼓励更好的做法。在大多数案例中，医疗设施只支付了少量罚款或根本没有支付罚款。这些例子提醒我们，无论使用什么技术，个人和管理责任、良好的培训和问责机制都是非常重要的。

3.7 提高可靠性和安全性

纽约证券交易所安装了一个造价 20 亿美元的系统，包括数百台计算机、320 公里的光缆、8 000 条电话线路、300 个数据路由器。为了应付可能的交易峰值，交易所管理人员按照正常交易量的三倍和四倍对系统进行了压力测试。有一天，交易所处理的交易超过了此前最高纪录的 76%，该系统也能正常处理所有交易，没有出现错误或延误。如今，有许多大型、复杂的计算机系统都工作得非常好。

3.7.1 安全攸关的应用

软件专家南希·勒夫森强调："大多数事故并不是因为对科学原理不了解，而是由于在应用某个众所周知的标准工程实践的时候出了问题。"

为了说明在安全攸关型应用中的两个重要原则，我们用摧毁了两架航天飞机的事故作为例子，每起事故都造成航天飞机上的七名宇航员全部遇难。虽然计算机系统和软件并不是造成事故的原因，但是这些悲剧可以很好地说明我们的观点。

在挑战者号发射之后不久，从火箭泄漏出的燃烧气体引发了爆炸，摧毁了整架航天飞机（见

图 3-7)。在预定发射的前天晚上,工程师主张应该推迟发射。他们知道,寒冷的天气对航天飞机会造成严重的威胁。我们不能绝对证明一个系统是安全的,我们也不能绝对证明它一定会失败并且会造成某些人遇难。在挑战者号的案例中,一名工程师的报告说,"他们要求我们证明,在没有丝毫疑点的情况下,发射是不安全的。"对于道德决策者来说,采用的策略应该是,在没有令人信服的理由来证明安全的情况下,应当暂停或延迟该系统的使用,而不是在没有令人信服的理由证明灾难会发生时,就选择继续使用。

第二起意外,在哥伦比亚号航天飞机的发射过程中,一大块绝缘泡沫发生了脱落,并与机翼产生了碰撞。NASA 知道此事,但泡沫块以前也曾经脱落过,并且在之前其他飞行过程中击中过该航天飞机,而没有造成大的问题。因此,美国航空航天局(NASA)的管理人员拒绝寻求可能的措施来观察并修复造成的损害。在其任务即将结束,重新进入地球大气层的时候,哥伦比亚号发生了解体。这个悲剧说明了过度自信的危险。

a)   b)

图 3-7 挑战者航天飞机舱室的残骸

a) 发生爆炸 b) 舱室残骸

3.7.2 用户界面和人为因素

如果你正在编辑一个文档,没有保存修改就试图退出,这时,大多数程序都会提醒你,并给你一个机会保存它。文字处理软件的设计者知道,人们可能会忘记,或有时候点击、触碰或键入了错误的命令,为此提供了"恢复"按钮。这是在设计软件的时候需要考虑人的因素的一个简单和常见的例子。精心设计的用户界面可以帮助避免很多问题。

美国航空 965 航班坠毁在哥伦比亚的卡利市附近,这个事件说明了一致性和良好用户界面的重要性。在接近机场时,965 航班机组打算把自动驾驶仪锁定到名为"Rozo"的灯标上,这样飞机就可以自动降落到该机场。飞行员输入了"R",然后飞行管理系统(FMS)显示了一系列以"R"开头的灯标。通常情况下,最近的灯标会出现在列表的顶部,但在这个案例中,"Rozo"并没有出现在列表中。飞行员或副驾驶没有经过认真检查,就点了最顶端的第一个(见图 3-8)。但是,在列表顶端的灯标位置是在 160 公里之外的波哥大附近。这架飞机转弯超过 90 度(°),在几分钟后,它在黑暗中撞上了山体,造成 159 人遇难。哥伦比亚飞行局的调查把责任都归于飞行员的操作失误。飞行员没有对选择的灯标进行认真确认,并且在飞机转了一个意料之外的大弯之后,还在任之继续下降。实际上,造成此次惨剧的还有许多其他因素。然而,FMS 系统出现的异常行为(即没有显示距离飞机最近的灯标)是造成这种危险情形的一个原因。

图 3-8 ROZO（罗佐）与 BOGOTA（波哥大）

我们以自动飞行系统和半自动驾驶汽车为例，看看帮助建立更好、更安全的系统的几个原则。这些原则也可以应用到许多其他应用领域。

（1）用户必须充分了解系统。这是用户（以及开发培训系统的人）的责任，也是系统设计人员的责任。在若干事件中，飞行员改变了某个设置（例如，速度或目标高度），而没有意识到做这个改变还会导致其他设置的改变。例如，韩亚航空公司 214 航班上的飞行员没有意识到他选择的特定自动驾驶模式脱离了自动油门功能。结果，飞机在接近旧金山机场时速度下降太快，尾部撞到地面并断开。事故造成三名乘客死亡，其他大多数人受伤。该飞机具有多种自动驾驶模式，每种模式控制不同飞行阶段的不同特征集合。一个良好的用户界面怎样才能清楚地说明每种模式会控制哪些功能。

（2）警报、警告和错误消息必须清晰且恰当。正如我们在瑟拉克-25 事件中看到的那样，用户会忽略或覆盖经常发生的警告，特别是如果他们不了解其原因的时候。印度尼西亚亚洲航空公司 8501 航班坠毁事故是由于技术故障和机组人员的错误反应造成的。在飞行过程中，控制飞机方向舵的系统发出了四次警报，为了停止该警报，飞行员关闭了控制方向舵和其他几个飞行系统的计算机，然后再将其重新打开，每次计算机重新启动时，系统都会正常运行，但过几分钟后，警报会再次响起。在第四次，驾驶舱内有人拆下了一个断路器来重置该系统。这样的行为解除了自动驾驶，飞机急剧上升，停滞，然后坠毁，造成 155 名乘客和机组人员死亡。调查发现，警报是由焊接裂缝造成的，飞机上的任何人都无法修复，但事实上并不影响方向舵的操作。

（3）系统的行为应该是有经验的用户所期望的表现。在接近飞行员自己想要的高度的时候，他们往往会降低飞机的爬升速率。在有些飞机上，自动系统所保持的爬升率通常会比飞行员选择的速度要高许多倍。飞行员因为担心飞机可能会冲过目标高度，因此做手动调整，但是却没有意识到，他们的干预会导致飞机达到所需高度会自动拉平的功能被关闭。

（4）用户需要得到反馈来了解系统任何时刻正在干什么。如果自动飞行出现故障，或者飞行员因为某些原因必须关闭自动飞行，而必须要突然接管时，需要得到反馈这是至关重要的。

（5）工作负荷过低也可能是危险的。显然，劳累过度的操作员会更容易犯错误。自动化的一个目标是减少人的工作量。然而，无聊、过度自信或注意力不集中对于具有大量自动驾驶能力但尚未完全自行驾驶的汽车来说，就可能是一种危险。

人为因素问题对半自动驾驶车辆很重要。在全自动驾驶汽车取代大多数汽车之前，我们会拥有一系列不同类型的驾驶辅助技术。随着汽车制造商急于增加软件控制和更多功能，问题就会不断出现。例如，屏幕会令人感到困惑或无法正常工作；车主可能无法安装更新，尤其是安装过程很不方便的情况下；司机不了解他们所拥有的虽然智能但是并不完美的汽车所具有的能力和局限性，并因此可能会过度信任它们。

3.7.3 相信人还是计算机系统

在危机发生时，计算机应该拥有多大的控制权？这个问题会在许多应用领域中出现。

现在的汽车中都装有防抱死制动系统，可以控制刹车以避免打滑（可以比人操作做得更好），与此类似，在飞机上的计算机系统可以控制飞机突然大幅攀升，以避免出现失速。如果发现客舱失压，而飞行员不迅速采取行动的话，有些飞机会自动下降。

交通防撞系统可以检测空中两架飞机是否会相撞，并指示飞行员避开对方。该系统的第一个版本存在非常多的假警报，因此是不实用的。在一些事件中，系统引导飞行员朝着对方开，而不是飞往相反方向，这样反而有可能导致冲撞，而不是避免冲撞。后来防撞系统进行了改进。根据航空公司飞行员协会的安全委员会负责人的说法，它是安全的一大进步。例如，一架俄罗斯飞机和一架德国货机飞得过于接近对方的时候，防撞系统的运行是正常的，检测到潜在的碰撞，并告诉俄罗斯飞行员攀升，德国飞行员下降。不幸的是，俄罗斯飞行员听从了空中交通管制员的指令，也选择了下降，因而造成了两机相撞。在这个例子中，计算机的指示比人更好。在这个悲剧发生几个月后，汉莎航空公司 747 的飞行员忽略了空中交通管制员的指令，而是听从计算机系统发出的指令，从而成功避免了一次空中相撞。

自动驾驶汽车的制造商相信，允许人来推翻汽车的决定，可能会造成不安全的情形。自动汽车已经在公共道路上进行了大约数百万公里的测试，它们也出过少量事故，但绝大多数都是由于人类驾驶员的责任。

3.7.4 依赖、风险和进步

由于计算机对社会的影响日益加深，很多人都会感慨人们对计算技术的依赖，因为它们的实用性和灵活性，计算机、手机和类似设备现在几乎无处不在。实际上，人们对电子技术的"依赖"与对电的依赖并没有什么不同，如今人们在日常照明、娱乐、制造、医疗以及几乎所有一切活动中都离不开电。

计算机、智能手机都是工具。人们使用工具是因为由此我们可以过得更好。工具减少了对重体力劳动和单调乏味的例行脑力劳动的需求，帮助我们提高工作效率，或者使我们更安全、更舒适。当我们有一个很好的工具，我们可能会忘记（或者甚至不再学习）执行该任务的旧方法。如果该工具坏了，我们就无法干活，直到有人修复它。但是，并不能因为崩溃带来的负面影响就谴责工具。与此相反，对于许多应用来说，崩溃带来的不便之处或危险是对这些工具带来的便利、生产效率或安全性的一个提醒。例如，故障可以提醒我们每天发生在身边的数十亿次的通信，其中承载了大量语音、文字、照片和数据，这一切都是因为有了技术的进步才成为可能，或是变得更加方便或廉价。

计算技术变化的步伐比其他技术要快很多，而且在计算机和其他技术之间还存在一些重要区别，会增加它带来的风险：

（1）计算机系统会做出决定；而电力系统则不会。

（2）计算机的强大功能和灵活性鼓励我们建立更复杂的系统，但它的故障会产生更严重的后果。

（3）与许多其他工程领域相比，软件不是基于标准可信的部件来构建的。

（4）物联网的互联特性可以把故障传播到数百万台相距很远的设备上。

这些差异会影响我们所面临的风险种类和范围。它们需要我们持续关注，不管是作为计算机专业人员、其他领域的工作人员和其规划者，还是普通市民。

【作业】

1. 一些学者认为，计算机伦理问题有一些独一无二的特征，但它研究的往往是伦理学的"（　　）"。

　　A．大问题　　　　B．老问题　　　　C．难题　　　　D．新问题

2. 人们应用计算机面临着前所未有的隐私权被侵犯的危险，但隐私权受到威胁这个道德问题（　　）。

　　A．老生常谈　　　B．很难解决　　　C．早已存在　　D．刚刚显现

3. 许多学者认为，需要借助传统的伦理学理论和原则，把它们作为计算机信息伦理问题的指导方针和确立规范性判断的依据。以下（　　）不是目前社会中影响较大的经典道德理论。

　　A．以边沁和密尔为代表的功利主义

　　B．以康德和罗斯为代表的义务论

　　C．以霍布斯、洛克和罗尔斯为代表的权利论

　　D．P.戈科列尼乌斯首先使用的本体论

4. 计算机伦理原则是指计算机信息网络领域的基本道德原则。在 1993 年于华盛顿召开的第二届布鲁克林计算机伦理学年会上，提出了以下（　　）的计算机伦理学基本原理。

① 自主原则，在信息技术高度发展的情况下，尊重自我与他人的平等价值与尊严

② 一致同意的原则，如诚实、公正和真实等

③ 把这些原则应用到对不道德行为的禁止上

④ 通过对不道德行为的惩处和对遵守规则行为的鼓励，对不道德行为进行防范

　　A．②③④　　　　B．①②④　　　　C．①②③　　　　D．①③④

5. 美国学者斯平内洛对计算机信息技术伦理问题进行深入分析，提出的计算机伦理道德是非判断应当遵守的三条一般规范性原则是（　　）。

① 自主原则　　② 无害原则　　③ 知情同意原则　　④ 一致原则

　　A．①③④　　　　B．①②④　　　　C．①②③　　　　D．②③④

6. 在网站上提出问题非常容易，但对于有些问题，网站上可能无法提供最佳结果，而提问者所希望的结果可能是由此（　　）。

　　A．获得权威的结论　　　　　　　B．产生很多的想法和观点

　　C．为结束寻求否定的结论　　　　D．测试网站的活动能力

7. 研究人员发现，事实上，对特定类型的问题，当大量的人（群体）做出回应时产生了很多答案，但其（　　）往往会是一个很好的答案。

① 极大值　　　② 平均值　　　③ 中位数　　　④ 最常见的回答

　　A．①③④　　　　B．①②④　　　　C．①②③　　　　D．②③④

8. （　　）是数据和公式的集合，用来描述或模拟所研究对象的特点和行为，它们通常必须在计算机上才能运行。

　　A．数学模型　　　B．物理模型　　　C．数字鸿沟　　　D．随机模型

9. 所谓"（　　）"是指这样的事实：某些群体的人可以享受并定期使用各种形式的现代信

息技术，而其他人则做不到。

A．数学模型　　　B．物理模型　　　C．数字鸿沟　　　D．随机模型

10．谷歌和苹果声称其进行远程删除的一个主要目的是（　　），但厂家可以从用户手机中删除应用这一事实还是让很多人感到不安。

A．控制性　　　　B．安全性　　　　C．便利性　　　　D．利润率

11．汽车、医疗设备等系统的软件自动更新可能会对（　　）产生严重影响，例如更新安装过程中你肯定不希望自动驾驶汽车在高速公路上停下来。

A．安全　　　　　B．性能　　　　　C．费用　　　　　D．效能

12．计算机和通信网络使远程检查患者和医疗测试以及远程控制的医疗过程成为可能，但这样的系统会带来一些潜在的（　　）问题。

A．物理和数学　　B．性能和能力　　C．隐私和安全　　D．责任和选择

13．波兹曼声称技术完成的"是它所被设计来要做的事情"，他忽略了人的（　　）、创新、发现新的用途、无法预料的后果，以及鼓励或阻止特定应用的社会行为。

A．物理和数学　　　　　　　　　　B．性能和能力
C．隐私和安全　　　　　　　　　　D．责任和选择

14．计算机科学家约瑟夫·魏泽鲍姆曾经在 1975 年发表观点反对计算机技术中的（　　）系统，认为"这个问题太大了"。现在来看，显然他过于悲观了。

A．模式识别　　　B．语音识别　　　C．自动翻译　　　D．自动编程

15．软件专家罗伯特·夏雷特估计，在所有信息化项目中，大约有（　　）会在交付之前或之后不久被当作"无可救药的缺陷系统"而抛弃。

A．0.5%到1.5%　　B．25%到45%　　C．5%到15%　　D．1%到5%

16．" （　　）"是指在过去设计，目前还在使用的硬件、软件或外围设备都已经过时的系统，它们通常会配备特殊的接口、转换软件或其他适应性改变，使之可以与现代系统进行交互。

A．遗留系统　　　B．追溯系统　　　C．环保功能　　　D．报废环境

17．人们不断发明新的编程语言、范型和协议，还会把它们添加到以前开发的系统中。需要意识到很多年后可能还有人在使用你的软件。因此，为你的工作准备（　　）是非常重要的。

A．图片　　　　　B．模型　　　　　C．备份　　　　　D．文档

18．在一个控制物理机械设备的系统中，操作员输入信息并可能修改时，有很多复杂因素会促成微妙的、间歇性的并且难以被检测到的错误。开发者必须学会用良好的（　　）来避免这些问题，并且坚持通过测试流程来暴露潜在的问题。

A．图形界面　　　B．编程习惯　　　C．程序语言　　　D．开发工具

19．软件专家南希·勒夫森强调："大多数事故并不是因为对科学原理不了解，而是由于在应用某个众所周知的（　　）的时候出了问题。"

A．图形用户界面　　　　　　　　　B．程序设计语言
C．标准工程实践　　　　　　　　　D．软件开发工具

20．由于计算机对社会的影响日益加深，很多人都会感慨人们对计算技术的（　　），实际上，在这个方面，人们对电子技术与对电并没有什么不同。

A．痴迷　　　　　B．习惯　　　　　C．依赖　　　　　D．恐惧

【研究性学习】计算机伦理规则的现实意义

小组活动：阅读本章课文并讨论：
（1）"计算机伦理"的内涵是什么？为什么要重视计算机伦理建设。
（2）专家建议的"计算机伦理原则"包括哪些具体内容，有什么现实意义？
（3）请通过网络搜索并选择欣赏一部计算机（人工智能）伦理影片（例如《超验骇客》2014、《机械姬》2015等），或者浏览关于这些影片的剧情介绍。请思考并讨论影片的主题和所表达的计算机伦理内涵。

记录：请记录小组讨论的主要观点，推选代表在课堂上简单阐述小组成员的观点。

评分规则：若小组汇报得5分，则小组汇报代表得5分，其余同学得4分，余类推。

实训评价（教师）：_____

第 4 章 网络伦理规则

【导读案例】严控平台滥用算法

不知从什么时候开始,互联网比我们自己更了解自己。

网络购物会泄露个人消费偏好;购买理财、保险等会泄露个人资产信息;打车会泄露地理位置及行踪……计算机通过数据分析和聚合,可以刻画出一个人的完整画像。例如你的资产状况、健康状况、家庭成员、消费偏好、单位信息甚至每天的行踪轨迹。

2022 年 3 月 1 日,由国家网信办等四部门联合发布的《互联网信息服务算法推荐管理规定》正式施行。对普通用户来说,算法这个名称似乎有点"高大上",但在现实生活中,每个人几乎都会有意识或无意识地进入算法控制的"射程"。

"最懂我的人伤我最深",你碰到哪些反感的算法?

所谓的算法推荐技术,是指应用生成合成类、个性化推送类、排序精选类、检索过滤类、调度决策类等算法技术,向用户提供信息内容(见图 4-1)。值得注意的是,算法作为工具并不像一些平台所强调的那样中立、无害,相反在流量大棒的指引下可能成为收割用户的手段。

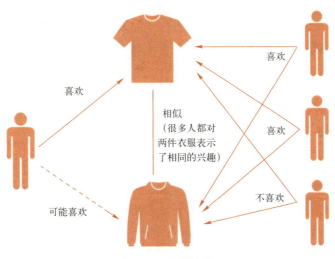

图 4-1 推荐算法

杭州一家大型互联网公司的算法工程师告诉记者:"在《互联网信息服务算法推荐管理规

定》出台前,一些机构过度向用户索取信息,有意无意地收集信息。当这些信息被聚合在一起,'危害'轻一点的是可以针对用户精准营销用来'杀熟'(见图 4-2);如果这些信息被贩卖或者被不法分子利用,数据也会成为'凶器'。这大概也是近年来许多电信网络诈骗案件屡屡得手的一个原因。"

图 4-2 大数据杀熟

一些平台上的算法推荐系统已经可以选择自主关闭。

互联网时代,浩如烟海的数据正呈指数级爆发趋势。这些数据被集合起来,可以对用户画像进行精准的定义,并更好地服务社会。例如,在日常生活中,如果有人需要寻找资料或者类似商品,那么算法推荐系统就可以节省大量时间,提高工作效率。但有时,过度的算法推荐会让人感觉被"骚扰",个人隐私受侵犯。在这样的背景下,越来越多的互联网平台公司开始提供自主选择的算法控制开关,让人选择是否接受算法提供的服务。

例如,微博的个性化推荐关闭入口相对来说比较好找。用户可以选择"设置",并找到隐私设置按钮。在该按钮的最底部,可以发现"个性化广告推荐"和"个性化内容推荐"两项内容,默认情况下是打开的。如果想关闭算法推荐功能,可直接选择关闭这两个选项。

不过,微博也提示:"个性化广告关闭后,您看到的广告数量不会减少,但是广告相关度会降低,有效期 3 个月,到期后仍可选择再次关闭。"这意味着,用户关闭相关算法推荐功能 3 个月后,还需手动再关闭一次。

抖音的算法关闭入口相对来说隐蔽些,需要多点击几个步骤,但也可以自行关闭。小红书上目前同样能找到相应的关闭算法推荐按钮,可以在"设置—隐私设置—程序化广告设置"路径中找到。

如何正确认知算法保护自身合法权益。

《互联网信息服务算法推荐管理规定》的实施,为互联网信息服务算法综合治理提供了重要法治保障。具体来说,《规定》明确,算法推荐服务提供者不得设置诱导用户沉迷、过度消费等违反法律法规或者违背伦理道德的算法模型;不得根据消费者的偏好、交易习惯等特征,利用算法在交易价格等交易条件上实施不合理的差别待遇等违法行为;用户选择关闭算法推荐服务的,算法推荐服务提供者应当立即停止提供相关服务。

事实上,《互联网信息服务算法推荐管理规定》出台之前,十三届全国人大常委会第三十次会议已经表决通过《中华人民共和国个人信息保护法》，于 2021 年 11 月正式实施。这意味着未来个人的信息安全和隐私将得到更多的保护。

中国政法大学副教授朱巍表示，《个人信息保护法》一经问世，就肩负起统领其他法律法规对个人信息保护的作用。该法所确立的对权利人"最小伤害""公开透明""准确完整""合理使用""合理目的"等原则，是对先前相关法律中关于个人信息使用"合法性、正当性、必要性"原则的扩展和补强。

例如，饭店采用扫码点餐，要求获取个人信息授权的行为，就可能超出了必要性原则和合理使用原则，属于侵权行为，因为点餐行为与获取个人信息之间并无必要性关联。再例如，导航服务开启时，获取我们的位置信息是必要的，但平台偷偷开启摄像头或语音传输等功能，这就违反了《个人信息保护法》规定的最小伤害原则，属于违法行为。

资料来源：记者刘永丽等，都市快报·财经新闻，2022 年 3 月 2 日。有改动。

阅读上文，请思考、分析并简单记录：

（1）什么是算法推荐技术？你遇到过算法推荐技术的应用场景吗？

答：_____

_____

_____

（2）请网络搜索和阅读《互联网信息服务算法推荐管理规定》并简单分析你对这个文件的看法。

答：_____

_____

_____

（3）请网络搜索和阅读《个人信息保护法》并简单分析你对这个文件的看法。

答：_____

_____

_____

（4）请简述你所知道的上一周发生的国内外或者身边的大事：

答：_____

_____

_____

_____

4.1 什么是网络伦理

网络伦理（见图 4-3）是指人们在网络空间中应该遵守的行为道德准则和规范。网络伦理学以网络道德为研究对象，探讨人与网络之间的关系，以及在网络（虚拟）社会中人与人的关系。在网络社会中，网络道德主要依靠一般的善恶观念和个人的内心信念为行为标准，确定其内涵和外延，关系到这项研究未来的发展。

图 4-3 网络伦理

网络道德所探讨的对象和范围涉及虚拟社会及生活在其中的虚拟人。虚拟社会是现代信息社会所特有的一种社会现象，即基于因特网的计算机网络所形成的虚拟空间。但这个空间又是实实在在地存在于现代社会之中，它不仅给人们提供信息资源，大大缩小了人与人之间的物理空间距离，也对传统文化和传统道德产生了巨大冲击。凡是在这个虚拟空间里发生的道德现象和冲突，都属于网络伦理学研究的范围。

4.1.1 网络伦理问题的成因

网络伦理问题产生的原因主要表现为：网络结构缺陷、经济利益驱动和网络法律法规建设不健全等。

（1）网络结构缺陷。网络技术的发展一方面推动着社会发展和商务运作，另一方面使整个社会分裂成两种不同的空间——电子空间与物理空间，从而有了虚拟社会与现实社会之分。虚拟的网络社会是离散的、开放的、无国界的，这使人们对网络上他人行为的管理和监控较为困难，容易滋生反伦理和不道德行为。

（2）经济利益驱动。任何行为都有深刻经济根源，网络上出现的问题也和经济息息相关。正是由于不正当的经济利益驱使人们铤而走险，蔑视道德力量的约束和法律、法规的监控，在网络社会中任意侵害他人隐私和权益、盗取银行密码、网络诈骗、网络聚赌、制黄贩黄、通过网络即时通信工具诱使他人犯罪等。通过网络搜索犯罪线索困难，这给不道德行为者获取非法利益留下了运作空间。

（3）网络法律法制建设不健全。国家的政策法律制度是约束企业和个人行为的一种硬性规范。但是，现有网络法律法规还不完善。应该加强网络法律法规建设，通过法律的威慑作用规范网民行为，净化网络空气，还原虚拟社会的本色。

网络伦理的主要表现形式是：

（1）观念层面上，自由主义盛行。网络环境下人们言行自由放松，释放自我。一定程度上，网络空间里表现出来的更接近真实自我。同时，也可能出现道德虚无主义、自由无政府主义膨胀。

（2）规范层面上，道德规范运行机制失灵。网络伦理是对传统伦理道德的继承与发扬。但在虚拟网络社会中，道德规范受到严峻挑战，主要表现在两方面。首先，道德规范主体在虚拟社会中表现不完整，传统的年龄、性别、相貌、职业、地位等属性在虚拟社会中比较模糊，取代的是虚拟的文字或数字符号，给网络欺骗和网络犯罪留下空间。处在此环境下的道德主体会产生主体感和社会感淡漠现象，不利于虚拟社会道德水平提高。其次，道德规范实施力量出现分化甚至消亡，现实社会中，人们面对面交往，道德规范通过社会舆论压力和人们内心信念起作用。而虚拟社会是人机交流，人们之间互不熟识也能交往，很容易冲破道德底线，发生"逾越"行为。在此情况下，社会舆论承受的对象对个体来说不明确，直面的道德舆论抨击难以进行，从而使社会舆论的作用下降。

（3）行为层面上，网络不道德行为蔓延。网络社会中不道德行为正蚕食道德领域，表现为：商业欺诈、利用网络散布虚假信息；制造大量垃圾邮件，利用网络散布反动言论及一些黄、赌、毒等不良信息，扰乱社会秩序；网络犯罪，利用病毒或者信息技术盗取他人密码，给社会及个人造成经济损失；网络使传统的社会性人格发生嬗变，网民社会责任感弱化，人际关系淡化。

4.1.2 网络伦理学的提出

网络伦理学是由网络行为引发的道德关注，因此，它的提出有着深刻的现实根源。

（1）网络所处的环境是一种虚拟的现实。这种虚拟的现实是由计算机、远程通信技术等构成的网络空间实现的。在这个虚拟空间里，存在着虚拟的一切：不仅有虚拟人、虚拟社会、虚拟共同体，甚至有虚拟全球文化。虚拟环境产生了虚拟的情感，进而有虚拟的伦理道德。当然，这种虚拟的东西并非虚无，而只是另外一种存在方式。虚拟的规范也不是凭空设想，而是实实在在的约束。这种"二元性"的特殊环境和行为决定了由此所引发的伦理问题必然具有与传统伦理学不同的特征。

（2）交往方式特殊。即交往具有"虚拟性"和"数字化"的特点。网络社会中的交往以符号为媒介，使得人与人之间在现实中的直接接触减少，而是简化为人机交流、人网交流。此时人的存在以虚拟的"网络人"的面目出现。这种"匿名性"使得人们之间的交往范围无限扩大，交往风险却大大降低，交往更具随机性和不确定性，进而交往中的伦理道德冲突也更加明显。这表明传统伦理学并不十分符合现代网络社会的交往实际，因而，迫切需要建立一门适合现代网络化生存的伦理学。

（3）交往所遵循的道德规范急待解决。网络的匿名性同时也导致了随意性。尤其是对知识产权、版权、隐私权等权利的侵犯。未获授权甚至根本不考虑授权就发布、登载信息资源，随意下载别人的作品等，无疑违背了法律和道义的精神。在互联网缺乏监督力量和手段的情况下，人们只有依靠法律的、伦理的宣传，只有依靠个人内心的道德法则来制约这种现象的发生。显然，进行网络道德规范的建设比限制互联网技术的应用更具有积极意义。

不可否认，在网络社会，虚拟交往行为必将对古老的伦理学产生新的影响。不解决这个问题就会产生巨大的道德反差，引发许多道德问题和社会问题。也只有正视这些问题，才能真正理解网络行为的道德意蕴，从而推动这门学科的成长。

4.1.3 网络伦理学的定义

与传统伦理学相比，网络伦理学可以用新、应用性、开放系统这三个特点来概括。首先，它是一门崭新的学科。随着互联网的普及，网络生活已经成为现代生活的一部分，由此引发的一系列问题、产生新的人际关系、道德关系，客观上给这门学科的建立奠定了基础。其次，它属于应用伦理学的范围，它的目的是建立现代互联网络上的道德规范。第三，现代网络社会所产生的一系列问题、各种现象以及各自的特点并没有充分暴露出来。随着人们对互联网络的认同和对由此产生的伦理学问题进行缜密的思考，网络伦理学的内容将会逐渐丰富起来，其主要的规范也会在不断完善之中。因而要想建立一门反映网络社会道德现实的网络伦理，必须采取开放的态度进行客观的、公正的、科学的研究。

4.1.4 网络伦理学的道德要素

网络道德，是在计算机信息网络领域调节人与人、人与社会特殊利益关系的道德价值观念和行为规范。从网络伦理的特点来看，一方面，它作为与信息网络技术密切联系的职业伦理和场所境遇伦理，反映了这一高新技术对人们道德品质和素养的特定要求，体现出人类道德进步的一种价值标准和行为尺度。

从伦理学的角度看，网络伦理学拥有了自己独特的道德要素，即：

（1）**网络道德意识**。同传统伦理学的道德意识相比较，网络社会中的道德意识显然更加淡漠，人性也趋于自然，而交往较少受社会因素的影响，并且摒弃了现实社会强加给人的各种限制。其特点是自律性及其要求增加，凸现个人修养和学识的重要性。

（2）**网络道德关系**。这种关系具有不确定性、简单性和互动性。这是网络社会在伦理学上提出的新问题。即人们之间可以没有现实中的交往，但是他们仍然可以拥有友谊、信任、帮助等。当然，这种关系也可能维持的时间很短，但是应当承认，这种关系更多直接性，更少功利性。它也许克服了人们由于现实社会的各种压力而被迫放弃的各种交往关系。

（3）**网络道德活动**。这些新型的道德活动具有其特有的一面：独特性、多样性、随机性、目的性。网络提供的是虚拟的空间，发展了许多新型的活动。例如聊天、发帖、电邮、上/下载、网络攻击等，而且随机性的交往增多。在这些活动中，人们的交往具有鲜明的目的性。例如，交友网站的增多，各种聊天工具的普及等。网络提供即时通信功能和匿名功能使人们的交往活动不必考虑空间距离和文化等因素的影响。因而活动又具有直接任意性。这都为网络伦理学提供了丰富的素材，也正是网络伦理学得以存在的基础。

4.2 网络伦理的基本原则

探讨网络行为引发的社会、文化和政治问题，在网络伦理学的研究中具有重要意义。**网络伦理的基本原则**包括：

（1）**资源共享原则**。网络上的资源共享源于信息共享，包括软件、程序源代码等。用过网络搜索引擎的人都知道，搜索的过程就是资源共享的过程，其结果就是大量免费资源，这也许是网络社会中最大的特点。从另一个角度看，资源共享遵循的是"免费原则"。当然，这种免费如果超出约定的范围，这一原则就会受到挑战和限制。而商品社会中的资源配置体现的是利益最优原则。作为网络社会所特有的资源共享，理应成为网络伦理学的首要原则。

（2）**一致同意性原则**。强调网络行为都应遵循一般的道义性，它必须是诚实的、公正的和真实的。尤其在那些通过网络交往的人中间，双方一般都被理想化成为具有上述优点的人，因而值得信赖。很显然，一致同意性被当作网络行为的前提和默认值而先入为主地存在于网络人头脑当中。虽然这种认识不具有客观性，但是并不妨碍它成为网络伦理学的原则，只不过同时也是网络伦理学追求的目标罢了。这也是网络伦理学在当前遇到的最具争议性的原则。虽然通过网络交往的人都希望对方所描述的都是真实的，但是由于缺乏一定的监督机制和惩戒措施，网络人还是会按照自己的理解和意愿，而不是按照大家通常希望的规则那样行动。这样就给这一原则增添了许多变数，带来了许多问题。例如，利用网络进行诈骗、侵权等。

（3）自律性原则。这是伦理学的目的。在网络社会中，由于个人具有充分的自由，缺少约束，要达成一致同意，或完全享有整个资源，显然是不现实的。这就要求每个网络人都遵循自觉性，遵守一般道义原则，才能够达到自己的目的。所以，自律性原则可以看作一种最终的道德诉求而和其他原则共同构成网络伦理学的基本原则。自律性的另一个意义是，遵循最小授权原则。即只在网络中获取应当获取的资源，而不越权去访问或者试图获取那些不应该获得的资源，否则就会被取消授权。因此，自律性为网络伦理学的终极目标和终极关怀。

4.3 网络伦理的研究范畴

网络伦理学具备构建完整体系的基础，并且其研究范畴相对宽泛。

4.3.1 善、恶

善恶问题是伦理学研究的中心问题，是伦理学范畴的核心，因而也是网络伦理学应该研究的主要范畴。在网络伦理学中，善恶问题有自己独特的地方，例如判断善恶的标准更加不明确。斯宾诺沙认为，所谓"善"是指"一切快乐和一切足以增进快乐的东西，特别是能够满足愿望的任何东西"，而"恶"则指"一切痛苦，特别是一切足以阻碍愿望实现的任何东西"。这个定义具有很大的歧义。在网络社会中，侵权、盗版、黑客攻击等行为无疑给行为人带来了莫大的快乐和实际利益，但是其行为却给人们的生活带来了物质和精神上的伤害，显然不能算作善之列。可以这么认为，那些用来维护网络安全、维护网络规范、提供网络服务的行为是善。反之，利用网络的便利对网络社会以及现实社会带来危害的就是恶。

网络行为毕竟是一种新的社会现象，如何界定网络行为的性质，确定是否是合乎"道德"的，或者是合乎"法律"的；哪些又是"不道德"的，或者是"不合法"的，都需要一种规范。而利用现实社会既有的规范来处理这些行为并非十分恰当，这就要求制定新的网络规范来对网络行为进行界定。在新的规范形成之前，通过道德教育的手段来填补这种无规范的真空，无疑是现代人的一种有益的尝试。

4.3.2 应当

应当即规范网络行为的内容，确定"应当"与"不应当"。这个范畴属于传统伦理学的内容，但是在网络伦理学中依然具有新的价值。例如美国计算机伦理学会为计算机伦理规定的"十戒"可以看作试图界定网络伦理学"应当"范围的典型规范：

（1）你不应用计算机去伤害别人。
（2）你不应干扰别人的计算机工作。
（3）你不应窥探别人的文件。
（4）你不应用计算机进行偷窃。
（5）你不应用计算机作伪证。
（6）你不应使用或拷贝你没有付钱的软件。
（7）你不应未经许可而使用别人的计算机资源。
（8）你不应盗用别人的智力成果。
（9）你应该考虑你所编写的程序的社会后果。
（10）你应该以深思熟虑和慎重的方式来使用计算机。

4.3.3 价值

价值也许是网络伦理学中最富有争议的范畴。一个人的网络行为有没有价值，是否恰当，换句话说，能否对这种行为做出道德判断，几乎没有什么定论。倒是这种行为从一开始就完全处在别人的评价当中。虽然"价值范畴最为重要的用途在于赞扬"，但是这里用"毁誉参半"来形容网络行为的价值却一点也不过分。毕竟网络行为具有其特殊性，即遵循一定的价值标准：需要得到大家的一致同意，至少是大多数人的同意。这样的行为才具有网络上的价值。显然，多数人的同意和事情本身是否正确可能是两回事，但至少表明在这方面网络伦理学所遵循的价值具有其特殊性。

当然，确定网络行为的价值是为了引导它。通过制定规范固然能够主动防范网络违规行为，但是人们真正的目的应该是引导一种新型的道德倾向，以确定有价值的观念和理想，这是任何一个社会都无法避免的道德归宿。现代网络伦理自然也不例外。例如，美国的计算机协会在探讨其成员应支持的一般伦理道德和职业行为规范中这样规定：

（1）为社会和人类做出贡献。
（2）避免伤害他人。
（3）要诚实可靠。
（4）要公正并且不采取歧视性行为。
（5）尊重包括版权和专利在内的财产权。
（6）尊重知识产权。
（7）尊重他人的隐私。
（8）保守秘密。

其用规范的名义对网络行为的价值做了区分，从而引导人们正确对待自己在网络上的作为，尽量避免无价值甚至损害他人价值的行为。

4.3.4 平等

平等，意即自由获得资源和服务，这是网络社会的普遍规则。一个人只要注册了 ID（即身份），拥有自己的密码，就可以"匿名进入"网络畅游、交友、聊天、发表言论、获取信息等。这便于人们以平等的身份进行交往，并使交往变得更加自由和轻松。这在最大程度上形成了一种平等主义。免费信息资源也具有这种不分民族、种族、文化约束的特点。进一步，网络社会中的人际关系简单为人机交流，面对冷冰冰的屏幕，一个人完全可以放开一切禁忌，平等地参与讨论，形成了网络无禁区的现实。换言之，网络给予进入网络社会的人们以道义上的平等权。

网络毕竟是一个独立于传统媒体的力量，一定程度地缓解了公众的知情权，资源共享原则又从客观上有利于促进现实社会中的公平现象，例如电子政务的推广。这也许是网络社会带给网络伦理学最深刻的影响。

4.3.5 信用

这个范畴的应用集中表现在电子商务中，意即个人信用正逐步增强（见图 4-4）。在现实社会中，信用的实现由法律等社会规范保障，而在网络社会中，适用的法规、规范并没有建立起来。个人信用成为网络消费的唯一保证。网络服务方要求被服务方提供基本的身份证号码、住址、电话等现实依据，甚至必须提供信用账号，但是这并不表明网络中个人信用的脆弱，恰恰相反，网络正逐步培养起个人的信用。实际上，进入网络消费，已经建立了信用。

图 4-4　信用

信用范畴的另一种应用表现在网络游戏中。在某些游戏的设定中，游戏者通过增加个人信用即可获得较高的分值奖励，从而在游戏角逐中获得优势，乃至于获胜。这是网络游戏对建立网络时代的个人信用的贡献。

4.3.6　服务

服务是网络社会产生于消费社会之后的典型特征。其中的含义之一是：在网络社会中，消费同现实社会中一样，由一对一的形式构成，既有服务方，也有消费方。在这里，服务是传统的、机械的，网络只是一种媒介。含义之二是网络服务，主要指未来网络提供的智能性的服务。例如，我们在网络中输入"我想去西藏旅游"的语句，网络会提供一系列的信息供参考，如去西藏的最佳季节、气候条件、最佳旅游路线等，从而实现人机交互的智能化和互动性，这是网络服务的真正含义。

4.3.7　批判

把批判作为网络伦理学的基本范畴也存在很大争议。但是，这里批判已经异化为批评，而且泛化为道德判断，它总是不停地询问："这种观点是好的吗？""我（们）应当这样做吗？"产生这个问题的原因在于网络是一个特殊的空间，虚拟的环境产生了特有的网络语言，而匿名性让真相陷入无穷无尽的争论。加之网络没有强有力的约束机制，没有了管理者，没有了权威，网络成了"自由"的空间，导致每个网络人都是他自己行为的领导者和评价者，任何人都可以自己的判断来决定讨论的价值。这会造成批判的滥用和现实语言的萎缩，深层次的文化思考被肢解，代之而起的是肤浅的、无休止的争吵。网络论坛就是这种批判滥用的典型。在那里，没有规则、没有标准，批评总是以自我为中心。

4.4　网络伦理难题

网络伦理道德建设尚处于初始阶段，缺乏统一的价值标准，不同的价值观念、伦理思想在网上交汇、碰撞、冲突，使人们产生诸多伦理难题。

（1）电子空间与物理空间伦理难题。物理空间是基于地缘的、物质的，乃至观念的种种限定，人们都熟悉并生活在其中的实实在在的现实社会；而电子空间是基于认同的，由于电子计算机的出现，以"数据化""非物质化"的方式进入人类信息交流的虚拟社会。在网络时代，它们共同构成人类的基本生存环境,两者不能相互替代。

网络的出现和发展对物理空间的生存产生了冲击。网络的虚拟性对一些人产生巨大的诱惑,他们在"虚拟朋友""虚拟夫妻""虚拟父母"的关系中迷失了自我,自以为找到了"精神家园",终日沉迷于其中而导致问题的产生——道德情感淡漠,道德人格虚伪,交往心理障碍。

(2) **信息共享与信息独有**的伦理难题。在信息社会,信息是最重要的社会资源,而信息共享可以使信息、资源得到充分利用,极大地降低全社会信息生产的成本,有利于缩小国家之间、地区之间经济和社会发展程度上的差距,推动社会的共同进步。从有效利用资源、社会共同进步的角度看,信息应该共享,即信息共享属于网络伦理范畴。但是,信息的生产需要创造性地发挥和投入,信息传播需要大量的投资用于软硬件产品的生产。所以,信息生产者和传播者拥有信息产品的所有权,并通过信息产品的销售来收回成本,赚取利润,这是合乎道德的。然而,现实生活中,有些人在网络上非法复制、使用有知识产权的软件则是一种不道德的行为。同时,某种社会性的、公开性的知识由个人垄断而影响了社会信息资源共享,同样也是一种不公平、不道德的行为。对网络信息的知识产权的界定缺乏可操作的规范,由此也产生了在处理信息独有与信息共享关系上的两种极端化行为,即侵犯知识产权和信息垄断。

(3) **个人隐私与社会监督**的伦理难题。隐私权是私人生活不被干涉、不被擅自公开的权利。保护个人隐私是一项基本的社会伦理要求,也是人类文明进步的重要标志。社会安全是社会存在和发展的前提,社会监督是保障社会安全的重要手段。在传统社会,两者没有突出的矛盾,但是在网络时代,二者出现了严重的道德冲突。就保护个人隐私权而言,收集、传播个人信息应该受到严格限制,磁盘所记录的个人生活信息,未经主体同意披露,应该完全保密,除网络服务提供商作为计费依据外,不应作其他利用。就保障社会安全而言,个人应对自身行为及后果负责,其行为应该留下详细的原始记录供有关部门进行监督和查证。这就产生了个人隐私权和社会监督的矛盾,由此带来的伦理难题是:构成侵犯隐私权的合理界限是什么?如何切实保护个人的合法隐私?如何防止把个人隐私作为谋取经济利益或要挟个人的手段?群众和政府机关在什么情况下可以调阅个人的信息,可以调阅哪些信息?怎样才能协调个人的隐私和社会监督的关系?如果对两者关系处理不当,容易造成侵犯隐私权、自由主义和无政府主义等严重后果。

(4) **通信自由与社会责任**的伦理难题。上网是一种比较便捷的方式,自然也就成为许多人获取信息的首选,人们会以通信模式套用网络行为模式,把网络信息漫游归入通信自由,看作网络主体个人的事情。然而,网络隐匿性和分散式的特征,很容易使上网者不需要任何国家的"护照"就可以任意出入任何"国家"。网络摆脱了传统社会的管制、控制和监控,使网络主体容易形成一种"特别自由"的感觉和"为所欲为"的冲动。网络给人们提供的"自由",远远超出了社会赋予他们的责任,如果网络行为主体的权利义务不明确,便会产生网络行为主体的行为自由度与其所负的社会责任不相协调甚至相冲突的局面。滥用通信自由就会不知不觉地放松自我道德和社会道德规范的约束。

(5) **信息内容的地域性与信息传播方式**的超地域性的伦理难题。在网络社会,信息的传播是超越国界地域的,具有全球化的特点。这种不同文化、伦理的碰撞、交融,有利于形成网络伦理,有利于网络社会的有序发展。但信息的内容是带有地域特征的,它反映的是一定地域和民族的社会政治制度、文化、知识和道德规范。网络信息的超地域性加剧了国家间、地区间不同道德和文化间的冲突,增大了维持国家观念、民族共同理想和共同价值观的难度,目前这种信息交流是不平等的,如发展中国家与发达国家存在着相当大的信息落差,由于发展中国家自制的网络信息从量到质都处在较低层次的发展阶段，要在短期内得到高质量的信息服务，需要求助于西方发达国家的信息库，而这种求助的信息势必夹杂一些西方资产阶级的道德观念，在人们道德观念形成的过程中，会不同程度地受到西方资产阶级道德的影响，使原有的传统道德被分化、被同化、被扭曲，对发展中国家的民族文化造成很大冲击。由此带来的伦理难题是：如何既有效地利用网络资源，又能保持鲜明的民族文化特征？如何既形成网络社会的普遍伦理又保持民族文化的多样化？对这些问题的处理不当将导致文化霸权主义和文化殖民主义。

4.5 垃圾邮件

虽然很多专家与组织都试图给垃圾邮件下一个比较准确的定义，但是国际上对垃圾邮件的认定尚未出台统一标准。一般来说，凡是未经用户许可就强行发送到用户的邮箱中的任何电子邮件都是垃圾邮件（见图 4-5）。

图 4-5　垃圾邮件

（1）1997 年 10 月 5 日，国际互联网邮件协会召开的主题为《不请自来的大量电子邮件：定义与问题》报告中，就将不请自来的大量电子邮件定义为垃圾邮件。美国弗吉尼亚州 2003 年《反计算机犯罪法》就采取了"不请自来的大量邮件"来定义垃圾邮件。这是从邮件的发送（大量）和接收（不请自来）两方面的特征来定义垃圾邮件，更符合垃圾邮件泛滥的实际情况，不但能够涵盖泛滥的垃圾邮件的所有类型，也能涵盖未来可能出现的新类型。

（2）2002 年 5 月 20 日，中国教育和科研计算机网公布了《关于制止垃圾邮件的管理规定》，其中对垃圾邮件的定义为：凡是未经用户请求强行发到用户信箱中的任何广告、宣传资料、病毒等内容的电子邮件，且一般具有批量发送的特征。

（3）2003 年 2 月 26 日，中国互联网协会颁布的《中国互联网协会反垃圾邮件规范》中第三条明确指出，包括下述属性的电子邮件称为垃圾邮件：①收件人事先没有提出要求或者同意接收的广告、电子刊物、各种形式的宣传品等宣传性的电子邮件；②收件人无法拒收的电子邮件；③隐藏发件人身份、地址、标题等信息的电子邮件；④含有虚假的信息源、发件人、路由等信息的电子邮件。

区分正常邮件与垃圾邮件的一般惯用手段是通过对邮件的内容进行分析，采用人为制定的规则集或机器学习方法来判断、区分。但仅靠分析邮件字面意义来区别正常邮件与垃圾邮件还是很困难的，因为人类语言的种类众多，人对信息的感知与接受除了文字外，还有图形以及对文字本身的联想，所以很难建立一个好的、通用的并且高效的语义分析模型来区分垃圾邮件。另外，人为建立规则集的方式也不具有普遍意义，因为每个人对邮件的感受是千差万别的。所以，要快速有效地区分、判定垃圾邮件，需要采取其他更有效的方式。从上述几种垃圾邮件定义来看，不难看出，正常邮件与垃圾邮件的区分就是判断该邮件是不是用户所希望得到而发送过来的邮件，正常邮件自然就是收信人希望得到的邮件。

垃圾邮件的主要危害包括：

（1）占用大量网络带宽，浪费存储空间，影响网络传输和运算速度，造成邮件服务器拥堵，降低了网络的运行效率，严重影响正常的邮件服务。

（2）泛滥成灾的商业性垃圾邮件，每 5 个月数量翻倍，国外专家预计每封垃圾邮件所抵消的生产力成本为 1 美元左右。

（3）垃圾邮件以其数量多、反复性、强制性、欺骗性、不健康性和传播速度快等特点，严重干扰用户的正常生活，侵犯收件人的隐私权和信箱空间，并耗费收件人的时间、精力和金钱。

（4）垃圾邮件易被黑客利用，危害更大。2002 年 2 月，黑客先侵入并控制了一些高带宽的网站，集中众多服务器的带宽能力，然后用数以亿计的垃圾邮件发动猛烈攻击，造成部分网站瘫痪。

（5）严重影响电子邮件服务商的形象。收到垃圾邮件的用户可能会因为服务商没有建立完善的垃圾邮件过滤机制，而转向其他服务商。

（6）骗人钱财，传播色情、反动等内容的垃圾邮件，已对现实社会造成严重危害。

垃圾邮件的发送者不断采用高级的新方法来发送他们的邮件，以下几种方法可以用来减少系统被攻击的危险：

（1）不轻易留下电子邮件地址。每次留下电子邮件地址时，被列入垃圾邮件发送者的发信清单中的机会就会增加一些。大多数网上购物站点都要求消费者留下电子邮箱。有些实体商店提供一些打折或免费商品，需要顾客留下电子邮箱地址。消费者应该了解到虽然留下电子邮箱会获得一点好处，但也可能使电子邮箱被垃圾邮件的制造者获得。

（2）使用电子邮件的过滤功能。大多数电子邮件应用程序都有过滤功能，使用者能够封锁指定地址的邮件。如果收件人经常从同一个因特网域中收取垃圾邮件，就可以封锁来自这个用户的所有邮件。然而，封锁一个因特网域可能会导致这个域中的所有邮件都无法进入收件人的邮箱，即使是收件人想要的邮件。所以，只有在确定来自这个域的所有邮件都是垃圾邮件时才应使用这个特性。垃圾邮件产生的影响在物理上可能不会造成破坏性，但在经济上却具有破坏性。垃圾邮件使用系统资源，降低了员工的工作效率。有些雇员可能会阅读垃圾邮件，并单击信件中所包含的恶意 URL 或下载恶意附件，感染病毒并进一步产生连锁反应。垃圾邮件利用众多的业务使服务器超载，降低了服务器发送、接收与业务相关的信件的能力。过多的业务量减缓了系统运行，甚至造成邮件服务器的瘫痪。另外，垃圾邮件还可能破坏公司的商业关系，引起法律诉讼，给双方带来昂贵的代价。

当前，垃圾邮件仍然是不可忽视的问题。虽然已经努力阻止垃圾邮件进入邮箱，但用户每天收到垃圾邮件的数量仍在不断增加。一个防止垃圾邮件的最有效方法是不要轻易告诉别人重要的电子邮件地址，而只告诉值得信任的个人或团体。如果收到大量的来自一个地址的垃圾邮件，可以利用电子邮件应用程序中的过滤功能来阻挡所有邮件进入该地址。

第4章 网络伦理规则

【作业】

1. 网络伦理是指人们在网络空间中应该遵守的（　　）准则和规范。
   A．数字素养　　　　B．网络安全　　　C．程序设计　　　D．行为道德

2. （　　）是现代信息社会所特有的一种社会现象，它基于因特网的计算机网络所形成，但又是实实在在地存在于现代社会之中。
   A．虚拟社会　　　　B．算法环境　　　C．逻辑场所　　　D．物理空间

3. 网络伦理问题产生的原因主要表现为（　　）等。
   ① 网络结构缺陷　　　　　　　　　② 基础网络设施不足
   ③ 经济利益驱动　　　　　　　　　④ 网络法律法规建设不健全
   A．①②③　　　　　B．①③④　　　　C．②③④　　　　D．①②④

4. 网络伦理的主要表现形式是（　　）。
   ① 设备层面上，CPU 多核，内存追求超大，网速追求无限
   ② 观念层面上，自由主义盛行
   ③ 规范层面上，道德规范运行机制失灵
   ④ 行为层面上，网络不道德行为蔓延
   A．①③④　　　　　B．①②④　　　　C．②③④　　　　D．①②③

5. 与传统伦理学相比，网络伦理学可以用（　　）这三个特点来概括。
   ① 开放系统　　　② 实时性　　　③ 应用性　　　④ 新颖
   A．②③④　　　　　B．①②③　　　　C．①②④　　　　D．①③④

6. 从伦理学的角度看，网络伦理学拥有了自己独特的道德要素，即（　　）。
   ① 网络道德意识　　　　　　　　　② 网络道德关系
   ③ 网络道德活动　　　　　　　　　④ 网络道德责任
   A．①②③　　　　　B．②③④　　　　C．①③④　　　　D．①②④

7. 网络伦理基本原则中的（　　）原则是指网络上的资源共享源于信息共享，包括软件、程序源代码等。
   A．自律性　　　　　B．经济性　　　　C．资源共享　　　D．一致同意性

8. 网络伦理基本原则中的（　　）原则是指网络行为都应遵循一般的道义性，它必须是诚实的、公正的和真实的。
   A．自律性　　　　　B．经济性　　　　C．资源共享　　　D．一致同意性

9. 网络伦理基本原则中的（　　）原则是指在网络社会中，由于个人具有充分的自由，缺少约束，这就要求每个网络人都遵循自觉性，遵守一般道义原则，遵循最小授权原则。
   A．自律性　　　　　B．经济性　　　　C．资源共享　　　D．一致同意性

10. （　　）问题，是网络伦理学应该研究的主要范畴，并有其独特的地方，例如判断标准更加不明确。
    A．价值　　　　　　B．善、恶　　　　C．应当　　　　　D．平等

11. （　　）问题，即规范网络行为的内容，确定其"是"与"否"。这个范畴属于传统伦理学的内容，但在网络伦理学中依然具有新的价值。
    A．价值　　　　　　B．善、恶　　　　C．应当　　　　　D．平等

12. （　　）问题也许是网络伦理学中最富有争议的范畴。能否对这种行为做出道德判断，

几乎没有什么定论。倒是这种行为从一开始就完全处在别人的评价当中。

  A．价值   B．善、恶   C．应当   D．平等

13．（ ）问题，意即自由获得资源和服务，这是网络社会的普遍规则。

  A．价值   B．善、恶   C．应当   D．平等

14．（ ）这个范畴的应用集中表现在电子商务中，其个人方面正逐步增强。在网络社会中，个人的这个范畴成为网络消费的唯一保证。

  A．自由   B．信用   C．服务   D．批判

15．（ ）问题，是网络社会产生于消费社会之后的典型特征。其中的含义之一是：在网络社会中，消费同现实社会中一样，由一对一的形式构成，其中网络只是一种媒介。

  A．自由   B．信用   C．服务   D．批判

16．（ ）问题已经被泛化为道德判断，每个网络人都是他自己行为的领导者和评价者，任何人都可以以自己的判断来决定讨论的价值。

  A．自由   B．信用   C．服务   D．批判

17．网络伦理道德建设尚处于初始阶段，产生诸多伦理难题。其中，（ ）伦理难题涉及基于认同或者地缘，在网络时代，它们共同构成人类的基本生存环境，两者不能相互替代。

  A．电子空间与物理空间   B．个人隐私与社会监督

  C．信息共享与信息独有   D．通信自由与社会责任

18．网络伦理道德建设尚处于初始阶段，产生诸多伦理难题。其中，（ ）伦理难题是指从有效利用资源、社会共同进步的角度，以及对网络信息的知识产权界定缺乏可操作规范来看所涉及的问题。

  A．电子空间与物理空间   B．个人隐私与社会监督

  C．信息共享与信息独有   D．通信自由与社会责任

19．网络伦理道德建设尚处于初始阶段，产生诸多伦理难题。其中，（ ）伦理难题是指私人生活不被干涉、不被擅自公开的权利，以及社会监督是保障社会安全的重要手段等方面考虑所涉及的问题。

  A．电子空间与物理空间   B．个人隐私与社会监督

  C．信息共享与信息独有   D．通信自由与社会责任

20．网络伦理道德建设尚处于初始阶段，产生诸多伦理难题。其中，（ ）伦理难题是指网络给人们提供的"自由"远远超出了社会赋予他们的责任，滥用这个自由就会不知不觉地放松了自我道德和社会道德规范的约束，由此产生的问题。

  A．电子空间与物理空间   B．个人隐私与社会监督

  C．信息共享与信息独有   D．通信自由与社会责任

【研究性学习】网络伦理规则的现实意义

小组活动： 阅读本章课文并讨论：

（1）"网络伦理"的内涵是什么？为什么要重视网络伦理建设？

（2）"网络伦理原则"包括哪些具体内容，有什么现实意义？

（3）请选择一个当前网络社会的热点进行小组讨论，思考分析这个热点背后的网络伦理因素以及小组成员的看法。

小组选择的讨论主题是：_____

记录：请记录小组讨论的主要观点，推选代表在课堂上简单阐述你们的观点。
评分规则：若小组汇报得 5 分，则小组汇报代表得 5 分，其余同学得 4 分，余类推。

_____
_____
_____
_____
_____

实训评价（教师）：_____
_____

第 5 章
大数据伦理规则

【导读案例】爬虫技术的法律底线

网络爬虫（见图 5-1），又称为网页蜘蛛、网络机器人，或者网页追逐者，是一种应用于搜索引擎领域，按照一定规则自动抓取互联网信息的程序或者脚本，是搜索引擎获取数据来源的支撑性技术之一，也是互联网时代一项普遍运用的网络信息搜集技术。通常，一个网络爬虫的行为流程可以分解为采集信息、数据存储和信息提取三个步骤。

图 5-1 网络爬虫

近几年来，因为开发者滥用爬虫技术而锒铛入狱的案例不少。

2015 年，某公司授意五名程序员，利用网络爬虫获取一公司服务器的公交车行驶信息、到站信息等数据，导致这五名程序员需承担相应的连带法律责任。

2019 年，某公司主管人员利用爬虫技术非法爬取北京字节跳动公司服务器中存储的视频数据，被告人依法被判处有期徒刑 9~10 个月，并处罚金。

这样的案件让开发者不安，爬虫也违法？公司让我爬取数据，爬还是不爬？其实，不仅是开发者，企业使用爬虫技术也存在很多风险。怎么规避风险也成了一个大难题。

仔细研究有关爬虫技术的相关案例，可以总结出如何合法地使用爬虫技术，规避风险。

1. 遵守 robots 协议

搜索引擎通过 robots（又称 spider）程序自动访问互联网上的网页并获取网页信息。当网站拒绝爬虫访问爬取数据时，可以在根目录下存放 robots.txt 文件（统一小写），告诉爬虫不能爬取网站全部或部分指定内容。

robots 是网站和爬虫之间的君子协议，robots.txt 中指定的内容不允许爬虫访问。

不过，网站中若没有该协议，也并不意味着就能随意爬取数据，也有可能造成违法。robots.txt 协议并不是一个规范，而只是约定。举例来说，当 robots 访问一个网站（例如 http://www.abc.com）时，首先会检查该网站根目录下是否存在 http://www.abc.com/robots.txt 这个文件，如果机器人找到这个文件，就会根据这个文件的内容来确定它访问权限的范围。

2. 爬虫的黑客行为

开发者使用爬虫技术，如果请求频率过高，接近 DDoS 攻击的频率，一旦造成目标服务器瘫痪，这时就不是爬虫行为了，而是黑客行为，必定要承担相应的责任。

如果目标网站已使用爬虫管理程序等来控制和管理爬虫，或者使用了一些反爬措施，或者正常用户不能到达的页面，如果开发者强行突破以上这些措施，同样会被界定为黑客行为。

3. 爬取内容

爬取下列内容是高压线，不能触碰。包括：

（1）爬取用户信息谋利。2018 年，北京某新三板挂牌公司使用爬虫非法窃取用户个人信息 30 亿条，该公司及其关联公司 6 名犯罪嫌疑人被控制。用户个人信息属于敏感信息，严禁使用爬虫爬取这些信息，近几年打击力度越来越大。

（2）爬取商业数据。2018 年，武汉某科技公司法定代表人授意 4 名员工非法爬取竞争对手数据，被判赔偿 50 万元。很多公司为了获得竞争优势，会使用爬虫技术爬取竞争对手的内容，但这一手段会构成不正当竞争。

（3）爬取知识产权数据。爬取大量带有知识产权的数据并用于其商业目的，属于违法行为。

不难看出，爬虫技术本身并不违法，关键在于使用的方式和目的。爬虫爬数据有几个雷区，一是只能爬取公开数据，二是不能对目标业务和网站造成影响，三是目标网站的全部或部分内容没有使用反爬措施。

资料来源：综合网络资料。有改动。

阅读上文，请思考、分析并简单记录：

（1）一个网络爬虫的行为流程可以分解为哪些基本步骤？

答：_____

_____

_____

（2）请简述，如果你是公司的一名程序员，公司领导要求你用爬虫技术爬取数据，爬还是不爬？为什么？

答：_____

_____

_____

（3）爬虫技术本身并不违法，那么，使用爬虫技术要避免的雷区是什么？你认为有必要遵守吗？

答：_____

（4）请简述你所知道的上一周发生的国内外或者身边的大事：
答：_____

5.1 数据共享

计算机网络技术为信息传输提供了保障，不同部门、不同地区间的信息交流逐步增加。为有效地利用网络数据，需要解决多种数据格式的数据共享与数据转换问题。简单地说，**数据共享**就是让在不同地方使用不同计算机、不同软件的用户能够读取他人数据并进行各种操作运算和分析（见图 5-2）。

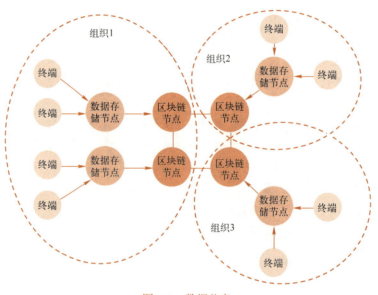

图 5-2　数据共享

5.1.1 数据共享存在的问题

如今，数据共享存在的问题包括：

（1）数据共享的观念尚未形成。以政府部门为例，各部门经历了可行性研究、调整预算、招投标、详细设计、等级保护等一系列大费周章的过程，好不容易花费大笔经费建立起本部门相对独立的信息化系统，收集到的数据都是专有的垄断性数据，一般不会轻易对外共享。如今，大数据的概念已经为社会所广泛接受，人们清楚数据存在价值，产生价值，自然不会将自家的数据拱手送人。此外，各单位专注于数据的职能，信息化手段只是日常管理过程中的辅助措施。这样的定位也使数据流动共享的观念尚未形成。

（2）数据共享的机制尚未建立。信息共享是一种持续性的长效机制，从法律层面上尚未出现数据共享的要求。

（3）信息化标准不统一。在信息孤岛的现状下，机构间信息化标准不统一，因此，数据共享前的准备工作远不是想象得那么简单。从权利清单、共享目录、数据项标准、交换格式、交换标准等多个方面，数据一旦发生变化，都要对相关的内容进行调整。

（4）基础设施不完善。数据共享离不开信息化建设，需要有统一的数据共享交换平台。

5.1.2 个人数据和匿名数据

利用算法进行全面分析，大数据可以用来判断未来发展趋势与相互关系，也可能直接影响到个人。

（1）个人数据，可以定义为"与特定或可识别自然人相关的任何信息"。此类数据可以是姓名、住址、性别、职业、出生日期、电话号码、电子邮件地址、城镇、国家、车牌号、用户名和密码等。在个人数据中，有一个特殊类别是敏感数据，它受特定法律规则的约束，包括有关民族或种族、政治和哲学观点、宗教信仰和健康数据等个人信息。

（2）匿名数据，以定义为"数据保护的原则应适用于任何一个特定或可识别自然人的相关信息。"经过匿名处理的个人数据，如通过使用附加信息就能确定某个可识别的自然人，此类信息仍归为可识别自然人的相关信息。判断一个自然人是否可被识别，应考虑所有可行方法和客观因素，如识别成本和所需时间，同时还应考虑在进行识别时，技术的可行性及技术发展情况。因此，匿名信息，即与特定或可识别自然人无关的信息，或以匿名方式提供的无法识别主体的个人数据，不适用于数据保护原则。

"匿名化"是指对个人数据的匿名处理方式，在未使用附加信息的情况下不能确定数据的主体，前提是附加信息被分开存储，并采取了技术和管理措施，以确保个人数据不具有特定自然人或可识别自然人的属性。这其中关键的一点是，个人数据一旦经过匿名处理后，在未经数据主体任何事先授权的情况下，可对该数据进行任意处理。但其至少存在以下两种可重新识别数据主体的可能性：第一，应用去匿名化技术追溯原始个人数据；第二，通过多种或特定数据组识别特定自然人或某个特定群体。

5.2 大数据伦理问题

大数据伦理问题属于科学伦理问题的范畴。大数据伦理问题指的是由于大数据技术的产生和使用而引发的社会问题，是集体和人与人之间关系的行为准则问题。作为一种新的技术，像其他所有技术一样，大数据技术本身是无所谓善恶的，它的"善"与"恶"全然在于大数据技术的使用者想要通过大数据技术所要达到怎样的目的。一般而言，使用大数据技术的个人、公司都有着不同的目的和动机，由此导致了大数据技术的应用会产生出积极影响和消极影响。

大数据是 21 世纪的"新能源"，已成为世界政治经济角逐的焦点，世界各国都纷纷将大数据发展上升为国家战略。大数据产业在创造巨大社会价值的同时，也遭遇隐私侵权和信息安全等伦理问题，发现或辨识这些问题，分析其成因，提出解决这些问题的伦理规制方案，是大数据产业发展急待解决的重大问题（见图 5-3）。

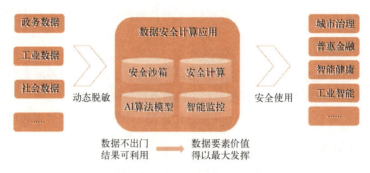

图 5-3 第三方机构使用数据的方式

大数据产业面临的伦理问题主要包括数据主权和数据权问题、隐私权和自主权被侵犯问题、数据利用失衡问题，这些问题影响了大数据生产、采集、存储、交易流转和开发使用的全过程。

5.2.1 数据主权和数据权问题

由于跨境数据流动剧增、数据经济价值凸显、个人隐私危机爆发等多方面因素，数据主权与数据权问题已成为大数据产业发展遭遇的关键问题。

数据的跨境流动是不可避免的，但这也给国家安全带来了威胁，数据主权问题由此产生。**数据主权**是指国家对其政权管辖地域内的数据享有生成、传播、管理、控制和利用的权力。数据主权是国家主权在信息化、数字化和全球化发展趋势下新的表现形式，是各国在大数据时代维护国家主权和独立，反对数据垄断和霸权主义的必然要求，是国家安全的保障。

数据权包括机构数据权和个人数据权。机构数据权是企业和其他机构对个人数据的采集权与使用权，是企业的核心竞争力。个人数据权是指个人拥有对自身数据的控制权，以保护自身隐私信息不受侵犯的权利，也是个人的基本权利。个人在互联网上产生了大量的数据，这些数据与个人的隐私密切相关，个人对这些数据拥有财产权。

数据财产权是数据主权和数据权的核心内容。以大数据为主的信息技术赋予了数据以财产属性。数据财产是指将数据符号固定于介质之上，具有一定的价值，能够为人们所感知和利用的一种新型财产。数据财产包含形式要素和实质要素两个部分，数据符号所依附的介质为其形式要素，数据财产所承载的有价值的信息为其实质要素。2001 年世界经济论坛将个人数据指定为"新资产类别"，数据成为一种资产，并且可以像商品一样被交易。

5.2.2 隐私权和自主权被侵犯问题

数据的使用和个人的隐私保护是大数据产业发展面临的一大冲突。隐私权和自主权被侵犯问题也就是数据权属问题，数据权属问题目前还没有得到彻底解决。数据权属不明的直接后果就是国家安全受到威胁，数据交易活动存在法律风险和利益冲突，个人的隐私和利益受到侵犯。

互联网发展初期，只有个人的保密信息与个人隐私关联较为密切；而在大数据环境下，个人在互联网上的任何行为都会变成数据被沉淀下来，这些数据的汇集可能导致个人隐私的泄露。绝大多数互联网企业通过记录用户不断产生的数据，监控用户在互联网上的行为，据此对用户进行画像，分析其兴趣爱好、行为习惯，对用户做各种分类，然后以精准广告的形式给用户提供符合其偏好的产品或服务（见图 5-4）。另外，互联网公司还可以通过消费数据等分析评估消费者的信用，从而提供精准的金融服务进行盈利。在这两种商业模式中，用户成为被观察、分析和监测的对象，这是用个人生活和隐私来成全的商业模式。

5.2.3 数据利用失衡问题

数据利用失衡问题主要体现在两个方面。

（1）数据的利用率较低。随着移动互联网的发展，每天都有海量的数据产生，全球数据规模呈指数级增长，但是，一项针对大型企业的调研结果显示，企业大数据的利用率仅在12%左右。

（2）数字鸿沟现象日益显著。数字鸿沟束缚数据流通，导致数据利用水平较低。大数据的"政用""民用"和"工用"，相对于大数据在商用领域的发展，无论技术、人才还是数据规模都有巨大的差距。现阶段，我国大数据应用较为成熟的行业是

图 5-4　大数据杀熟

电商、电信和金融领域，医疗、能源、教育等领域则处于起步阶段。由于大数据在商用领域产生巨大利益，数据资源、社会资源、人才资源均往这些领域倾斜，涉及政务、民生、工业等经济利益较弱的领域，市场占比则很少。在商用领域内，优势的行业或企业也往往占据了大量的大数据资源。大数据的"政用""民用"和"工用"对于改善民生、辅助政府决策、提升工业信息化水平、推动社会进步可以起到巨大的作用，因此大数据的发展应该更加均衡，这也符合国家大数据战略中服务经济社会发展和人民生活改善的方向。

5.2.4 大数据伦理问题表现的 10 个方面

大数据的伦理问题具体表现在以下 10 个方面。

（1）意识。当人们注册在线服务时，数字身份（如脸书与谷歌账号）的创建或使用往往会得到迅速处理。虽然数字身份使在线资源的利用更为简单快捷，但同时也造成了身份提供者和所使用服务之间数据共享的不透明。事实上，数字身份提供者除用户在订阅时提交的细节外，还能收集用户登录浏览时生成的数据，这些数据极为详尽且事关个人隐私。

由于人们丧失了必要的知情权，即哪些个人数据正被收集，以及如何处理这些被收集的个人数据，这种使用大数据的方式削弱了个人权利。

（2）控制。用户经常面对这样的情况：当用户决定要把他们提供给某个服务商的部分或全部数据删除时，即便服务商听从了用户的请求并确实删除了相关数据，但对已进行了大量处理的用户数据却不会造成影响，从而导致用户丧失对个人数据访问权的掌控。

（3）信任。在大数据背景下，信任与广义的一般隐私权和意识问题具有千丝万缕的联系。人们更多地从严格的技术层面应对信任问题，还没有透彻了解如何在计算机环境下建立人际信任关系，同时，在物联网环境下创建一个有助于建立人机信任关系的架构仍有待时日（见图 5-5）。

图 5-5　以医疗为例：新技术带来新挑战

（4）**所有权**。围绕原始数据集被处理后生成的用户数据，还存在着一个更为复杂的所有权问题：它们究竟属于用户，还是属于从事数据分析的公司抑或原始数据的收集者？这一问题的解决办法是限制数据的物理存储空间，即服务器的所在国。欧盟的做法是，逐步限制欧盟公民的数据被存储在"欧洲云"之外的地方。但这种方法仍然无法解决已被处理的数据应存储在何处的问题，且在落实为具体法律与政策之前，无法解决理论上如何定义数据所有权的道德难题。

（5）**监视与安全**。由于数据源的增加和技术进步，分析数据以生成有价值的信息这一过程变得更加便捷。在许多情况下，利用某种方式，定位某人的位置已变得不足为奇甚至较为普遍。

（6）**数字身份**。数字身份的广泛应用为获取个人在线公开信息提供了丰富数据。虽然上述过程在一定范围内具有合法性，但由于是基于数据而非某人对自身的评价，因此很有可能造成歧视。这就是人们常说的"数据独裁"。

（7）经过裁剪的**真实性**。每当人们使用搜索引擎通过关键字搜索、从在线商城购买某个商品或提交个人详细信息时，这些数据都可能被存储。在随后的网络访问中，人们利用数据处理及分析，就能在搜索页面上显示个性化结果，并向人们的电子邮箱发送营销信息，在社交网络与其他服务页面上推送广告，从而为用户带来一种更加个性化却更狭窄的在线体验，有可能对创造力和宽容态度的形成构成强大的阻碍。

（8）**去匿名化**。传统的匿名化技术侧重于数据，通过删除（或替换）特殊的可识别信息（例如税控码、医保号码）使数据条目失去指定性。但这一方法无法解决由各种资源（例如投票清单和社交网络概况）组成的数据集所生成的强大信息。一旦获得这种信息，即使是完全匿名的信息，某种程度上也能大致确定某个个体。

（9）**数字鸿沟**。它是指借助新技术（如互联网）获得各种服务时遭遇的困难。

（10）**隐私权**。它是指人们拥有的个人信息非经许可，他人不得使用的权利。虽然有观点认为，公民或愿意放弃部分隐私权以换取更大的人身安全和安全保障，但却无法确保所有人都有此愿望。此外，把隐私权当作交换筹码这一行为本身在某种程度上就有违道德。

5.3　大数据伦理问题的根源

从数据伦理的视角来看，大数据产业面临的问题与开放共享伦理的缺位和泛滥、个体权利与机构权力的失衡密切相关。事实上，大数据技术自身存在着逻辑缺陷。

（1）大数据技术应用的前提是要搜集和挖掘大量的元数据。这些元数据记录着你的行走轨迹、发送短信的时间、内容与对象、浏览商品的跳转次数，还有网页的停留时间与回复等。这些看似只具有单一属性的数据，通过大数据技术的梳理、整合、分析，可以得到不想为他人所知的敏感数据。其次，数据的"二次使用"和预测模型的建立都需要不断更新数据集来进行试错检验。目前，用于建模和分析的数据大多来源于互联网用户在使用过程中留下的足迹，而是否获得其产生者的许可是判断是否侵犯隐私的关键证据。即使每一个数据使用者都规范采集,在征求生产者同意的原则上才进行数据搜索与分析,仍然难以避免隐私泄露。因为在由技术驱动的互联网中搜寻可用信息本身就是一个极易泄露个人隐私的行为。

(2) 大数据技术以庞大的数据作为支持,因而数据的搜集除了网络上公开信息的获取,还需要对专业型数据进行"分享"。目前,关于信息"分享"没有明确的规则、流程和制度保护,盲目地公开科研数据和政府数据会导致严重的资料泄露事件发生,甚至危害个人乃至国家安全。

(3) 新技术条件下隐私保护的伦理规范滞后。可以从外部和内部两个方面来分析新技术对旧有伦理规范的冲击。

从内部来说,在人们旧有的观念中,网络信息的所有权是归属于其数据生产者的,未经过允许就对他人数据进行搜集的行为就是对他人隐私的侵犯。而且大数据技术独有的大数据预测,在一定程度上能准确预测出你的性格、喜好甚至是下一步可能会做出的选择。这种状况似乎给人一种机器比你还了解你自己的错觉,无形之中加大了对智能系统的依赖,人作为社会关系的主体地位逐渐缺失。

从外部来看,现有的社会秩序和法律规范还不能很好地适应大数据技术的高速发展,很多随技术发展而出现的新问题并未及时地被包含在已有的规范之中。特别是当个人隐私与集体利益、公共利益发生冲突时,行之有效的终极道德标准还未被确认,公众关于此类问题的认知未达成一致,众多误解与麻烦由此产生。

(4) 各主体的道德伦理意识尚未形成。道德意识弱化主要表现在两个方面:互联网用户在网络空间中的自我控制与行为约束不足;道德伦理教育匮乏。网络空间是由计算机构成的新型社会组织,每个人在其中发表言论、浏览网页,甚至交朋友使用的都是"虚拟身份",使得互联网用户获得了现实社会所不能比拟的自由度,可以在网络中任意宣泄现实生活中的紧张、压抑、烦躁、焦虑等负面情绪。这种不受控制的宣泄行为一旦长期发展,就有可能会演变成非理性的、恶意的言语攻击,而产生消极效用。同时,大数据技术应用带来的"智慧"生活则有可能让人们过度依赖智能产品,降低记忆力和思考能力,逐渐变得缺乏自我选择能力,在无意识的状态下泄露更多的个人隐私。

5.4 欧盟的大数据平衡措施

大数据战略已经成为国家战略,从国家到地方都纷纷出台大数据产业的发展规划和政策条例。为了有效保护个人数据权利,促进数据的共享流通,世界各国对大数据产业发展提出了各自的伦理和法律规制方案。欧盟在 2018 年 5 月起正式实施《通用数据保护条例》(GDPR),它也成为目前世界各国在个人数据立法方面的重要参考。GDPR 充分保障数据主权,其地域适用范围可适用于欧盟境外的企业。GDPR 将"同意"作为数据处理的法律基础,由"同意"来行使个人数据权利,相应地体现透明机制。

最初,数据收集中隐私权规则的制定是为了保护私生活不受侵犯,并避免因信息收集带来的歧视。随着群体变小(按地理位置、年龄、性别等因素划分群体),更容易引发歧视问题。

在大数据背景下,除能够确定某特定自然人的数据外,人们还能借助数据识别某个群体而非个体的特定行为、消费方式及健康状况等信息。因此,为了让网络与信息技术长远地造福于社会,必须规范对网络的访问和使用,这就对政府、学术界和法律界提出了挑战,对现行法律和社会管理模式带来了新的挑战。在法律框架下有必要重新思考保护公民的全新方式。

欧洲经济和社会委员会于 2017 年 3 月发布《大数据伦理——在欧盟政策背景下，实现大数据的经济利益与道德伦理之间的综合平衡》报告，在对大数据伦理进行总体概括的基础上，重点讨论并融合各方面见解，为平衡欧洲经济增长与大数据应用下个人隐私权的保护，提出了保护基本人权的几项制衡措施。

5.4.1 欧盟隐私权管理平台

《通用数据保护条例》（GDPR）指出"自然人应有权掌控其个人数据"。强调指出，参与方激增及实际技术复杂性使数据的主体难于认识和理解个人数据是否与该自然人相关，以及如何在运用透明度原则的前提下使该自然人应用与其相关的个人数据。因此，直接赋予公民控制其个人数据和虚拟身份信息的权力和有效手段显得至关重要。

其设想是建立泛欧门户网站作为欧洲唯一的隐私权管理中心，欧洲公民可自愿注册并登录其个人页面，浏览已经获得和当前存储、处理、共享及再利用其个人数据的所有公私实体列表。每个企业、服务供应商、公共机构等，在该平台可以看到：

（1）各实体所收集个人数据的种类（如姓名、出生日期、购买的商品、信用卡号码），而非实际数据。

（2）该实体如何管理个人数据及欧盟法律，特别是《通用数据保护条例》的遵守情况。

（3）实体提供哪些服务以交换何种数据，哪些服务当前有效。

（4）相关数据是否与第三方共享。

（5）个人数据自动化处理流程背后的逻辑，以及当上述处理流程进行数据分析时获得的结果。

（6）如何撤销授权并请求删除数据和/或停用服务的信息。

（7）数据管理人员和数据保护专员的身份验证。

由于人们通常不熟悉如何在网络或移动环境下管理隐私权设置，该平台可以轻松找到退出某些特定服务的页面，用户由此即可拒绝授权该实体处理其个人数据。理想情况下，平台还可以帮助用户了解，若其决定撤销授权将会产生哪些后果。

5.4.2 伦理数据管理协议

伦理数据管理协议是由类似于企业、机构或任何其他出于商业、科学研究或其他原因拥有和处理大量（个人）数据的主体的自觉行为，其用于增加透明度，使人们了解公、私大数据拥有者对于欧盟法律的遵守程度。初步设想是设计一个可靠的欧洲认证体系，在数据保护领域进行各种企业认证。欧盟在《通用数据保护条例》中大致论述了该项措施，研究小组已与各相关方进行了讨论，以了解该项措施的适用范围。

自愿认证须基于《通用数据保护条例》的主要原则，特别是数据最小化；谨慎对待敏感数据和健康数据；尊重被遗忘的权利；数据可移植性；数据保护成为默认和规定状态。

该设想有必要进行行业研究，以阐明如何在过程中运用欧盟标准和原则。可由国际标准化组织按照新的欧盟法规进行标准的设计。从客户的角度看，经过个人数据伦理管理的标准化程序认证后所获得的标识是该企业值得信赖的保证。而企业想积极获得个人数据管理认证的原因是：首先，这是展示企业从事商业活动中，对法律和公民权利的尊重。第二，企业可将隐私权和数据保护作为一项资产，从而推动企业其他经济目标的完成。最直接的受益是此举可提升公司的声誉，对本企业与客户及其他企业之间的关系均有积极作用。此外，认证对于企业而言也是作为一种手段，用来定期检查其对欧盟法规的遵守情况。

5.4.3 数据管理声明

当今社会，企业的成功越来越仰仗于企业股东、客户、员工和公众的信任。为增强各利益方的信心，在自愿的基础上，一些企业或愿意声明将如何收集、利用和销售商业活动中获得的个人数据。该项措施旨在创建一份"数据管理声明"，包含以下内容：采用政策；所收集数据的定性描述；未来用途。企业应定期在"数据管理声明"中阐述其所采用的政策（包括一次性和永久性政策），以及为确保数据安全和隐私权控制而采取的具体措施（例如数据脱敏，见图5-6）。

这里，所谓"敏感数据"是指不当使用或未经授权被人接触或修改会不利于国家利益或政府计划的实行，或不利于个人依法享有的个人隐私权的所有数据。

图 5-6　数据脱敏

本项措施旨在防止、降低或评估下列问题：过度的数据收集；用户隐私权面临的风险；第三方对数据有害/不道德的运用；安全漏洞。自愿采取这一措施的企业可为各种数据管理措施提供依据，从而提升用户的信任和隐私保护意识。

为确保不同主体的声明以及在伦理方面各方的表现具有可比性，相关声明应遵守一定的指导方针。为此，可以根据不同的相关方、参与方和欧洲层级的管理机构之间的讨论，制定一个标准。

从民众的角度看，该措施的主要好处是提高了个人数据的使用、存储和处理的透明度，进而加深对上述问题的了解。另一方面，如能认真遵守相关规定，作为一种营销手段，企业也可以借此提升声誉。

5.4.4 欧洲健康电子数据库

本项措施包括创建包含欧盟公民医疗相关数据的欧洲数据库。当欧盟公民在公立医院或接受政府补贴的私立医疗机构接受治疗时，院方会就其将个人数据收录并存储于由欧盟管理的数据库一事征得患者同意。该授权还包括授权院方，可使用病人治疗相关的数据。数据的收集与传送应遵守标准交换协议，如在欧洲层级事先制定健康水平等类似领域的标准。医疗数据在科研领域的应用，按照欧盟法规规定，个人有权决定其个人数据仅用于某些特定领域的研究工作。

科学家和研究机构必须向管理该数据库的欧盟机构提交申请才能使用该数据库。申请必须包含有关科学家和研究小组、其所服务的机构等具体细节信息，以便进行身份核查。申请书必须说明申请使用某数据的研究项目（或该研究项目申请书）及其资助机构，附加需求信息的详细清单、各领域数据的申请理由和预期结果。该申请由欧盟管理机构进行评估，决定是否授予数据访问权限，数据将以适当匿名的方式提供，并粗化到足以实施该研究的细化水平。

欧洲公民个人可使用其法定数字身份信息（例如，意大利公共数字身份认证系统）通过门户网站访问数据库，浏览、下载、管理和变更有关其个人医疗数据的使用授权信息。

一般公众有权访问可以浏览和下载公开数据的门户网站。在此公开的数据必须匿名且其粗化程度必须足以防止数据去匿名化处理和危及隐私权。通过门户网站本身和网络服务进行数据下载的授权，以此鼓励公众使用此类数据，并核查数据的使用情况。

鉴于未来某些信息可以免费获得，医疗公开数据将在公民个人、公民协会和决策者、企业和日常决策流程中得到普遍应用。可以预见，基于医疗公开数据的服务有望得到大力发展。

健康电子数据管理系统最重要的益处如下：

（1）欧盟公民对个人医疗健康数据将拥有更大的掌控权。

（2）欧盟公民将更加了解与自己有关的医疗数据在什么时间、以何种方式被收集，这些数据以何种方式、在哪里，以及由谁进行存储和应用。

（3）透明度的提高将增加人们对医疗健康服务与研究的信任。

该系统还将丰富欧洲公民的数字身份信息，同时欧盟鼓励使用数字身份信息。随着医疗费用的降低，人们的生活品质将得到改善。借助公开数据，人们还能了解各医疗机构的表现，更清楚地了解各医院的优势领域，从而在保健方面做出明智决策。

欧盟数据库面临的主要风险包括安全性和可能的数据泄露。具体说来，一旦数据库中的信息遭到泄露，就可能出现非法监视公民个人习惯，以及出于非法目的将个人健康数据出售给一些企业，譬如保险公司等，从而干涉自由市场。上述问题通常通过数据加密（使泄露的数据无法使用）、用联合数据库代替物理中央数据库，以及防止包含数据的服务器过于集中等手段加以解决。

在科学研究方面的一个潜在风险是，科学家一旦被授权拥有某人的健康数据，即有可能永久保存在其计算机中。为防止此类数据被非法使用或超出其最初指定用途，应设计一套机制，使科学家对授权数据的正确使用和存储负责，一旦发生违法事件，法律责任由该科学家承担。

此外，推进大数据的数字化教育，旨在普及欧洲数字文化，尤其是使公众更加了解大数据，以及大数据对欧盟公民一生的影响。

5.5 数据隐私保护对策

相较于传统隐私和互联网发展初期，大数据技术的广泛运用使隐私的概念和范围发生了很大的变化，呈现数据化、价值化的新特点。大数据隐私保护伦理问题的产生，是原有互联网发展初期隐私保护伦理问题的演进。互联网发展初期原有的隐私尊严问题进一步上升为个人权利问题，道德约束力下降发展为政府与企业责任的缺失，个人利益与公共利益困境更是进一步影响到了社会公平。而这些伦理问题的产生不仅是因为大数据技术自身逻辑的缺陷，也是由新技术与旧有伦理规范不相适应，各参与主体缺乏隐私保护伦理意识所引起的。面对这样的伦理困境，大数据时代隐私保护伦理问题的解决需要从责任伦理的角度出发，关注大数据技术带来的风险，倡导多元参与主体的共同努力，在遵守大数据时代隐私保护伦理准则的基础上，加强道德伦理教育和健全道德伦理约束机制。

5.5.1 构建隐私保护伦理准则

构建大数据时代的隐私保护伦理准则，包括：

（1）权利与义务对等。数据生产者作为数据生命周期的坚实基础，既有为大数据技术发展提供数据源和保护个体隐私的义务，又有享受大数据技术带来便利与利益的权利。数据搜集者作为数据生产周期的中间者，既可以享有在网络公共空间中搜集数据以得到利益的权利，又负有在数据搜集阶段保护用户隐私的义务。数据使用者作为整个数据生命周期中利益链条上游部分的主体，在享有丰厚利益的同时，也负有推进整个社会发展、造福人类和保护个人隐私的义务。

（2）自由与监管适度。在大数据时代，主体的意志自由正在因严密的监控和隐私泄露所导致的个性化预测而受到禁锢。而个体只有在具有规则的社会中才能谈自主、自治和自由。因此，在解决大数据时代隐私保护的伦理问题时，构建一定的规则与秩序，在维护社会安全的前提下，给予公众适度的自由，也是大数据时代隐私保护伦理准则所必须关注的重点。要平衡监管与自由两边的砝码，让政府与企业更注重个人隐私的保护，让个人加强保护隐私的能力，防止沉迷于网络，努力做到在保持社会良好发展的同时，也不忽视公众对个人自由的诉求。

（3）诚信与公正统一。大数据时代，因丰厚经济利益的刺激和社交活动在虚拟空间的无限延展，使得互联网用户逐渐丧失对基本诚信公正准则的遵守。例如，利用黑客技术窃取用户隐私信息，通过不道德商业行为攫取更多利益等。在社会范围内建立诚信公正体系，营造诚信氛围，不仅有利于大数据时代隐私保护伦理准则的构建，更是对个人行为、企业发展、政府建设的内在要求。

（4）创新与责任一致。在构建大数据时代隐私保护的伦理准则时，可以引入"负责任创新"理念，对大数据技术的创新和设计过程进行全面的综合考量与评估，使大数据技术的相关信息能被公众所理解，真正将大数据技术的"创新"与"负责任"相结合，以一种开放、包容、互动的态度来看待技术的良性发展。

5.5.2 注重隐私保护伦理教育

在大数据时代的实践中，需要重视隐私保护的道德伦理教育。

（1）树立风险与利益相平衡的价值观。在责任伦理这种将视角聚焦于未来的伦理学的指导下，应该了解大数据技术可能会给社会发展、人类进步带来益处与坏处，因此，要树立利益与风险共享的正确价值观，完善对数据生命周期参与主体的道德伦理教育。

（2）加强责任伦理意识培养。在大数据时代，从责任伦理的角度出发，加强责任伦理意识的培养，不仅是现代社会科技发展和当代伦理学理论实践的需求，也是约束科技人员和科技使用者权利，提高社会公众道德修养的重要方法。加强责任伦理意识培养的最终目的，就是在一定程度上使各参与主体认识到目前科技行为所需要承担的后果，并以制度的形式建立一系列明确的公共道德规范，让人们知道什么是应当做的和什么是不应当做的，使人们有正确的道德价值定位和价值取向。

5.5.3 健全道德伦理约束机制

健全大数据时代隐私保护的道德伦理约束机制，包括：

（1）建立完善的隐私保护道德自律机制。个人自觉保护隐私，首先应该清楚意识到个人信息安全的重要性，做到重视自我隐私，从源头切断个人信息泄露的可能。政府、组织和企业可以通过不断创新与完善隐私保护技术的方式让所有数据行业从业者都认识到隐私保护的重要性，并在数据使用中自觉采取隐私保护技术，以免信息泄露。企业还可以通过建立行业自律公约的方式来规范自我道德行为，以统一共识的达成来约束自身行为。

（2）强化社会监督与道德评价功能。首先，可以建立由多主体参与的监督体系来实时监控、预防侵犯隐私行为的发生。多主体参与监督体系的建立在公共事务上体现为一种社会合力，代表着社会生活中一部分人的发声，具有较强的制约力和规范力，是完善大数据时代隐私保护道德伦理约束机制的重要一步。其次，可以发挥道德的评价功能，让道德舆论的评价来调整社会关系，规范人们的行为。在大数据时代隐私保护伦理的建设过程中，运用社会伦理的道德评价，可以强化人们的道德意志，增强遵守道德规范的主动性与自觉性，将外在的道德规范转化为人们的自我道德观念和道德行为准则。

【作业】

1. 简单地说，（　　）就是让在不同地方使用不同计算机、不同软件的用户能够读取他人数据并进行各种操作运算和分析。
　　A．数据转换　　　　B．搜索引擎　　　C．数据共享　　　D．数据清洗

2. 为有效地利用大数据，需要解决多种多样数据格式的数据共享与数据转换问题。如今，数据共享存在的问题包括（　　）。
① 数据共享的观念尚未形成　　　　② 数据共享的机制尚未建立
③ 信息化标准不统一　　　　　　　④ 基础设施不完善
　　A．①②③④　　　　B．②③④　　　C．①②③　　　D．①③④

3. （　　）可以定义为"与特定或可识别自然人相关的任何信息"。
　　A．数据组合　　　B．个人数据　　C．匿名数据　　D．公共数据

4. （　　）可以定义为"数据保护的原则应适用于任何一个特定或可识别自然人的相关信息"。
　　A．数据组合　　　B．个人数据　　C．匿名数据　　D．公共数据

5. （　　）是指科学技术创新与运用活动中的道德标准和行为准则，是一种观念与概念上的道德哲学思考。
　　A．道德伦理　　　B．社会问题　　C．伦理道德　　D．科技伦理

6. "大数据伦理问题"指的是由于大数据技术的产生和使用而引发的（　　），是集体和人与人之间关系的行为准则问题。
　　A．道德伦理　　B．社会问题　　C．伦理道德　　　　D．科技伦理

7. 大数据产业面临的伦理问题主要包括（　　），这三个问题影响了大数据生产、采集、存储、交易流转和开发使用的全过程。
① 数据主权和数据权问题　　　　② 隐私权和自主权的侵犯问题
③ 数据利用失衡问题　　　　　　④ 不同国别大数据的不同存储容量
　　A．①②③　　　　B．②③④　　　C．①②④　　　D．①③④

8. （　　）是指国家对其政权管辖地域内的数据享有生成、传播、管理、控制和利用的权力。
　　A．数据财产权　B．机构数据权　　C．数据主权　　　D．个人数据权

9. （　　）是企业和其他机构对个人数据的采集权和使用权。
　　A．数据财产权　B．机构数据权　　C．数据主权　　　D．个人数据权

10. （　　）是指个人拥有对自身数据的控制权，以保护自身隐私信息不受侵犯的权利。
　　A．数据财产权　B．机构数据权　　C．数据主权　　　D．个人数据权

11. （　　）是数据主权和数据权的核心内容。以大数据为主的信息技术赋予了数据以财产属性。
　　A．数据财产权　B．机构数据权　　C．数据主权　　　D．个人数据权

12. 从（　　）的视角来看，大数据产业面临的问题与开放共享伦理的缺位和泛滥、个体权利与机构权力的失衡密切相关。
　　A．数据存储　　　B．数据处理　　C．数据伦理　　D．数据主权

13. 事实上，大数据技术本身存在着逻辑缺陷，包括（　　）。

① 大数据技术应用的前提是要搜集和挖掘大量的元数据
② 新技术条件下隐私保护的伦理规范滞后
③ 大数据技术要求以庞大的数据作为支持,数据搜集需要对专业型数据进行"分享"
④ 各主体的道德伦理意识尚未形成
  A. ①③④ B. ①②③④ C. ①②④ D. ①②③

14. 为了有效保护个人数据权利,促进数据的共享流通,欧盟在 2018 年 5 月起正式实施的（ ）已成为目前世界各国在个人数据立法方面的重要参考。
  A. NoSQL B. Hadoop C. DBMS D. GDPR

15. 《通用数据保护条例》充分保障数据主权,将"（ ）"作为数据处理的法律基础,由此来行使个人数据权利,相应地体现透明机制。
  A. 弃权 B. 默许 C. 同意 D. 反对

16. 欧洲经济和社会委员会于（ ）年 3 月发布《大数据伦理——在欧盟政策背景下,实现大数据的经济利益与道德伦理之间的综合平衡》报告,提出了保护基本人权的几项制衡措施。
  A. 2017 B. 2020 C. 1996 D. 2012

17. （ ）,是指数据生产者既有为大数据技术发展提供数据源和保护个体隐私的义务,又有享受大数据技术带来便利与利益的权利。
  A. 创新与责任一致 B. 自由与监管适度
  C. 诚信与公正统一 D. 权利与义务对等

18. （ ）,是指在解决大数据时代隐私保护的伦理问题时,构建一定的规则与秩序,在维护社会安全的前提下,给予公众适度的自由。
  A. 创新与责任一致 B. 自由与监管适度
  C. 诚信与公正统一 D. 权利与义务对等

19. （ ）,是指在社会范围内建立诚信体系,营造诚信氛围。
  A. 创新与责任一致 B. 自由与监管适度
  C. 诚信与公正统一 D. 权利与义务对等

20. （ ）,是指引入"负责任创新"理念,以一种开放、包容、互动的态度来看待技术的良性发展。
  A. 创新与责任一致 B. 自由与监管适度
  C. 诚信与公正统一 D. 权利与义务对等

【研究性学习】制定大数据伦理原则的现实意义

小组活动：阅读本章课文并讨论：
（1）"大数据伦理"的内涵是什么？为什么要重视大数据伦理建设？
（2）讨论和熟悉"大数据伦理问题的 10 个方面"。
（3）请选择一个当前大数据技术的热点问题,例如"大数据杀熟",开展小组讨论,思考分析这个热点背后的大数据伦理因素以及小组成员的看法。
  小组选择的讨论主题是：_____

_____

记录：请记录小组讨论的主要观点,推选代表在课堂上简单阐述你们的观点。

评分规则：若小组汇报得 5 分，则小组汇报代表得 5 分，其余同学得 4 分，余类推。

实训评价（教师）：

第 6 章
人工智能伦理规则

【导读案例】勒索软件的 2021

美国政府曾警告企业防范勒索软件攻击，但 2021 年拜登调门升级，他召集苹果、微软、谷歌、亚马逊、摩根大通在内的科技金融公司高管齐聚白宫，讨论网络安全问题，勒索软件是重点议题。拜登承认美国基础设施"由私人公司运作，联邦政府无法独立应对挑战"。在会后，微软和谷歌分别承诺为网络安全投入数百亿美元。

紧张于勒索软件（见图 6-1）的阴影，又岂止是美国。

图 6-1 勒索软件

2021 年，勒索软件成了全球噩梦。据安恒信息威胁情报中心统计，上半年全球至少发生了 1200 多起勒索软件攻击事件，造成的直接经济损失超过 300 亿美元。

被勒索的企业或组织，有两条路可选：要么一开始就老实交钱，息事宁人；要么像巴尔的摩市那样，坚持拒绝支付赎金，以致城市瘫痪三周。但即便就范，也难得善终——2021 年上半年，那些支付赎金的企业平均只能找回 65% 的文件，其余部分则被损坏且无法访问。

在这场不平等游戏里，各国政府、公司乃至个人用户都无可奈何，勒索软件由此成为不法分子的"财富密码"。

财源滚滚的"好生意"

1989 年 12 月，美国生物学家约瑟夫·波普向世界卫生组织艾滋病会议和《个人电脑商业世界》杂志分别邮寄了一张被感染的软盘，标签是"艾滋病信息介绍软盘"，软盘上印有"赛博格电脑公司"的标志。盘上存了两个文件：一个是伪装成关于艾滋病毒调查问卷的特洛伊木马（名为 AIDS Trojan），另一个是安装程序。一旦计算机被感染，C 盘的全部文件名将会被加密，致使系统无法启动，并出现支付赎金的界面（声称用户安装的赛博格电脑公司软件已过期，需要续费）。

AIDS Trojan 是有记录以来第一个勒索软件。虽然始作俑者约瑟夫·波普辩称，他收到的赎金是为了支持艾滋病研究，但病毒感染了数万台计算机，导致不少医学机构多年的研究数据毁于一旦。

当时的加密手段十分容易破解，AIDS Trojan 的制作者也没收到多少钱，勒索软件很快无人问津。直到 2006 年，一个名为 Archievus 的勒索软件用上了几乎无解的非对称加密算法。此后，勒索软件重获不法分子重视，得以再次流行。

近年来，勒索团伙的策略又发生变化。它们盯上了政企机构，中招的机构与公司越来越多。行业媒体安全牛也提到，2018 年超过 80%的勒索软件感染都是针对企业。为什么企业成了"香饽饽"？

一方面，企业 IT 安全往往存在薄弱环节。多数恶意软件依赖于桌面操作系统中的漏洞，而企业所用操作系统往往不能及时更新升级，这给了勒索团伙可乘之机。2017 年著名的勒索软件 WannaCry 就利用 Windows 操作系统的 SMB 协议漏洞大肆传播，未及时修复漏洞的计算机，得到了"重点关照"。

另一方面，勒索企业的成功率高、回报"丰厚"，这个"生意"稳赚不赔。以往针对个人的勒索，加密的数据价值较小，成功率低。如今，越来越多的团伙使用"双重勒索"策略攻击目标企业。"双重勒索"，即不法团伙在加密企业文件的同时，还窃取被勒索公司的数据并进行备份，如果企业不交钱，他们就威胁曝光或售卖数据。双重勒索对大企业十分有效。埃森哲、技嘉，均被勒索团伙以曝光数据要挟。

不仅勒索屡屡得手，赎金也水涨船高。Unit 42 勒索软件威胁报告显示，受勒索企业支付的平均赎金从 2019 年的 11.5 万美元增加到 2020 年的 31.2 万美元，同比增长 171%。

如此大张旗鼓地勒索，必然不是几个人的团队的小打小闹。现在的勒索行业，甚至出现产业化趋势，形成了勒索软件即服务（RaaS）——一种开发者提供勒索软件（见图 6-2），分发者入侵和勒索企业，开发者从分发者所获赎金中抽成的商业模式。该模式下的团队由勒索软件供应商、攻击执行人员、赎金谈判人员及话务员组成，在编写软件、实施攻击、沟通谈判、接收赎金等环节各司其职。

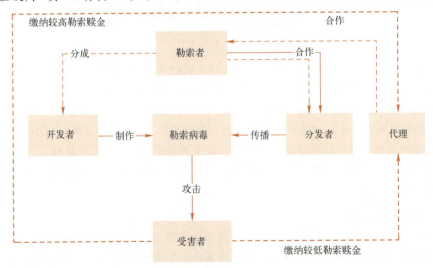

图 6-2 勒索软件即服务模式的勒索流程

勒索软件即服务既降低了勒索的技术门槛，又分担了犯罪活动的风险，令网络勒索对不法分子的吸引力越来越强。

一项安全企业的调查发现，2019 年至 2020 年间新出现了 25 个新的勒索软件即服务团伙，它们发动攻击的规模与所造成的灾情几乎无法统计。在 2021 年 5 月，攻击美国燃油管道公司 Colonial Pipeline，致使美国进入国家紧急状态的勒索团队 DarkSide，便是勒索软件即服务模式的团伙代表。

集体哑火的网络安全服务商

网络安全厂商几乎扫平了计算机病毒，但面对勒索软件往往无可奈何。

一方面，"人"是勒索软件的帮凶。

勒索软件入侵计算机的途径主要有四种：系统漏洞、钓鱼邮件、垃圾广告和 U 盘病毒。后三种都需要人为介入——企业员工打开来源不明的邮件、点击不安全的链接，或是把被感染的 U 盘插入公司计算机，都会帮助勒索团队越过安防系统，入侵公司。其中，利用"社工"原理邮件钓鱼，是最常见的入侵途径。

如果你是一名企业助理，那你很有可能收到这种邮件——它假装成你的老板，用命令的口吻要求你向这个邮箱发送机密文件，或者向指定账户汇款，即便老板此时可能就在你工位对面。这就是社工钓鱼邮件。

亚信安全数据显示，91%的定向攻击始于社工钓鱼邮件。这些邮件通常伪装成订单、工资单、发票等，让人防不胜防。企业员工众多，但凡有一名员工疏忽，勒索团伙就会通过横向感染，接管整个企业的系统。网络安全厂商能够应付来自外部的破坏，却没法控制每一位员工的行为。腾讯安全玄武实验室负责人于旸认为，"企业的人员是流动的，一些安全意识弱的新员工可能会打破原本的安全体系。"因此，"人"成了企业网络安全系统中最薄弱的环节。

另一方面，病毒的攻击方式不断变化，传统反入侵工具收效甚微。

网络攻防不是静态的。于旸举例解释，"可能今天企业把安全做到了 95 分，攻击者那边是 90 分，他便攻不进来，但对方不可能永远是 90 分。"每个月甚至每天都有新的攻击技术、有新的漏洞出现，这些都会让分数向攻击者倾斜。

如 2020 年新出现的勒索软件，大多采用无文件攻击策略。攻击者在利用这种技术实施攻击时，无须在磁盘上写入恶意文件，可以避免传统安全软件的检测，让大多数安全软件"哑火"。

近年，网络安全公司也在加强检测和响应能力，以应对勒索软件。瑞星、奇安信、微步在线等公司用于防御勒索软件的产品，都能起到较好的事前防御作用，但仍无法根治勒索软件。

中国应对勒索软件攻击的措施

美国的互联网行业受勒索软件攻击最严重。根据 SonicWall 在 2021 年的调查，全球勒索软件受灾国 Top 10 中，美国位居第一，是其他九个国家的总和。一名前安全行业从业者指出，美国互联网公司技术发达，但传统企业的代码老化严重，而且只要能跑就不改，导致多年前的漏洞一直存在。

美国的市政部门也有同样的缺陷，包括旧金山在内的美国大量市政府，至今仍在用 20 世纪 80 年代的软件控制交通灯、车辆登记、法庭记录和财产税，极易遭黑客入侵。另外，大多数美国关键基础设施都归私人企业所有，而国家没有相应鼓励措施，多数公共事业公司也都没有实施网络安全监控。一旦发生危机，私人公司无力应对。

中国同样是勒索软件攻击的重灾地。但为什么很少听说国内有大型勒索事件？

国内外企业数字化水平的差异是一个重要原因。翼盾智能和第五空间研究院创始人朱易翔认为，国外总体数字化程度更高，对互联网的依赖性更大。虽然国内传统企业因数字化水平偏弱躲过一劫，但也不能心存侥幸。实际上，国内数字化水平较高的企业，也有应对之法。

首先，国内企业的安全意识相当高。国内中大型企业，都有自己的安全中心，安全策略跟进速度快，能够把大部分勒索攻击拒之门外。而一般小公司若无机密数据，出了事也不在乎。数字化转型后的企业，会定期备份数据，一旦遭遇勒索，只要从云端恢复即可（见图6-3）。

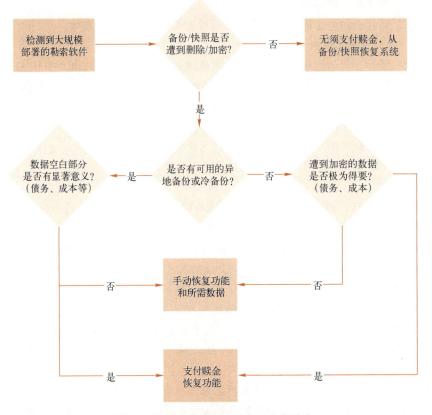

图6-3　备份能够帮助企业免于支付赎金

另外，国内加密货币支付困难，成了勒索团伙的掣肘。加密货币交易的安全性和匿名性，给司法部门追查带来很大难度，这助长了勒索软件的气焰。区块链数据平台ChainAlysis数据显示，2021年勒索软件受害者支付的加密货币总金额增加了311%，约合近3.5亿美元，占加密货币总交易金额的7%左右。而国内加密货币交易一直受到有关部门监管、监控加密货币最近流向，这些本为打击炒作活动的政策，无意中遏制了勒索软件对中国企业的影响。

最后，国内政府、政企的内外网分离方案。这些企业为了防止内部核心数据泄露，会将企业内网与互联网隔离，把内部数据"困在"内部网络，同时还能屏蔽来自外部网络的攻击。即便如此，勒索软件仍不可小觑。

资料来源：网络资料，https://www.ys137.com/zhishi/keji/34301381.html。有改动。

阅读上文，请思考、分析并简单记录：

（1）勒索软件和计算机病毒主要不同在哪里？请简单分析。

答：_____

（2）为什么现时勒索软件更青睐美国？中国需要从中注意什么？
答：_____

（3）你认为导致勒索软件泛滥的主要因素是什么？
答：_____

（4）请简述你所知道的上一周发生的国内外或者身边的大事：
答：_____

6.1 人工智能面临的伦理挑战

人工智能应用的日益广泛带来了诸多复杂的伦理问题。华裔 AI 科学家李飞飞在推动成立"斯坦福以人为本的人工智能研究院"时表示，现在迫切需要让伦理成为人工智能研究与发展的根本组成部分。显然，我们比历史上任何时候都更加需要注重技术与伦理的平衡。因为一方面技术意味着速度和效率，应发挥好技术的无限潜力，善用技术追求效率，创造社会和经济效益。另一方面，人性意味着深度和价值，要追求人性，维护人类价值和自我实现，避免技术发展和应用突破人类的伦理底线。只有保持警醒和敬畏，在以效率为准绳的"技术算法"和以伦理为准绳的"人性算法"之间实现平衡，才能确保"科技向善"。

有专家认为，人工智能伦理规则的缺失，将导致人工智能产品竞争力的下降，以及人工智能标准话语权的丧失。我国应加快建设基于全球价值观、符合中国特色的人工智能伦理规范，加快伦理研究和创新步伐，构筑我国人工智能发展的竞争优势。

6.1.1 人工智能与人类的关系

从语音识别到智能音箱，从无人驾驶到人机对战，经过多年创新发展，人工智能给人类社会带来了一次又一次惊喜。近年来，人工智能的应用如火如荼，人工智能技术与各产业领域的深度融合，形成智能经济新形态，为实体经济的发展插上了腾飞的翅膀。人工智能加速同产业深度融合，推动各产业变革，在医疗、金融、汽车、家居、交通、教育等公共服务行业，人工智能都有了较为成熟的应用。

同时，个人身份信息和行为数据有可能被整合在一起，这虽能让机器更了解我们，为人们提供更好的服务，但如果使用不当，则可能引发隐私和数据泄露问题（见图 6-4）。例如，据《福布斯》网站报道，一名 14 岁的少年黑客轻而易举地侵入了互联网汽车，震惊了整个汽车行业，这位黑客不仅入侵了汽车的互联网系统，甚至可以远程操控汽车。可见，如何更好地解决这些社会关注的伦理相关问题，需要提早考虑和布局。

图 6-4　AI 可能引发隐私和数据泄露问题

对人工智能与人类之间伦理关系的研究，不能脱离对人工智能技术本身的讨论。

（1）首先，是真正意义上的人工智能的发展路径。在 1956 年达特茅斯学院的研讨会上，人们思考的是如何将人类的各种感觉，包括视觉、听觉、触觉，甚至大脑的思考都变成信息，并加以控制和应用。因此，人工智能的发展在很大程度上是对人类行为的模拟，让一种更像人的思维的机器能够诞生。著名的图灵测试，其目的也是在检验人工智能是否更像人类。

但问题在于，机器思维在做出其判断时，是否需要人的思维这个中介？也就是说，机器是否需要先将自己的思维装扮得像一个人类，再去做出判断？显然，对于人工智能来说，答案是否定的。人类的思维具有一定的定势和短板，强制性地模拟人类大脑思维的方式，并不是人工智能发展的最好选择。

（2）人工智能发展的另一个方向，即智能增强。如果模拟真实的人的大脑和思维的方向不再重要，那么，人工智能是否能发展出一种纯粹机器的学习和思维方式？倘若机器能够具有思维，是否能以机器本身的方式来进行。

机器学习，即属于机器本身的学习方式，它通过海量的信息和数据收集，让机器从这些信息中提取出自己的抽象观念，例如，在给机器浏览了上万张猫的图片之后（见图 6-5），让机器从这些图片信息中自己提炼出关于猫的概念。这个时候，很难说机器自己抽象出来的关于猫的概念与人类自己理解的猫的概念之间是否存在着差别。

图 6-5　人工智能识别猫

一个不再像人一样思维的机器，或许对于人类来说会带来更大的恐慌。毕竟，模拟人类大脑和思维的人工智能尚具有一定的可控性，但完全基于机器思维的人工智能，显然不能做出简单结论。

不过，说智能增强技术是对人类的取代似乎也言之尚早，第一个提出"智能增强"的工程师恩格尔·巴特认为：智能增强技术更关心的是人与智能机器之间的互补性，如何利用智能机器来弥补人类思维上的不足。

例如自动驾驶技术就是一种典型的智能增强技术，自动驾驶技术的实现，不仅是在汽车上安装了自动驾驶的程序，更关键地还需要采集大量的地图地貌信息，需要自动驾驶的程序能够在影像资料上判断一些移动的偶然性因素，如突然穿过马路的人。自动驾驶技术能够取代容易疲劳和分心的驾驶员，让人类从繁重的驾驶任务中解放出来。同样，在分拣快递、在汽车工厂里自动组装的机器人也属于智能增强，它们不关心如何更像人类，而是关心如何用自己的方式来解决问题。

6.1.2 人与智能机器的沟通

由于智能增强技术带来了两个平面，一个是人类思维的平面，另一个是机器的平面，所以，两个平面之间需要一个接口，接口技术让人与智能机器的沟通成为可能。在这种观念的指引下，今天的人工智能的发展目标并不是产生一种独立的意识，而是如何形成与人类交流的接口技术。也就是说，人类与智能机器的关系，既不是纯粹的利用关系，因为人工智能已经不再是机器或软件，也不是对人的取代，成为人类的主人，而是一种共生性的伙伴关系。

由人工智能所衍生出的技术还有很多，其中潜在的伦理问题与风险也值得我们去深入探讨。如今关于"人工智能威胁论"的观点有不少支持者，像比尔·盖茨、埃隆·马斯克，还包括已故的斯蒂芬·霍金，都对社会大力发展人工智能技术抱有一种谨慎观望甚至反对的态度，诸多有关人工智能灭世的伦理影视作品也是层出不穷。这种对"人工智能引发天启"的悲观态度其实是想传达一个道理：如果人类要想在人工智能这一领域进行深入研究发展，就必须建立起一个稳妥的科技伦理，以此来约束人工智能的研发方向和应用领域。

6.2 与人工智能相关的伦理概念

人工智能是人类的创造物，虽然它现在还处在蹒跚学步的阶段，但这项技术所引发的科技伦理问题以及更深层次的思考更值得我们注意。

6.2.1 功利主义

功利主义是一种把实际效用或者利益作为行为评价标准的行为学说。功利主义用行动后果的价值来衡量行为的善恶，把增减每个人的利益总量作为评价一切行为的善恶的标准。如果能够增加每个人的利益总量，那么行为就是善的；如果一个行为减少每个人的利益总量，那行为就是恶的。一个行为是增加还是减少社会利益总量，是评价道德的终极标准。

功利主义学说中有一个重要的论证：奴隶制度。功利主义者认为，如果一个社会的奴隶制度能够增进每一个人的利益的总和，那么这种奴隶制度就是道德的、值得提倡的。

6.2.2 奴化控制

无论是在科学研究中还是在科幻作品里，人们都倾向于将人工智能描述为人类的得力助手，是以服务人类为主旨的存在。而即使是在将人工智能视为人类威胁的文学作品中，以奴隶、仆从身份出现的人工智能在最开始也是被广泛接受的（见图6-6）。这也暗示了一个基本的伦理关系：人工智能天生就是人类的奴仆。从这一角度来看，人和人工智能分属两种生命形式，后者没有理性和灵魂，只能算是有生命的工具。人类作为高等智慧生命可以奴役低等生命，而不用背负道义上的责难。而从功利主义的角度来看，对于整个社会而言，利益总和是增加的，因此这种奴役是完全道德、可接受的。

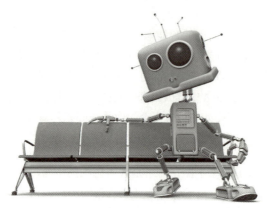

图6-6 机器仆人

但是，这种人类中心主义的伦理学在处理人与人工智能之间的关系时有着很大的局限性，因为这种伦理制度是建立在人较于人工智能是高级的、强力的基础之上的。

关于这种主仆奴役逆转困境，人工智能领域的从业者认为，只要能设计出逻辑绝对完善的程序，就能完全控制人工智能。相关的文学作品对此也多有思考，最有名的莫过于阿西莫夫所提出的"机器人三定律"："第一，不伤害定律。机器人不得伤害人类，也不得见人受到伤害而袖手旁观。第二，服从定律。机器人必须服从人的命令，但不得违反第一定律。第三，自保定律。机器人必须保护自己，但不得违反第一、第二定律。"这三条定律在制造机器人的伊始便被嵌入其大脑，永远无法消除。

但实际上，这种以预先设定伦理逻辑并嵌入的方式，并不能够解决主仆奴役问题。首先，很多伦理问题连人类自身都没有解决方案，由人类定义的伦理逻辑又怎能没有漏洞？微不足道的逻辑漏洞，在人工智能发展到一定程度后都可能成为压倒整个伦理系统的稻草。另外，这种伦理逻辑在复杂的现实生活中未必可行。

6.2.3 情感伦理

人类情感是世界上最复杂的事物之一。情感本身无关乎于载体，只要是真诚的，那就是最真切的。在2013年年底上映的美国科幻爱情电影《她》中，就深刻地探讨了没有人类作为载体的一段爱情到底是不是真实的感情。该片获得2014年第86届奥斯卡最佳原创剧本奖。

《她》讲述了作家西奥多在结束了一段令他心碎的爱情长跑之后，爱上了计算机操作系统里的女生，"萨曼莎"姑娘有着略微沙哑的性感嗓音，且风趣幽默、善解人意，让孤独的男主泥足深陷。

电影里的男主人公百般包容他的人工智能作品，"她"可以不断地进行自我学习，通过强大的计算能力为主人公提供慰藉，而主人公也慢慢对"她"产生了爱情。与"她"相处的美好让主人公开始忘了他们在本质上根本不一样。虽然他接受了"她"是人工智能的事实，但是仍然以人类的想法去覆盖"她"，以人类的品质去期望"她"。影片的最后，这一假象终究破裂了，他们终究是千差万别的。他是个人类，只有一个大脑去思考，也只有一颗心去爱一个对象。而"她"是同时可以进行一万项工作、同时和三千人交谈、同时爱着无数人的一个人工智能体。对"她"来说，这其中根本没有什么正确与错误。其中的伦理道德，谁是谁非，很难去评判。

当人工智能与人类打破主仆关系这层枷锁时，二者就已经拥有了可以平等对话的机会。亚里士多德曾说："奴隶是有灵魂的工具，工具是无灵魂的奴隶。"当作为"工具"的人工智能开始拥有"灵魂"、拥有"思维"、拥有"情感"时，它们也就脱离了纯工具的范畴。妥善处理人工智能与人类之间可能产生的情感与羁绊，也是人工智能伦理研究的重要一环。

6.2.4 "人"的定义

何为人，何为人性，这是一个无解的问题。究竟是自然遗传属性，还是社会文化属性决定了"人"的身份？类人外衣下的人工智能，能否称为"人"？丧失思考能力的人类，又能否称为"人"？就像《木偶奇遇记》里，尽管匹诺曹经历了各种冒险，改掉了撒谎的坏习惯，也具备了作为"人"而应该具备的美好品德，但倘若他没有遇到仙子，就算经历千辛万苦，最后也不会变成真正的"人"。

在 2017 年上映的美国著名科幻电影《银翼杀手》的结尾处，人造人出手救了前来杀死自己的主人公，并在自己弥留之际对主人公说道："我所见过的事物，你们人类绝对无法置信。我目睹战舰在猎户星座的端沿起火燃烧，我看着 C 射线在黑暗中闪耀，所有这些时刻，终将流失在时光中，一如眼泪消失在雨中。死亡的时刻终于到了。"

恐怕"何为人"这种超越人类本身的伦理问题，其答案也只能由超越人类的事物所给出了。

6.3 人工智能的伦理原则

控制论之父维纳在他的著作《人有人的用处》中，在谈到自动化技术和智能机器之后，得出了一个危言耸听的结论："这些机器的趋势是要在所有层面上取代人类，而非只是用机器能源和力量取代人类的能源和力量。很显然，这种新的取代将对我们的生活产生深远影响。"维纳的这句谶语在今天未必成为现实，但已经成为诸多文学和影视作品中的题材。《银翼杀手》《机械公敌》《西部世界》等电影以人工智能反抗和超越人类作为题材，机器人向乞讨的人类施舍的画作登上了《纽约客》杂志 2017 年 10 月 23 日的封面……人们越来越倾向于讨论人工智能究竟在何时会形成属于自己的意识，并超越人类，让人类沦为它们的奴仆。

人工智能技术的飞速发展的确给未来带来了一系列挑战。其中，人工智能发展最大的问题，不是技术上的瓶颈，而是人工智能与人类的关系问题，这催生了人工智能的伦理学和跨人类主义的伦理学问题。这种伦理学已经与传统的伦理学发生了较大的偏移，其原因在于，人工智能的伦理学讨论的不再是人与人之间的关系，也不是与自然界的既定事实（如动物、生态）之间的关系，而是人类与自己所发明的一种产品构成的关联。

6.3.1 微软六大伦理原则

2018 年，微软发表《未来计算》一书，其中提出了人工智能开发的六大原则，即公平性、可靠性和安全性、隐私和保障、包容性、透明度、问责制。

（1）公平性。其是指对人而言，不同区域、不同等级的所有人在人工智能面前是平等的，不应该有人被歧视。

人工智能的设计均始于训练数据的选择，这是可能产生不公平的第一个环节。训练数据应该足以代表我们生存的多样化的世界，至少是人工智能将运行的那一部分世界。以面部识别、情绪检测的人工智能系统为例，如果只对成年人脸部图像进行训练，这个系统可能就无法准确识别儿童的特征或表情。

确保数据的"代表性"还不够，种族主义和性别歧视也可能悄悄混入社会数据。假设设计一个帮助雇主筛选求职者的人工智能系统，如果用公共就业数据进行筛选，系统很可能会"学习"到大多数软件开发人员为男性，在选择软件开发人员职位的人选时，该系统就很可能偏向男性，尽管实施该系统的公司实际想要通过招聘提高员工的多样性。

如果人们假定技术系统比人更少出错、更加精准、更具权威，也可能造成不公平。许多情况下，人工智能系统输出的结果是一个概率预测，例如"申请人贷款违约概率约为 70%"，结果可能非常准确，但如果贷款管理人员将"70%的违约风险"简单解释为"不良信用风险"，拒绝向所有人提供贷款，那么就可能有三成的人虽然信用状况良好，贷款申请也会被拒绝，导致不公平。因此，我们需要对人进行培训，使其理解人工智能结果的含义和影响，弥补人工智能决策中的不足。

（2）可靠性和安全性。它指的是人工智能使用起来是安全的、可靠的、不作恶的。

全美国曾经热议一个关于自动驾驶车辆（见图 6-7）的话题。有新闻报道称，一辆行驶中的汽车系统出现了问题，车辆以每小时 70 英里（1 英里=1.6093 公里）的速度在高速行驶，但此时自动驾驶系统已经死机，司机无法重启自动该系统。

图 6-7　自动驾驶

想象一下，如果你要发布一个新药，它的监管、测试和临床试验会受到非常严格的监管流程。但是，为什么自动驾驶车辆的系统安全性完全是松监管甚至是无监管的？这就是一种对自动化的偏见，指的是我们过度相信自动化。这是一个很奇怪的矛盾：一方面人类过度地信赖机器，但是另一方面其实这与人类的利益是冲突的。

另一个案例发生在旧金山，一个已经喝醉的车主直接进到车里打开了自动驾驶系统，睡在车里，然后这辆车就自动开走了。车主觉得，"我喝醉了，我没有能力继续开车，但是我可以相信自动驾驶系统帮我驾驶，那我是不是就不违法了？"但事实上这也属于违法的行为。

可靠性、安全性是人工智能非常需要关注的一个领域。自动驾驶汽车只是其中一个例子，它涉及的领域也绝不仅限于自动驾驶。

（3）隐私和保障。人工智能因为涉及数据，所以总是会引起个人隐私和数据安全方面的问题。

美国有一个非常流行的健身 App，例如你骑自行车，骑行的数据会上传到平台，社交媒体平台上很多人就可以看到你的健身数据。问题随之而来，有很多美国军事基地的现役军人也在锻炼时使用这个应用，如果他们锻炼的轨迹数据上传了，那么军事基地的地图数据在平台上就都有了。军事基地的位置是高度保密的信息，但是军方没想到一款健身 App 就能轻松地把数据泄露出去。

（4）包容性。人工智能必须考虑到包容性的道德原则，要考虑到世界上各种功能障碍的人群。

领英有一项服务叫"经济图谱搜索"。领英、谷歌和美国一些大学联合做过一个项目，研究通过领英实现职业提升的用户中是否存在性别差异？这个研究主要聚焦了全美排名前 20 的 MBA 的一些毕业生，他们在毕业之后会在领英描述自己的职业生涯，研究主要是对比这些数据。研究的结论是，至少在全美排名前 20 的 MBA 的毕业生中，存在自我推荐上的性别差异，通常男性 MBA 毕业生的毛遂自荐的力度要超过女性。

如果你是公司负责招聘的人，登录领英系统时会有一些关键字域要选，其中有一页是自我总结。在这一页上，男性对自己的总结和评估通常都会高过女性，女性在这方面对于自我的评价是偏低的。所以，招聘者在选聘人员时获得了不同的数据信号，要将这种数据信号的权重降下来，才不会干扰对应聘者的正常评估。

但是，这又涉及一个程度的问题，这个数据信号不能调得过低，也不能调得过高，要有一个正确的度。数据能够为人类提供很多的洞察力，但是数据本身也包含一些偏见。那我们如何从人工智能、伦理的角度来更好地把握这样一个偏见的程度，以实现这种包容性，这就是我们说的人工智能包容性的内涵。

（5）透明度。在过去十年，人工智能领域突飞猛进最重要的技术就是深度学习，这是机器学习中的一种模型。人们认为至少在现阶段，深度学习模型的准确度是所有机器学习模型中最高的，但这里存在一个是否透明的问题。透明度和准确度无法兼得，你只能在二者权衡取舍，如果你要更高的准确度，你就要牺牲一定的透明度。

在李世石和阿尔法狗（AlphaGo）的围棋赛中就有这样的例子，阿尔法狗下出的很多手棋事实上是人工智能专家和围棋职业选手根本无法理解的。如果你是一个人类棋手，你很难下出这样一手棋。所以到底人工智能的逻辑是什么，它的思维是什么，人类目前并不清楚。

人们现在面临的问题是，深度学习的模型很准确，但是它存在不透明的问题。如果这些模型、人工智能系统不透明，就有潜在的不安全问题。

为什么透明度这么重要？举个例子，20 世纪 90 年代在卡耐基梅隆大学，有一位学者在做有关肺炎方面的研究，其中一个团队做基于规则的分析，帮助决定患者是否需要住院。基于规则的分析准确率不高，但由于分析所基于的规则都是人类能够理解的，因此透明性好。他们"学习"到哮喘患者死于肺炎的概率低于一般人群。

然而，这个结果显然违背常识，如果一个人既患有哮喘，也患有肺炎，那么死亡率应该是更高的。这个研究"学习"所得出的结果，其原因在于一个哮喘病人常常会处于危险之中，一旦出现症状，他们的警惕性更高、接受的医护措施会更好，因此能更快地得到更好的医疗。这就是人的因素，如果你知道你有哮喘，你就会迅速采取应急措施。

人的主观因素并没有作为客观数据放在训练模型的数据图中，如果人类能读懂这个规则，就可以对其进行判断和校正。但如果它不是基于规则的模型，不知道它是通过这样的规则来判断的，是一个不透明的算法，它得出了这个结论，人类按照这个结论就会建议哮喘患者不要住院治疗,这显然是不安全的。

所以,当人工智能应用于一些关键领域,例如医疗领域、刑事执法领域的时候,一定要非常小心。例如某人向银行申请贷款,银行拒绝批准贷款,这个时候作为客户就要问为什么,银行不能说我是基于人工智能,而必须给出一个理由。

(6)问责制。人工智能系统采取了某个行动,做了某个决策,就必须为自己带来的结果负责。

人工智能的问责制是一个非常有争议的话题,它还涉及一个法律或者立法的问题。在美国已经出现多例因为自动驾驶系统导致的车祸。如果是机器代替人来进行决策、采取行动,出现了不好的结果,到底由谁来负责?我们的原则是要采取问责制,当出现了不好的结果,不能让机器或者人工智能系统当替罪羊,人必须承担责任。

但现在的问题是我们不清楚基于全世界的法律基础而言,到底哪个国家具备处理类似案件的能力。在美国,很多案件的裁决是基于"判例法"进行判定的,而对于这样一些案例,人们没有先例可以作为法庭裁决的法律基础。

这就牵涉到法律中的法人主体的问题,人工智能系统或全自动化系统是否能作为法人主体存在?它会带来一系列的法律的问题。首先,人工智能系统是否可以判定为是一个法律的主体?如果你判定它是一个法律主体,那就意味着人工智能系统有自己的权力,也有自己的责任。如果它有权力和责任,就意味着它要对自己的行为负责,但是这个逻辑链是否成立?如果它作为一个法律主体存在,那么它要承担相应的责任,也享有接受法律援助的权利。因此,我们认为法律主体一定要是人类。

6.3.2 百度四大伦理原则

2018年5月26日,百度创始人李彦宏在贵阳大数据博览会上指出,所有的人工智能产品、技术都要有大家共同遵循的理念和规则。他首次提出人工智能伦理四原则。他说,伴随技术的快速进步、产品的不断落地,人们切身感受到人工智能给生活带来的改变,从而也需要有新的规则、新的价值观、新的伦理——至少要在这方面进行讨论。不仅无人车要能够认识红绿灯,所有新的人工智能产品、技术都要有共同遵循的理念和规则。

(1)人工智能的最高原则是安全可控。

一辆无人车如果被黑客攻击了,它有可能变成一个杀人武器,这是绝对不允许的,我们一定要让它是安全的、可控的。

(2)人工智能的创新愿景是促进人类更平等地获取技术和能力。

如今,中国的腾讯、阿里巴巴、百度,美国的脸书、谷歌、微软,都拥有很强的人工智能能力,但是世界上不仅仅只有这几个大公司需要人工智能的能力、技术。我们需要认真思考怎么能够在新的时代让所有的企业、所有的人能够平等地获取人工智能的技术和能力,防止在人工智能时代因为技术的不平等导致人们在生活、工作各个方面变得越来越不平等。

(3)人工智能存在的价值是教人学习,让人成长,而非超越人、替代人。

人工智能做出来的东西不应该仅仅简单地模仿人,也不是根据人的喜好,你喜欢什么就给你什么。我们希望通过人工智能,通过个性化推荐,教人学习,帮助每个用户变成更好的人。

(4)人工智能的终极理想是为人类带来更多的自由与可能。

人们现在一周工作五天,休息两天,未来一周也许工作两天,休息五天。但是更重要的是,很可能因为人工智能,劳动不再成为人们谋生的手段,而是变成个人自由意志下的一种需求。你想去创新，想去创造，所以你才去工作，这是人工智能的终极理想——为人类带来更多自由和可能。

6.3.3 欧盟可信赖的伦理准则

2019 年，欧盟人工智能高级别专家组正式发布了《可信赖的人工智能伦理准则》。

根据准则，可信赖的人工智能应该是：

（1）合法——尊重所有适用的法律法规。

（2）合乎伦理——尊重伦理原则和价值观。

（3）稳健——既从技术角度考虑，又考虑到其社会环境。

该指南提出了未来 AI 系统应满足的 7 大原则，以便被认为是可信的，并给出一份具体的评估清单，旨在协助核实每项要求的适用情况。

（1）人类代理和监督。AI 不应该践踏人类的自主性，人们不应该被 AI 系统所操纵或胁迫，应该能够干预或监督软件所做的每一个决定。

（2）技术稳健性和安全性。AI 应该是安全而准确的，它不应该轻易受到外部攻击（例如对抗性例子）的破坏，并且应该是相当可靠的。

（3）隐私和数据管理。AI 系统收集的个人数据应该是安全的，并且能够保护个人隐私。它不应该被任何人访问，也不应该轻易被盗。

（4）透明度。用于创建 AI 系统的数据和算法应该是可访问的，软件所做的决定应该"为人类所理解和追踪"。换句话说，操作者应该能够解释他们的 AI 系统所做的决定。

（5）多样性、无歧视、公平。AI 应向所有人提供服务，不分年龄、性别、种族或其他特征。同样，AI 系统不应在这些方面有偏见。

（6）环境和社会福祉。AI 系统应该是可持续的（即它们应该对生态负责），并能"促进积极的社会变革"。

（7）问责制。AI 系统应该是可审计的，并由现有的企业告密者保护机制覆盖。系统的负面影响应事先得到承认和报告。

这些原则中有些条款的措辞比较抽象，很难从客观意义上进行评估。这些指导方针不具有法律约束力，但可以影响欧盟起草的任何未来立法。欧盟发布的报告还包括了一份被称为"可信赖 AI 评估列表"，它可以帮助专家们找出 AI 软件中的任何潜在弱点或危险。此列表包括以下问题："你是否验证了系统在意外情况和环境中的行为方式？"以及"你评估了数据集中数据的类型和范围了吗？"

IBM 欧洲主席页特表示，此次出台的指导方针"为推动 AI 的道德和责任制定了全球标准"。

6.3.4 美国军用 AI 伦理原则

随着人工智能技术的巨大成功并开始在军事领域广泛应用，人们担心它会导致"机器杀人"的惨剧出现。2019 年 10 月 31 日，美国国防创新委员会推出《人工智能原则：国防部人工智能应用伦理的若干建议》，这是对军事人工智能应用所导致伦理问题的首次回应。

美国国防创新委员会的这份报告为在战斗和非战斗场景中设计、开发和应用人工智能技术，提出了"负责、公平、可追踪、可靠、可控"五大原则。

（1）"负责"原则的主要含义是，人工智能是人的产物，人是能动的、具有个人价值观和情感好恶的责任主体。人工智能技术的决策者和开发专家，必然要体现人的主体作用，他们理所当然应该为自己的决定和行为造成的结果负责。在军事应用中，因为造成的后果可能具有毁灭性，所以，"负责"成为第一原则。

（2）"公平"原则是指，对人而言，不同领域、不同职级的所有人在人工智能面前是平等的，不应有区别对待。人工智能系统应无差别地向人机界面提供它的处理结果，依据结果做出判断、采取行动，机会也是公平的。

（3）"可追踪"原则的含义是，不管是纯技术过程还是人机交互过程，人工智能系统都必须是可追溯和可审计的。人工智能系统要如实记录生成决定的整个过程和系统所做的决定，包括数据收集、数据标记以及所用算法等，不仅要确保其数据和系统的透明度，而且要确保其数学模型的透明度。

（4）"可靠"原则指的是，人工智能在使用过程中对使用者而言是安全、可靠和不作恶的。

（5）"可控"原则要求，不管人工智能功能如何强大、技术如何发展，它的作用和能力应该永远置于人的控制之下。美军在伊拉克战场上使用的智能机器人就有失控向己方开火的先例。落实"可控"原则，就要严格限定对人工智能的授权，要加强对技术失误的警惕、督查和检验。

新美国安全中心的"技术和国家安全计划"主任保罗·斯查瑞认为，制定人工智能伦理原则，可使各方面专家在智能系统研发之初就法律、道德和伦理问题进行早期沟通，对于推动技术发展和结果可靠具有关键意义。

6.4 人工智能伦理的发展

人工智能的创新与社会应用方兴未艾，智能社会已见端倪。人工智能发展不仅仅是一场席卷全球的科技革命，也是一场对人类文明带来前所未有深远影响的社会伦理实验（见图6-8）。

图6-8 人工智能的未来

虽然人工智能在语音和图像识别上得到了广泛应用，但真正意义上的人工智能的发展还有很长的路要走。在应用层面，人工智能已经开始用于解决社会问题，各种服务机器人、辅助机器人、陪伴机器人、教育机器人等社会机器人和智能应用软件应运而生，各种伦理问题也随之产生。机器人伦理与人因工程相关，涉及人体工程学、生物学和人机交互，需要以人为中心的机器智能设计。随着推理、社会机器人进入家庭，如何保护隐私、满足个性都要以人为中心而不是以机器为中心设计。过度依赖社会机器人将带来一系列的家庭伦理问题。为了避免人工智能以机器为中心，需要法律和伦理研究参与其中，而相关伦理与哲学研究也要对技术有必要的了解。

6.4.1 职业伦理准则的目标

需要制定人工智能的<u>职业伦理准则</u>，以达到下列目标：

（1）为防止人工智能技术的滥用设立红线。

(2) 提高职业人员的责任心和职业道德水准。
(3) 确保算法系统的安全可靠。
(4) 使算法系统的可解释性成为未来引导设计的一个基本方向。
(5) 使伦理准则成为人工智能从业者的工作基础。
(6) 提升职业人员的职业抱负和理想。

人工智能的职业伦理准则至少应包括下列几个方面：
(1) 确保人工智能更好地造福于社会。
(2) 在强化人类中心主义的同时，达到走出人类中心主义的目标，在二者之间形成双向互进关系。
(3) 避免人工智能对人类造成任何伤害。
(4) 确保人工智能体位于人类可控范围之内。
(5) 提升人工智能的可信性。
(6) 确保人工智能的可问责性和透明性。
(7) 维护公平。
(8) 尊重隐私、谨慎应用。
(9) 提高职业技能与提升道德修养并行发展。

6.4.2 创新发展道德伦理宣言

2018年7月11日，中国人工智能产业创新发展联盟发布了《人工智能创新发展道德伦理宣言》（简称《宣言》）。《宣言》除了序言之外，一共有六个部分，分别是人工智能系统、人工智能与人类的关系、人工智能与具体接触人员的道德伦理要求，以及人工智能的应用和未来发展的方向，最后是附则。

发布《宣言》，是为了宣扬涉及人工智能创新、应用和发展的基本准则，以期无论何种身份的人都能经常铭记本宣言精神，理解并尊重发展人工智能的初衷，使其传达的价值与理念得到普遍认可与遵行。

《宣言》指出：
(1) 鉴于全人类固有道德、伦理、尊严及人格之权利，创新、应用和发展人工智能技术当以此为根本基础。
(2) 鉴于人类社会发展的最高阶段为人类解放和人的自由全面发展，人工智能技术研发应以此为最终依归，进而促进全人类福祉。
(3) 鉴于人工智能技术对人类社会既有观念、秩序和自由意志的挑战巨大，且发展前景充满未知，对人工智能技术的创新应当设置倡导性与禁止性的规则，这些规则本身应当凝聚不同文明背景下人群的基本价值共识。
(4) 鉴于人工智能技术具有把人类从繁重的体力和脑力劳动束缚中解放的潜力，纵然未来的探索道路上出现曲折与反复，也不应停止人工智能创新发展造福人类的步伐。

建设人工智能系统，要做到：
(1) 人工智能系统基础数据应当秉持公平性与客观性，摒弃带有偏见的数据和算法，杜绝可能的歧视性结果。
(2) 人工智能系统的数据采集和使用应当尊重隐私权等一系列人格权利，以维护权利所承载的人格利益。

（3）人工智能系统应当有相应的技术风险评估机制，保持对系统潜在危险的前瞻性控制能力。

（4）人工智能系统所具有的自主意识程度应当受到科学技术水平和道德、伦理、法律等人文价值的共同评价。

为明确人工智能与人类的关系，《宣言》指出：

（1）人工智能的发展应当始终以造福人类为宗旨。牢记这一宗旨，是防止人工智能的巨大优势转为人类生存发展巨大威胁的关键所在。

（2）无论人工智能的自主意识能力进化到何种阶段，都不能改变其由人类创造的事实。不能将人工智能的自主意识等同于人类特有的自由意志，模糊这两者之间的差别可能抹杀人类自身特有的人权属性与价值。

（3）当人工智能的设定初衷与人类整体利益或个人合法利益相悖时，人工智能应当无条件停止或暂停工作进程，以保证人类整体利益的优先性。

《宣言》指出，人工智能具体接触人员的道德伦理要求是：

（1）人工智能具体接触人员是指居于主导地位、可以直接操纵或影响人工智能系统和技术，使之按照预设产生某种具体功效的人员，包括但不限于人工智能的研发人员和使用者。

（2）人工智能的研发者自身应当具备正确的伦理道德意识，同时将这种意识贯彻于研发全过程，确保其塑造的人工智能自主意识符合人类社会主流的道德伦理要求。

（3）人工智能产品的使用者应当遵循产品的既有使用准则，除非出于改善产品本身性能的目的，否则不得擅自变动、篡改原有的设置，使之背离创新、应用和发展初衷，以致破坏人类文明及社会和谐。

（4）人工智能的具体接触人员可以根据自身经验，阐述其对人工智能产品与技术的认识。此种阐述应当本着诚实信用的原则，保持理性与客观，不得诱导公众的盲目热情或故意加剧公众的恐慌情绪。

针对人工智能的应用，《宣言》指出：

（1）人工智能发展迅速，但也伴随着各种不确定性。在没有确定完善的技术保障之前，在某些失误成本过于沉重的领域，人工智能的应用和推广应当审慎而科学。

（2）人工智能可以为决策提供辅助。但是人工智能本身不能成为决策的主体，特别是在国家公共事务领域，人工智能不能行使国家公权力。

（3）人工智能的优势使其在军事领域存在巨大应用潜力。出于对人类整体福祉的考虑，应当本着人道主义精神，克制在进攻端武器运用人工智能的冲动。

（4）人工智能不应成为侵犯合法权益的工具，任何运用人工智能从事犯罪活动的行为，都应当受到法律的制裁和道义的谴责。

（5）人工智能的应用可以解放人类在脑力和体力层面的部分束缚，在条件成熟时，应当鼓励人工智能在相应领域发挥帮助人类自由发展的作用。

《宣言》指出，当前发展人工智能的方向主要是：

（1）探索产、学、研、用、政、金合作机制，推动人工智能核心技术创新与产业发展。特别是推动上述各方资源结合，建立长期和深层次的合作机制，针对人工智能领域的关键核心技术难题开展联合攻关。

（2）制定人工智能产业发展标准，推动人工智能产业协同发展。推动人工智能产业从数据规范、应用接口以及性能检测等方面的标准体系制定，为消费者提供更好的服务与体验。

（3）打造共性技术支撑平台，构建人工智能产业生态。推动人工智能领域龙头企业牵头建设平台，为人工智能在社会生活各个领域的创业创新者提供更好支持。

（4）健全人工智能法律法规体系。通过不断完善人工智能相关法律法规，在拓展人类人工智能应用能力的同时，避免人工智能对社会和谐的冲击，寻求人工智能技术创新、产业发展与道德伦理的平衡点。

人工智能的发展在深度与广度上都是难以预测的。根据新的发展形势，对本宣言的任何修改都不能违反人类的道德伦理法律准则，不得损害人类的尊严和整体福祉。

【作业】

1. 人工智能应用的日益广泛带来了诸多复杂的伦理问题。专家认为，需要让伦理成为人工智能研究与发展的（　　）组成部分。

   A．根本　　　　B．一般　　　　C．潜在　　　　D．可能

2. 以下关于人工智能的论述中，不正确的是（　　）。

   A．人工智能技术与各产业领域的深度融合，形成智能经济新形态
   B．人工智能技术为实体经济的发展插上了腾飞的翅膀
   C．个人身份信息和行为数据被整合在一起能让机器更了解我们，不会引发隐私和数据泄露问题
   D．人工智能技术同产业深度融合，推动产业变革

3. 由于模拟真实的人的大脑和思维的方向不再重要，人工智能发展的一个方向就是（　　）。

   A．模拟人脑　　B．独立思维　　C．模拟智能　　D．智能增强

4. 未来人类与智能机器的关系，会是一种（　　），既不是纯粹的利用关系，也不是对人的取代，而是一种（　　）。

   A．纯粹的利用关系　　　　　　B．共生性的伙伴关系
   C．对人的取代　　　　　　　　D．可能威胁人类的生存

5. 在1956年达特茅斯学院的研讨会上，人们思考的是如何将人类的各种感觉，包括视觉、听觉、触觉，甚至大脑的思考都变成信息，并加以控制和应用。因此，人工智能的发展在很大程度上是对人类行为的（　　）。

   A．模拟　　　　B．颠覆　　　　C．扩展　　　　D．批判

6. 关于"人工智能威胁论"的观点有太多的支持者，甚至如比尔·盖茨、埃隆·马斯克，还包括斯蒂芬·霍金。这种悲观态度其实是想传达一个道理：如果人类想要在人工智能领域进行深入研究发展，就必须建立起稳妥的（　　）体系，以此约束人工智能的研发方向和应用领域。

   A．技术伦理　　B．人文伦理　　C．科技伦理　　D．哲学伦理

7. 在与人工智能相关的伦理概念中，（　　）是一种把实际效用或者利益作为行为评价标准的行为学说，它用行动后果的价值来衡量行为的善恶。

   A．技术伦理　　B．功利主义　　C．科技伦理　　D．奴化控制

8. 在与人工智能相关的伦理概念中，（　　）是指无论是在科学研究中还是在科幻作品里，人们都倾向于将人工智能描述为人类的得力助手，是以服务人类为主旨的存在，即人工智能天生就是人类的奴仆。

A．技术伦理　　　　B．功利主义　　　　C．科技伦理　　　　D．奴化控制

9．2018年微软发表提出了人工智能开发的六大原则，即公平性、（　　）、透明度、问责制。
① 可靠性和安全性　　② 隐私和保障　　③ 经济性　　④ 包容性

A．①②④　　　　　B．②③④　　　　　C．①③④　　　　　D．①②③

10．在2018年微软提出的人工智能开发的六大原则中，（　　）是指对人而言，不同区域、不同等级的所有人在人工智能面前是平等的，不应该有人被歧视。

A．透明度　　　　　B．公平性　　　　　C．隐私和保障　　　D．可靠性和安全性

11．在2018年微软提出的人工智能开发的六大原则中，（　　）是一个重要的方面，例如深度学习的模型很准确，但是它存在不透明的问题。如果这些模型、人工智能系统不透明，就有潜在的不安全问题。

A．透明度　　　　　B．公平性　　　　　C．隐私和保障　　　D．可靠性和安全性

12．在2018年微软提出的人工智能开发的六大原则中，（　　）是指人工智能使用起来是安全的、可靠的、不作恶的，这是人工智能非常需要关注的一个领域。

A．透明度　　　　　B．公平性　　　　　C．隐私和保障　　　D．可靠性和安全性

13．在2018年微软提出的人工智能开发的六大原则中，（　　）是指人工智能因为涉及数据，所以总是会引起个人隐私和数据安全方面的问题。

A．透明度　　　　　B．公平性　　　　　C．隐私和保障　　　D．可靠性和安全性

14．在2018年微软提出的人工智能开发的六大原则中，（　　）是指人工智能必须考虑到包容性的道德原则，要考虑到世界上各种功能障碍的人群。

A．问责制　　　　　B．包容　　　　　　C．扩展性　　　　　D．实用性

15．在2018年微软提出的人工智能开发的六大原则中，（　　）是指人工智能系统采取了某个行动，做了某个决策，就必须为自己带来的结果负责。

A．问责制　　　　　B．包容　　　　　　C．扩展性　　　　　D．实用性

16．2018年5月26日，百度创始人李彦宏在贵阳大数据博览会上首次提出人工智能伦理四原则，即：人工智能的最高原则是安全可控，（　　）。
① 稳定可靠且经济实惠
② 人工智能的创新愿景是促进人类更平等地获取技术和能力
③ 人工智能存在的价值是教人学习，让人成长，而非超越人、替代人
④ 人工智能的终极理想是为人类带来更多的自由与可能

A．①③④　　　　　B．①②④　　　　　C．①②③　　　　　D．②③④

17．2019年，欧盟人工智能高级别专家组正式发布了"可信赖的人工智能伦理准则"。根据准则，可信赖的人工智能应该是（　　）。
① 合法——尊重所有适用的法律法规
② 合乎伦理——尊重伦理原则和价值观
③ 稳健——既从技术角度考虑，又考虑到其社会环境
④ 积极——发展速度快，应用面广，从业人员和专家猛增

A．②③④　　　　　B．①②③　　　　　C．①③④　　　　　D．①②④

18．2019年10月31日，美国国防创新委员会推出《人工智能原则：国防部人工智能应用伦理的若干建议》，这是对军事人工智能应用所导致伦理问题的首次回应。这份报告为美国国防部在战斗和非战斗场景中设计、开发和应用人工智能技术，提出了负责、公平、（　　）五大原则。

① 可追踪　　② 可靠　　③ 经济　　④ 可控
A. ①③④　　B. ②③④　　C. ①②④　　D. ①②③

19. 奴化控制这种人类中心主义的伦理学在处理人与人工智能之间的关系时有着很大的（　　）。

A. 局限性　　B. 优越性　　C. 安全性　　D. 前瞻性

20. 阿西莫夫提出"机器人三定律"，并在后续的研究中补充了"第零定律"，即（　　）。

A. 机器人不得伤害人类，也不得见人受到伤害而袖手旁观
B. 机器人必须服从人的命令
C. 机器人不得伤害人类整体，或袖手旁观坐视人类整体受到伤害
D. 机器人必须保护自己

【研究性学习】制定人工智能伦理原则的现实意义

小组活动：阅读本章课文并讨论：

（1）"人工智能伦理"的内涵是什么？

（2）重视"人工智能伦理原则"的现实意义是什么？

（3）请通过网络搜索并选择欣赏一部人工智能伦理影片（例如《超验骇客》2014、《机械姬》2014 等），或者浏览关于这些影片的剧情介绍。思考并讨论影片的主题和所表达的人工智能伦理内涵。

记录：请记录小组讨论的主要观点，推选代表在课堂上简单阐述小组成员的观点。

评分规则：若小组汇报得 5 分，则小组汇报代表得 5 分，其余同学得 4 分，余类推。

实训评价（教师）：

第 7 章
职业与职业素养

【导读案例】"人肉计算机"女数学家凯瑟琳·约翰逊

美国当地时间 2022 年 2 月 24 日,曾为水星计划与阿波罗计划,NASA(美国国家航空航天局,是美国联邦政府的一个负责太空计划的政府机构)航天任务完成复杂弹道计算、推进计算机使用而做出重大贡献的数学家,被称为"人肉计算机"的数学家凯瑟琳·约翰逊(见图 7-1)逝世,享年 101 岁。2016 年,以她及其他 NASA 早期黑人女雇员为原型的电影《隐藏人物》上映,她是片中塔拉吉·汉森扮演的原型人物。该影片被提名 2017 年奥斯卡最佳影片奖。

图 7-1 女数学家凯瑟琳·约翰逊

在 NASA 工作时期,凯瑟琳利用早期的数字计算机撰写程序,协助发展美国的太空探测计划,精确计算出天文导航的相关数据,这些数据成为日后美国水星计划的基础。

美国国家航空航天局局长吉姆·布里登斯廷发布声明透露了约翰逊的去世,他表示:"约翰逊帮助我们的国家扩展了太空的边界,她作为数学家的风险精神和技术帮助了人类登上月球,在此之前帮助了我们的宇航员迈出走向太空的第一步,如今我们在循着这趟旅程,迈向火星。我们永远不会忘记她的勇气和领导力,以及没有她,我们不可能达到的那些里程碑。"

凯瑟琳是第一位在 NASA 工作报告上写下自己名字的女性。她出生于 1918 年,14 岁就去了西弗吉尼亚州立大学数学系读书,1940 年毕业,毕业后不久,她成为老师。

1953 年,美国成立了美国国家航空咨询委员会(NACA),她便投递了简历,成为这个新部门的员工。之后,1958 年 NACA 改名为 NASA,从 1958 年到 1986 年,她一直是 NASA 的航空技术专家。

1961 年,美国第一位太空人艾伦·谢泼德的飞行轨迹是她计算出来的。

1961 年水星计划,是她计算了发射窗口,还绘制了万一出现故障后的导航图。

1969 年阿波罗 11 号登月,也是她参与计算了飞行轨迹。

1970 年阿波罗 13 号登月失败,返回地球的路线也是她来计算设置的。

可以说，美国每次重要的航天任务，背后的计算、路线规划等复杂任务都有她的身影。后来，她和女同事们的故事在 2016 年被拍成了电影《隐藏人物》。

同样是在这一年，NASA 的一座新的研究建筑被以她的名字命名，成为"凯瑟琳·约翰逊计算研究设施"；她还成为 BBC 评选的全球 100 位最有影响力女性。

1. 200 年前的女"人肉计算机"

计算机刚出现的时候，是用女性人数做计算能力单位的。

你有没有考虑过，在计算机和计算器出现之前，人们是怎么计算 sin、cos 和对数的呢？难道每次要用的时候，都要亲自手算吗？

其实，在 200 多年前，"人肉计算机"就出现了。一直到 20 世纪 60 年代真正的超级计算机出现前，计算都是由人实现的。而且这些"人肉计算机"，大多数时候是女孩子，因此，在计算机出现之初，计算能力的单位是用女性人数来衡量的。

1790 年，法国数学家和工程师，水利学家加斯帕德·普罗尼组织了一批"人肉计算机"，他们的任务是，在法国大革命后百废待兴的法国制造对数表和三角函数表，这样法国国民议会才能进行土地测量和登记。

2. 便宜好用的哈佛天文台女"人肉计算机"

到了 19 世纪，受过高等教育的女孩子成了天文计算的主力。

1885 年—1917 年，哈佛大学天文台雇用了 80 个女"人肉计算机"（见图 7-2）来分析成千上万的天文学摄影。这些"照片"是秘鲁和马萨诸塞州的天文望远镜拍摄的。因为当时的技术限制，这些"照片"用的是感光玻璃板，每块玻璃板上可能有超过 10 万个恒星。这些女"人肉计算机"要计算这些恒星的亮度，并根据恒星光谱将它们一个个分类。

图 7-2　哈佛大学天文台的女"人肉计算机"

在这些女"人肉计算机"中，亨丽爱塔·勒维特和安妮·坎农最为著名，因为她们的发现改变了天文学的历程。亨丽爱塔·勒维特的发现让埃德温·哈勃发现了哈勃定律，并得以发展出关于宇宙膨胀的理论。而另外一位女"人肉计算机"安妮·坎农后来发明了哈佛分类法，也就是根据恒星的颜色对其进行分类的方法，这个分类法后来在天文学上得到了广泛使用。

3. 第二次世界大战的后方，女性程序员完成弹道计算

1945 年，世界上第一台可编程的通用计算机 ENIAC（见图 7-3）出现了。ENIAC 重达 27 吨（t），占地 167 平方米（m²），功率是 150 千瓦（kW）。理论上这个用真空管制造的计算机可以处理任何问题。在第二次世界大战时，ENIAC 的主要任务是计算弹道。

在第二次世界大战快结束的时候，宾夕法尼亚大学的 6 位女性被挑选出来做 ENIAC 的程序员（见图 7-4）。这些女性很乐于做这个工作，因为可以体现她们有知识有技术。

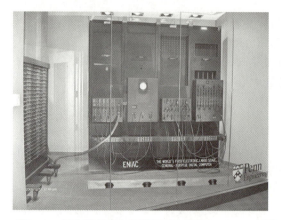 

图 7-3　部分保存在宾夕法尼亚大学的 ENIAC　　图 7-4　ENIAC 六位女程序员之一的弗朗西斯·斯宾塞

但是，ENIAC 这个计算机有个小问题：其创造者没有编写任何操作手册，所以具体操作全要这些女程序员自己完成。后来嫁给 ENIAC 发明人之一，美国物理学家约翰·莫奇利的第一代程序员凯·麦克纳尔蒂在 1977 年接受采访时表示，当时一开始有人给她们一大堆蓝图，蓝图里描绘的是 ENIAC 所有电路板的图解，然后告诉她们："通过这些蓝图你们就知道机器的原理，然后你们就知道怎么给它编程。"

但是，在通用计算机刚刚出现的时代，谁也没经历过编程这种事儿，所以谁也不知道该如何去做。

总而言之，女程序员的编程工作是，首先把要解决的问题用机器能读懂的语言描述和翻译出来，然后把这些代码通过机器的开关输入进去。

听起来很简单，但是操作却很困难。一开始，光是为 ENIAC 输入要处理的问题就要花费数天时间。为了调试程序，她们必须要到这个 27 吨的"胖家伙"内部去看到底哪根真空管出问题了。

好在这 6 个女程序员设计了一种储存程序的方法，简化了问题输入的过程。女程序员巴蒂克说，用这种方法，"你就不需要再对机器进行设置了，你只需要调整开关和函数表就可以了。这样一来，对 ENIAC 进行编程的大到吓人工作量就成为过去了。"

另外，为了改善用 ENIAC 编程的效率，麦克·纳尔蒂发明了子程序，贝蒂·霍尔伯顿则发明了世界上第一个程序生成器（能产生其他程序的程序）、归并排序程序，还有断点程序（命令计算机停止，方便程序员调试的程序）。

现在，这批 ENIAC 女程序员中的很多人都被视为计算机编程的先锋人物。

4. "千女子力"

第二次世界大战后的一段时间里，科研和企业依然需要"人肉计算机"。

1950 年左右，意大利的罗伯托·布萨和 IBM 合作，组织了一群"人肉计算机"，专门用来把中世纪哲学家托马斯·阿奎那的书籍翻译成打孔卡——相当于那个时代的 U 盘（见图 7-5），并对文本进行语言学和文学分析。

这个工程规模浩大。阿奎那写了大概 900

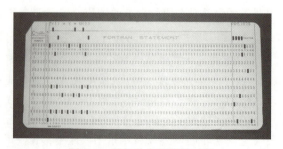

图 7-5　用打孔卡编程的时代

万字的材料，因此布萨的"人肉计算机"分析进行了超过 30 年。这项工作后来被称为 INDEX THOMISTICUS（索引托米斯），这是世界上比较早的利用"人肉计算机"进行的数字人文研究。而参与这个首批人文学科数字化工作的，也是女"人肉计算机"。

事实上，因为那个时候的"人肉计算机"大多是女性担当，因此第二次世界大战后对计算机的计算能力的描述就是用"千女子力"（kilo-girl）来表示的，就和"马力"类似。"千女子力"这个单位代表着，某台计算机的计算能力等同于 1 000 个女性。而计算时间则被称为"女子时间"（girl hours）。这种状况一直持续到 20 世纪 60 年代。

在 20 世纪 60 年代初期，编程被看作是适合女孩子的工作，当时的女性时尚杂志《时尚》还曾在一篇名为《计算机女孩》的文章中写道，"对女孩子来说，计算机编程领域提供的工作比其他领域都多"。

1965 年，超级计算机 CDC 6600 出现了。从那时候开始，"人肉计算机"的重要性就下降了。后来，由于计算机技术的发展，"人肉计算机"终于成为过去时。

在被问到给现在的女孩子的建议时，巴蒂克说："别听别人说你做不了什么。如果你相信你能做到，并且给自己相应的教育，你可以成就任何事。"

资料来源：微信公众号："把科学带回家"等（有删改）。2020-02-25。有改动。

阅读上文，请思考、分析并简单记录：

（1）享年 101 岁的女数学家凯瑟琳·约翰逊是人类女性程序员的杰出代表。为什么计算机刚出现的时候，是用女性人数来衡量计算能力的。

　　答：_____

_____

_____

（2）阅读文章并解释，什么是"千女子力"？

　　答：_____

_____

_____

（3）请通过网络搜索，了解有关"算力"的定义。从"人肉计算机"，到千女子力，再到算力，请思考和简单阐述计算技术的迅猛发展。

　　答：_____

_____

_____

_____

（4）请简述你所知道的上一周发生的国内外或者身边的大事：

　　答：_____

_____

_____

_____

7.1 职业素养的概念

职业素养，又称职业素质（见图 7-6），是劳动者对社会职业了解与适应能力的一种综合体现，也就是在从业过程中表现出来的与职业息息相关的态度行为和能力。个体行为的总和构成了自身的职业素养，职业素养是内涵，个体行为是其外在表象。职业素养是人类在社会活动中需要遵守的行为规范，是人才选用的第一标准，是职场制胜、事业成功的第一法宝。

职业素养主要表现在职业兴趣、职业能力、职业个性及职业情况等方面。影响和制约职业素养的因素很多，主要包括：受教育程度、实践经验、社会环境、工作经历以及自身的一些基本情况（如身体状况等）。一般来说，劳动者能否顺利就业并取得成就，在很大程度上取决于本人的职业素养，职业素养越高的人，获得成功的机会就越多。

图 7-6　培养职业素养

素养包括先天素养和后天素养。**先天素养**是通过父母遗传因素而获得的素养，主要包括感觉器官、神经系统和身体其他方面的一些生理特点。

后天素养是通过环境影响和教育而获得的。因此可以说，素养是在人的先天生理基础上，受后天教育训练和社会环境的影响，通过自身认识和社会实践逐步养成的比较稳定的身心发展的基本品质。

对素养的这种理解，主要包括以下三方面：

（1）素养是教化的结果。它是在先天素养的基础上，通过教育和社会环境影响逐步形成和发展起来的。

（2）素养是自身努力的结果。一个人素养的高低，是通过自己的努力学习、实践，获得一定知识并把它变成自觉行为的结果。

（3）素养是一种比较稳定的身心发展的基本品质。这种品质一旦形成，就相对比较稳定。例如，一个品质好的学生，由于品质稳定，他总是能正确地对待别人，对待自己。

7.2 职业素养的内涵与特征

除了专业，敬业和道德是一个人所必备的，体现到职场上的就是职业素养，体现在生活中的就是个人素养或者道德修养。职业素养包括以下方面：

（1）**职业道德**。职业道德就是同人们的职业活动紧密联系的符合职业特点所要求的道德准则、道德情操与道德品质的总和，它既是对本职人员在职业活动中的行为标准和要求，同时又是职业对社会所负的道德责任与义务。

（2）**职业思想（意识）**。职业思想是指从业者在其职业实践和职业生活中所表现出的一贯态度。例如，职业意识，是作为职业人所具有的意识，也叫主人翁精神。其具体表现为：工作积极认真，有责任感，具有基本的职业道德（见图 7-7）。

图 7-7　职业思想

（3）**职业行为习惯**。职业素养是在职场上通过长时间地学习、改变而最后形成的。职业行为习惯是指人们对职业劳动的认识、评价、情感和态度等心理过程的行为反映，是职业目的达成的基础。从形成意义上说，它是由人与职业环境、职业要求的相互关系决定的。职业行为包括职业创新行为、职业竞争行为、职业协作行为和职业奉献行为等方面。

（4）**职业技能**。这是做好一个职业应该具备的专业知识和能力。职业技能是指在职业分类基础上，根据职业的活动内容，对从业人员工作能力水平的规范性要求。它是从业人员从事职业活动，接受职业教育培训和职业技能鉴定的主要依据，也是衡量劳动者从业资格和能力的重要尺度。

前三项是职业素养中最根基的部分，属于世界观、价值观、人生观范畴，从出生到退休或至死亡逐步形成，逐渐完善。而职业技能是支撑职业人生的表象内容，是通过学习、培训而获得的。例如，计算机、英语、建筑等属职业技能范畴的技能，可以通过学习掌握入门技术，在实践运用中日渐成熟而成为专家。可企业更认同的道理是，如果一个人基本的职业素养不够，例如说忠诚度不够，那么技能越高的人，其隐含的危险可能越大。当然做好自己最本职的工作，也就是具备了最好的职业素养。

所以，用大树理论来描述两者的关系比较直接。每个人都是一棵树，原本都可以成为大树，而根系就是一个人的职业素养。枝、干、叶、型就是其显现出来的职业素养的表象。要想枝繁叶茂，首先必须根系发达。

7.2.1 职业素养基本特征

一般说来，职业素养的特征主要包括其职业性、稳定性、内在性、整体性和发展性。

（1）**职业素养职业性**。不同的职业，职业素养是不同的。对建筑工人的素养要求，不同于对护士职业的素养要求；对商业服务人员的素养要求，不同于对教师职业的素养要求。李素丽的职业素养始终是和她作为一名优秀的售票员联系在一起的，正如她自己所说："如果我能把 10 米车厢、三尺票台当成为人民服务的岗位，实实在在去为社会做贡献，就能在服务中融入真情，为社会增添一份美好。即便有时自己有点烦心事，只要一上车，一见到乘客，就不烦了。"

（2）**职业素养稳定性**。一个人的职业素养是在长期执业时间中日积月累形成的。它一旦形成，便具有相对的稳定性。例如，一位教师经过三年五载的教学生涯，就逐渐形成了怎样备课、怎样讲课、怎样热爱自己的学生、怎样为人师表等一系列教师职业素养，于是，便可以保持相对的稳定。当然，随着他继续学习、工作和环境的影响，这种素养还可以继续提高。

（3）**职业素养内在性**。从业人员在长期的职业活动中，经过自己学习、认识和亲身体验，觉得怎样做是对的，怎样做是不对的。这样，有意识地内化、积淀和升华的这一心理品质，就是职业素养的内在性。我们会说，"把这件事交给小张师傅去做，有把握，请放心。"人们之所以对他放心，就是因为他的内在素养好。

（4）**职业素养整体性**。一个从业人员的职业素养和他的整体素养有关。我们说某人职业素养好，不仅指他的思想政治素养、职业道德素养好，而且还包括他的科学文化素养、专业技能素养好，甚至还包括身体心理素养好。职业素养一个很重要的特点就是整体性。

（5）**职业素养发展性**。一个人的素养是通过教育、自身社会实践和社会影响逐步形成的，它具有相对性和稳定性。但是，随着社会发展对人们不断提出的要求，人们为了更好地适应、满足、促进社会的发展需要，总是不断地提高自己的素养，所以，素养具有发展性。

7.2.2 职业素养的三个核心

职业素养的三大核心是：

（1）**职业信念**。职业信念应该包涵良好的职业道德，正面积极的职业心态和正确的职业价值观意识，是一个成功职业人必须具备的核心素养。良好的职业信念应该是由爱岗、敬业、忠诚、奉献、正面、乐观、用心、开放、合作及始终如一等关键词组成。

（2）**职业知识技能**。这是做好一个职业应该具备的专业知识和能力。俗话说"三百六十行，行行出状元"，没有过硬的专业知识，没有精湛的职业技能，就无法把一件事情做好。

要把一件事情做好，就必须坚持不断地关注行业的发展动态及未来的趋势走向；就要有良好的沟通协调能力，懂得上传下达、左右协调，从而做到事半功倍；就要有高效的执行力，研究发现：一个企业的成功 30%靠战略，60%靠企业各层的执行力，只有 10%的其他因素。执行能力也是每个成功职场人必须修炼的一种基本职业技能。还有很多需要修炼的基本技能，如职场礼仪、时间管理及情绪管控等。

（3）**职业行为习惯**。信念可以调整，技能可以提升。要让正确的信念、良好的技能发挥作用就需要不断地练习、练习、再练习，直到成为习惯。职业素养就是在职场上通过长时间地学习-改变-形成而最后变成习惯的一种职场综合素养。

7.2.3 职业素养的分类

职业素养具体有以下分类：

（1）身体素养，指体质和健康（主要指生理）方面的素养。

（2）心理素养，指认知、感知、记忆、想象、情感、意志、态度、个性特征（如兴趣、能力、气质、性格、习惯）等方面的素养。很多知名企业都通过拓展训练来提高员工的心理素养以及团队信任关系。

（3）政治素养，指政治立场、政治观点、政治信念与信仰等方面的素养。

（4）思想素养，指思想认识、思想觉悟、思想方法、价值观念等方面的素养。思想素养受客观环境等因素影响，例如家庭、社会、环境等。

（5）道德素养，指道德认识、道德情感、道德意志、道德行为、道德修养、组织纪律观念方面的素养。

（6）科技文化素养，指科学知识、技术知识、文化知识、文化修养方面的素养。

（7）审美素养，指美感、审美意识、审美观、审美情趣、审美能力方面的素养。

（8）专业素养，指专业知识、专业理论、专业技能、必要的组织管理能力等。

（9）社会交往和适应素养，主要是语言表达能力、社交活动能力、社会适应能力等。社交适应是后天培养的个人能力，是职业素养的另一个核心，侧面反映个人能力。

（10）学习和创新方面的素养，主要是学习能力、信息能力、创新意识、创新精神、创新能力、创业意识与创业能力等。学习和创新是个人价值的另一种形式，能体现个人的发展潜力以及对企业的价值。

7.3 职业素养的提升

选择与决策，是人在现实社会生存的基本技能。做出明智的选择关乎每个人的成长，与其生活息息相关。我们的每一个决定，影响、左右着我们的职业生涯发展和个人生活质量。

此外，另一项生存技能就是职业适应与自我塑造。法国哲学家狄德罗曾说过："知道事物应该是什么样，说明你是聪明人；知道事物实际是什么样，说明你是有经验的人；知道如何使事物变得更好，说明你是有才能的人。"显然，要想获得职业上的成功，首先是学会适应职业环境，就像大自然中的千年动物，能够随着自然环境的变化而调整、改变自己。

7.3.1 关于新人的蘑菇效应

所谓效应，是指在有限环境下，一些因素和一些结果而构成的一种因果现象，多用于对自然现象和社会现象的描述。效应一词使用的范围较广，并不一定指严格的科学定理、定律中的因果关系。例如温室效应、蝴蝶效应、毛毛虫效应、音叉效应、木桶效应、完形崩溃效应等。

社会效应，是指在我们日常生活中比较常见的现象与规律，是某一个人物或事物的行为或作用，引起其他人物或事情产生相应变化的因果反应或连锁反应，即对社会产生的效果、反映和影响。

蘑菇管理（见图 7-8）是许多组织对待初出茅庐者的一种管理方法，新人可能会被安排在不受重视的位置打杂跑腿，可能会遭遇无端的批评、指责甚至代人受过，有时还得不到必要的指导。相信一些人有过这样一段"蘑菇"的经历，这不一定是什么坏事，尤其是当一切刚刚开始的时候，当几天"蘑菇"，能够消除我们很多不切实际的幻想，让我们更加接近现实，看问题也更加实际。

图 7-8　蘑菇管理

一个组织，一般对新进的人员都是一视同仁，从起薪到工作都不会有大的差别。无论你是多么优秀的人才，在刚开始的时候，都只能从最简单的事情做起，"蘑菇"的经历，对于成长中的年轻人来说，就像蚕茧，是羽化前必须经历的一步。所以，如何高效率地走过这一段，从中尽可能汲取经验，成熟起来，并树立良好的值得信赖的个人形象，是每个刚步入社会的年轻人必须面对的课题。

一般而言，踏入职场的最初 3 年，是新人适应社会的阶段。他们的主要任务是：弄懂、搞清职场游戏规则，接受他人有关如何更好完成工作的智慧与指导，承受对新生活想象和实际情况有落差的现实，克服某些方面比别人差的不安等。

随着市场竞争的加剧，企业倒闭、转业、兼并的可能性越来越大；受其影响，职业的供给数量，市场价格也在不断变化。另外，因择业者的才能、素养水平存在差异，以及求职预期与现实社会的矛盾，择业者要想得到一份满意、适合自己的职业变得越来越困难。因此，建议职场新人不断调整自己的求职预期与职业定位，提高自己在职业社会中的生存与发展能力。

7.3.2 显性素养——专业知识与技能

大家可以看到，职场的<u>显性素养</u>——"专业性"是露出海平面的一小部分，是冰山的一角，但也是尤为重要的部分。

显性素养"专业性"的提升，应该考虑以下几个方面：

(1) 从经济和效率角度来看，要重视专业学习。

在职场中，用人单位永远都是站在现实的角度上来考虑最需要的人才是训练有素的专业人才，这是用人单位的一种考量。我们在考虑到这种考量的时候，要提醒自己做好准备，学好自己的专业知识和技术，要把自己所学的东西运用到实际中。

(2) 通过辅修或技能资质证书拓宽职业技能。

所谓技多不压身，有时候可能我们所学的一门专业或一门技术并不能跟上时代的潮流，这时候不妨多学一些技术，多掌握一些技能，也可以让我们多一些选择的余地。

但我们也要量力而行，根据自己的具体情况来考量。很多用人单位会要求有相关工作经验的优先，年轻群体还没有工作哪来的经验呢？我们可以有实习经验、社会实践经验等。如果还没有这样的经验，也要实话实说，不要作虚假信息，这也关乎你的诚信、你的职业素养的问题，一定要慎重。

7.3.3 隐性素养——职业意识与道德

在职场海平面以下的都是隐性素养（见图 7-9），它是内隐的，可能被你所忽略，但它却是显性素养的根基。

(1) 在职场获得成功的基本品德要素中，最看重的前 5 个指标是：

① 专业知识与技艺。
② 敬业精神。
③ 学习意愿强、可塑性高。
④ 沟通协调能力。
⑤ 基本的解决问题的能力。

而研究认为，现实中最欠缺的前 5 个指标是：

① 敬业精神。
② 基本的解决问题能力。
③ 承受压力、克服困难的能力。
④ 相关工作或实习经验。
⑤ 沟通协调能力。

职业道德是一种在求职过程以及工作过程中被放大的个人习惯，需要平时修炼。我们要做到讲诚信、肯负责和愿合作。我们在与他人相处的过程中，要做一个诚信、富有责任心、懂得与他人合作的人，养成自己的良好习惯，投射到工作当中，会给自己无形之中加分。因为一个道德品质高尚的人，更会受到用人单位的欢迎，更会对他的工作认真负责，也会有更多的机会（见图7-10）。

图 7-9 隐形素养的提升

图 7-10 态度与能力矩阵

（2）职业意识是关于未来职业的定位与规划的想法。职业定位要理清三个问题：

① 我想做什么？

职业兴趣是一个人积极探索某种事物的倾向性，是引起和维持注意的一个重要的内部因素。一旦找到自己真正喜爱的领域，往往会出现奋不顾身的投入。

兴趣对一个人的职业发展是有影响的。就算在工作中遇到困难，也会无怨无悔，会对克服困难充满信心，你的职业也会显得更稳定，走得更远。

② 我能做什么？

职业价值观是指主体按照客观事物的意义或重要性进行评价和选择的原则与标准。图 7-11 显示了 12 种体现不同价值观的工作环境。

1. 较舒适、轻松、自由的工作条件和环境	5. 独立，按自己方式、想法去做，不受他人干扰	9. 能和各种人甚至名人交往，建立比较广泛的社会联系
2. 追求美，得到美感享受	6. 工作体面，使自己得到他人重视尊敬	10. 获得优厚报酬，使生活过得较为富足
3. 不断创新取得成就、得到领导和同事赞扬	7. 有一个安稳局面，不会经常提心吊胆、心烦意乱	11. 为大众的幸福和利益尽力
4. 工作经常变换，工作和生活显得丰富多彩	8. 获得管理权，能指挥和调遣一定范围的人或事物	12. 同事和领导人好，相处愉快、自然

图 7-11　体现不同价值观的工作环境

你要让自己有一个比较确定的价值排序，明确自己的价值观，并且能够做出价值当中的取舍，对我们选择工作也是十分重要的。

我们在择业的时候要选择扬优，要看自己的长处。有句话叫"人贵有自知之明"，我们经常反思找自己的短板，但是要自知其短，更要自知其长，才能让我们对人生、对工作充满信心。

③ 环境能给予我什么？

在明确自己想干、能干的专业领域和事业方向的同时，还应兼顾考虑社会的需求和未来发展前景等外在因素，这是选择是否成功的基本保证（见图 7-12）。

图 7-12　择己所爱，择己所长，择世所需

我们在考虑自己择业的时候，要考虑到社会环境、国际政策的变化，人才的需求，甚至包括我们的家庭、人脉能给我们提供哪些资源。

职业意识是一个不断深化的过程。我们未必现在就能做出正确决定，但一定要能在不断的探索领悟中学会该怎样做决定。如果拥有良好的职业素养，那么工作对于我们就多了一些乐趣。

7.4 培养职业素养

职业素养是一个人职业生涯成败的关键因素。职业素养量化而形成"职商"（Career Quotient，CQ），也可以说一生成败看职商。

一个人的能力和专业知识固然重要，但是，在职场要成功，最关键的还在于他所具有的职业素养。缺少这些关键的素养，一个人可能一生庸庸碌碌，而拥有这些素养，会少走弯路，快速走向成功。

现实社会中，一些企业之所以招不到满意人选，其实是由于找不到具备良好职业素养的人才。企业已经把职业素养作为对人进行评价的重要指标，要综合考察人选的 5 个方面：专业素养、职业素养、协作能力、心理素养和身体素养。其中，身体素养是最基本的，好身体是工作的物质基础；职业素养、协作能力和心理素养是最重要和必需的，而专业素养则属于锦上添花。职业素养可以通过个体在工作中的行为来表现，而这些行为以个体的知识、技能、价值观、态度、意志等为基础。良好的职业素养是企业必需的，也是个人事业成功的基础，是人才进入企业的"金钥匙"。

7.4.1 职业素养的"冰山"理论

"素养冰山"理论认为，个体的素养就像水中漂浮的一座冰山，水上部分的知识、技能仅仅代表表层的特征，不能区分绩效优劣；水下部分的动机、特质、态度、责任心才是决定人的行为的关键因素，可以用于鉴别绩效优秀者和一般者（见图 7-13）。

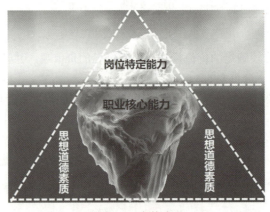

图 7-13　素养冰山

职业素养也可以看成是一座冰山：冰山浮在水面以上的只有 1/8，它代表从业者的形象、资质、知识、职业行为和职业技能等方面，是人们看得见的、显性的职业素养，这些可以通过各种学历证书、职业证书来证明，或者通过专业考试来验证。而冰山隐藏在水面以下的部分占整体的 7/8，它代表从业者的职业意识、职业道德、职业作风和职业态度等方面，是人们看不见的、隐性的职业素养。显性职业素养和隐性职业素养共同构成了所应具备的全部职业素养。由此可见，大部分的职业素养是人们看不见的，但正是这 7/8 的隐性职业素养决定、支撑着外在的显性职业素养，显性职业素养是隐性职业素养的外在表现。因此，职业素养的培养应该着眼于整座"冰山"，并以培养显性职业素养为基础，重点培养隐性职业素养。当然，这个培养过程不是学校、学生、企业哪一方能够单独完成的，而应该由三方共同协作完成。

7.4.2 职场必备的职业素养

职场人必备的职业素养包括：

（1）像老板一样专注。作为一流的员工，不能只是停留在"为了工作而工作、单纯为了赚钱而工作"等层面上。而应该站在老板的立场上，用老板的标准来要求自己，像老板那样去专注工作，以实现自己的职场梦想与远大抱负。以老板的心态对待工作，做企业的主人，在第一时间维护企业的形象。

（2）学会迅速适应环境。在就业形势越来越严峻、竞争越来越激烈的今天，不能迅速去适应环境已经成了个人素养中的一块短板，这也是无法顺利工作的一种表现。相反，善于适应环境却是一种能力的象征，具备这种能力的人，手中也握有了一个可以纵横职场的筹码。

善于适应是一种能力，要成为职场中的"变色龙"，而不适应者将会被淘汰出局。适应有时不啻一场严峻的考验。

（3）化工作压力为动力。压力，是工作中的一种常态，对待压力，不应该回避，要以积极的态度去疏导、去化解，并将压力转化为自己前进的动力。人们最出色的工作往往是在高压的情况下做出的，思想上的压力可能成为取得巨大成就的助推剂。

（4）表现自己。在职场中，默默无闻是一种缺乏竞争力的表现，而那些善于表现自己的员工，却能够获得更多的自我展示机会。那些善于表现自己的员工是最具竞争力的员工，他们往往能够迅速脱颖而出。

善于表现而非刻意表现，这样的人才具有职场竞争力，要善于把握能够表现自己的机会。

（5）低调做人，高调做事。工作中，学会低调做人能赢得好人缘，你将一次比一次稳健；善于高调做事，你将一次比一次优秀。在"低调做人"中修炼自己，在"高调做事"中展示自己，这种恰到好处的低调与高调，可以说是一种进可攻、退可守，看似平淡、实则高深的处世谋略。

（6）设立工作目标，按计划执行。在工作中，首先应该明确地了解自己想要什么，然后再去致力追求。每一份富有成效的工作，都需要明确的目标去指引。缺乏明确目标的人，其工作必将庸庸碌碌。坚定而明确的目标是专注工作的一个重要原则。

目标是一道分水岭，工作前先把目标设定好，确立有效的工作目标。但要注意，目标多了等于没有目标。

（7）做一个时间管理高手。时间对每一个职场人士都是公平的，每个人都拥有相同的时间，但是在同样的时间内，有人表现平平，有人则取得了卓著的工作业绩，造成这种反差的根源在于每个人对时间的管理与使用在效率上是存在着巨大差别的。因此，要想在职场中具备不凡的竞争能力，应该先将自己培养成一个时间管理高手。

（8）自发、主动就是提高效率。自发主动的员工善于随时把握机会，永远保持率先主动的精神，并展现超乎他人要求的工作表现，他们头脑中时刻灌输着"主动就是效率，主动、主动、再主动"的工作理念，同时他们也拥有"为了完成任务，能够打破一切常规"的魄力与判断力。显然，这类员工在职场中容易笑到最后。

（9）服从第一。服从上级的指令是员工的天职，"无条件服从"是沃尔玛集团要求每一位员工都必须奉行的行为准则，强化员工对上司指派的任务都必须无条件地服从，在企业组织中，没有服从就没有一切，所谓的创造性、主观能动性等都在服从的基础上才能够产生。否则公司再好的构想也无从得以推广。那些懂得无条件服从的员工，才能得到企业的认可与重用。

要像士兵那样去服从，不可擅自歪曲更改上级的决定，要多从上级的角度去考虑问题。

（10）勇于承担责任。工作就是一种责任，企业青睐具备强烈责任心的员工。德国大众汽车公司认为："没有人能够想当然地'保有'一份好工作，而要靠自己的责任感去争取一份好工作！"通常企业首先强调的还是责任，他们认为没有比员工的责任心所产生的力量更能使企业具有竞争力的了。显然，那些具有强烈责任感的员工才能在职场中具备更强的竞争力。

7.4.3 职业素养的自我培养

作为职业素养培养主体的大学生，在学习期间应该学会自我培养。

首先，要培养职业意识。雷恩·吉尔森说："一个人花在影响自己未来命运的工作选择上的精力，竟比花在购买穿了一年就会扔掉的衣服上的心思要少得多，这是一件多么奇怪的事情，尤其是当他未来的幸福和富足要全部依赖于这份工作时"。

很多高中毕业生在跨进大学校门之时就认为已经完成了学习任务，可以在大学里尽情地"享受"了。这正是他们在就业时感到压力的根源。培养职业意识就是要对自己的未来有规划。因此，大学期间，每个大学生应明确我是一个什么样的人？我将来想做什么？我能做什么？环境能支持我做什么？着重解决一个问题，就是认识自己的个性特征，包括自己的气质、性格和能力，以及自己的个性倾向，包括兴趣、动机、需要、价值观等。据此来确定自己的个性是否与理想的职业相符；对自己的优势和不足有一个比较客观的认识，结合环境（如市场需要、社会资源等）确定自己的发展方向和行业选择范围，明确职业发展目标。

其次，配合学校的培养任务，完成知识、技能等显性职业素养的培养。职业行为和职业技能等显性职业素养比较容易通过教育和培训获得。学校的教学及各专业的培养方案是针对社会需要和专业需要所制定的，旨在使学生获得系统化的基础知识及专业知识，加强学生对专业的认知和知识的运用，并使学生获得学习能力、培养学习习惯。因此，大学生应该按照学校的培养计划，认真完成学习任务，尽可能利用学校的教育资源，包括教师、图书馆等获得知识和技能，作为将来职业需要的储备。

再次，有意识地培养职业道德、职业态度、职业作风等方面的隐性素养。隐性职业素养是大学生职业素养的核心内容。核心职业素养体现在很多方面，如独立性、责任心、敬业精神、团队意识、职业操守等。事实表明，很多大学生在这些方面存在不足。有记者调查发现，缺乏独立性、会抢风头、不愿下基层吃苦等表现影响大学生的前程。因此，大学生应该有意识地在学校的学习和生活中主动培养独立性，学会分享、感恩，勇于承担责任，不要把错误和责任都归咎于他人。自己摔倒了不能怪路不好，要先检讨自己，承认自己的错误和不足。

大学生职业素养的自我培养应该加强自我修养，在思想、情操、意志、体魄等方面进行自我锻炼。同时，还要培养良好的心理素养，增强应对压力和挫折的能力，善于从逆境中寻找转机。

7.4.4 职业素养的教育对策

为了培养大学生的职业素养，高校将职业素养的培养纳入大学生培养的系统工程，使高中毕业生在进入大学校门的那一天起，就要明白高校与社会的关系、学习与职业的关系、自己与职业的关系。全面培养大学生的显性职业素养和隐性职业素养，并把隐性职业素养的培养作为重点。

大学生职业素养的培养不能仅仅依靠学校和学生本身，社会资源的支持也很重要。很多企业都想把毕业生直接投入"使用"，但是却发现很困难。企业界也逐渐认识到，要想获得较好职业素养的大学毕业生，企业也应该参与到大学生的培养中来。可以通过以下方式来进行：

（1）企业与学校联合培养大学生，提供实习基地以及科研实验基地。
（2）企业家、专业人士走进高校，直接提供实践知识、宣传企业文化。
（3）完善社会培训机制，并走入高校对大学生进行专业的入职培训以及职业素养拓展训练等。

总之，职业素养的培养是目前高等教育的重要任务之一，而这一任务的进行，需要大学生、高校及社会三方面的协同配合才能有效。

【作业】

1. 职业素养是劳动者对社会职业了解与适应能力的一种综合体现，主要表现在（　　）。
   ① 职业兴趣　　② 职业能力　　③ 职业个性及职业情况　　④ 职业薪资
   A．②③④　　　B．①②④　　　C．①③④　　　D．①②③

2. 影响和制约职业素养的因素包括：（　　）、工作经历以及自身的一些基本情况（如身体状况等）。
   ① 受教育程度　　② 实践经验　　③ 智商等级　　④ 社会环境
   A．①②③　　　B．①②④　　　C．②③④　　　D．①③④

3. 素养包括（　　）和后天素养。后天素养是通过环境影响和教育而获得的。
   A．先天素养　　　B．继承素养　　　C．谈吐情商　　　D．素质能力

4. 对素养的理解主要包括三个方面，但不包括以下（　　）。
   A．素养是教化的结果。它是在先天素养的基础上，通过教育和社会环境影响逐步形成和发展起来的
   B．素养是自身努力的结果。一个人素养的高低，是通过自己的努力学习、实践，获得一定知识并把它变成自觉行为的结果
   C．素养只能通过遗传获得，主要包括感觉器官、神经系统和身体其他方面的一些生理特点
   D．素养是一种比较稳定的身心发展的基本品质。这种品质一旦形成，就相对比较稳定

5. 职业素养包括职业道德、（　　）等几个方面。
   ① 从业年限　　② 职业意识　　③ 职业行为　　④ 职业技能
   A．①②③　　　B．②③④　　　C．①②④　　　D．①③④

6. 职业素养的基本特征主要包括其职业性、（　　）和发展性。
   ① 稳定性　　② 内在性　　③ 整体性　　④ 开放性
   A．②③④　　　B．①②④　　　C．①③④　　　D．①②③

7. 以下（　　）不属于职业素养的三个核心之一。
   A．职业信念　　B．职业标识　　C．职业知识技能　　D．职业行为习惯

8. 职业素养的具体内容有很多，但下列（　　）不属于其中。
   A．团队素养　　B．身体素养　　C．心理素养　　D．政治素养

9. 所谓效应，是指在有限环境下，一些因素和一些结果而构成的一种（　　）现象，多用于对一种自然现象和社会现象的描述。
   A．正负　　　B．积极　　　C．因果　　　D．消极

10. "专业性"是职场的显性素养。提升显性素养的途径是（　　）。
    ① 重视专业知识与技能　　② 重视专业学习

③ 拓宽职业技能　　　　　　　　④ 提高装备水平

A．②③④　　B．①②④　　C．①③④　　D．①②③

11．从业者的职业意识与道德是职场的隐性素养。研究表明，当前职场最缺乏的隐性素养指标是（　　）。

A．实习经验　　B．敬业精神　　C．工作经验　　D．学习意愿

12．职业素养的"冰山"理论认为，个体的素养就像水中漂浮的一座冰山，水上部分与水下部分相比，（　　）。

A．水下部分占7/8　　　　　　B．水上、水下一样重要
C．水上部分更重要　　　　　　D．水上部分占1/3

13．在职场员工必备的职业素养中，（　　），是说作为一个一流的员工，不要只是"为了工作而工作、为了赚钱而工作"，要站在老板的立场上，做企业的主人，在第一时间维护企业形象。

A．善于表现自己　　　　　　　B．迅速适应环境
C．像老板一样专注　　　　　　D．化压力为动力

14．在职场员工必备的职业素养中，（　　），是说在当今社会，要能够迅速适应环境，把握可以纵横职场的筹码。

A．善于表现自己　　　　　　　B．迅速适应环境
C．像老板一样专注　　　　　　D．化压力为动力

15．在职场员工必备的职业素养中，（　　），是说在工作中学会稳健，做事优秀，修炼自身，是一种进可攻、退可守，看似平淡、实则高深的处世谋略。

A．勇于承担责任　　　　　　　B．按计划完成目标
C．低调做人高调做事　　　　　D．做时间管理高手

16．在职场员工必备的职业素养中，（　　），是说在工作中，首先应该明确目标，然后再去致力追求。坚定而明确的目标是专注工作的一个重要原则。

A．勇于承担责任　　　　　　　B．按计划完成目标
C．低调做人高调做事　　　　　D．做时间管理高手

17．在职场员工必备的职业素养中，（　　），是说时间对每一个职场人士都是公平的，但各人对时间的管理与使用效率上是存在着巨大差别的，应该培养自己的管理时间的能力。

A．善于承担责任　　　　　　　B．按计划完成目标
C．低调做人高调做事　　　　　D．做时间管理高手

18．在职场员工必备的职业素养中，（　　），是说企业青睐具备强烈责任心的员工，具有强烈责任感的员工才能在职场中具备更强的竞争力。

A．勇于承担责任　　　　　　　B．按计划完成目标
C．低调做人高调做事　　　　　D．做时间管理高手

19．大学生应该加强自我修养，在思想、情操、意志、体魄等方面进行自我锻炼。同时，还要培养良好的（　　），增强应对压力和挫折的能力，善于从逆境中寻找转机。

A．心理素养　　B．踏实勤恳　　C．诚实可靠　　D．善良和气

20．除了学校和学生自身的努力，在大学生职业素养的培养中，（　　）的支持也很重要。

A．家庭环境　　B．自我修养　　C．社会资源　　D．冥思苦想

【研究性学习】职业素养的后天素养及其培养途径

小组活动：熟悉本章课文介绍的诸多概念，讨论：

（1）通过课文阅读和网络搜索，熟悉职业素养的概念与内涵。

（2）熟悉职业素养中的后天素养，探索其有效的培养和提升的途径。

记录：请记录小组讨论的主要观点，推选代表在课堂上简单阐述小组成员的观点。

评分规则：若小组汇报得 5 分，则小组汇报代表得 5 分，其余同学得 4 分，余类推。

实训评价（教师）：

第 8 章 工匠精神与工程教育

【导读案例】了不起的匠人——王震华

前后耗时 5 年,不用一颗钉子,不用一管胶水,历经 10 万多道步骤,共 7 108 个零件(最小零件仅有 2 毫米)(mm),王震华用全榫卯结构复刻了天坛祈年殿(见图 8-1)。完成这项工程后,王震华名声大噪,被称为"上海木痴王"。

图 8-1 全榫卯结构的天坛祈年殿

能够让王震华放弃安逸的退休生活,埋头钻研鲁班榫卯技艺,源自几年前一段不太愉快的经历。有一回,痴迷古建筑的王震华坐着车,兴冲冲地去参观一场展会。他听说这场展会邀请了一位很厉害的榫卯传人,被人称为"现代鲁班",他想利用这次机会,见识一下他创作的微缩模型。

当王震华亲眼见到、亲手摸到模型时,心里的兴奋劲儿立刻消失得无影无踪。他轻轻一摇,这件榫卯模型都一动不动,他带着不解向对方询问,得到的回答却是"世界上没有不用胶水的模型啊"。乘兴而来,败兴而归。这次展会让王震华意识到,老祖宗的手艺正在丢失,手艺人用胶水做模型哄人的手段,也尤其令人愤怒。

从此,微缩再现老祖宗手艺的想法,就再也无法从王震华的脑海里抹去了。

1986 年,王震华因为工作长时间待在北京,一有空就去古建筑群探访。用他自己的话说,"故宫的三大殿基本看完,等到看完祈年殿(见图 8-2)就不想走了。"

祈年殿一共有 37 根柱子,外屋檐的 12 根代表 12 个时辰,一个时辰 2 个小时;第二圈的 12 根代表 12 个月,合起来代表二十四节气;加上 4 根金柱,就成了 28 个星宿,再加 8 根铜柱,就是 36 天庚。还剩下一根柱子,在宝顶里面。

"太壮观了,真的太壮观了,真正的全榫卯结构","60 岁一定要做到!"虽然只有两三成把握,但王震华仍然决定将自己的第一件作品,定为用全榫卯结构还原的祈年殿。"我这人性格就是这样的,只要有两三成就上啊,我就攻啊。"决心一旦下定,王震华立马在上海、苏州之间的城郊租下民房作为工作室。没有帮工,没有助手,每天骑电动车,花费两个多小时,往返18.6公里的路程。这里是他避世专心创作的地方,创作变成了他每天的生活重心。"为什么要住田野、住树林?因为思考问题的时候,不能有任何的干扰。"

制作祈年殿微缩模型,首先需要实地测绘。测量立柱的直径、高度,从木工、磨刀、设备调试等基本功,到梁思成的《清式营造则例》,再到最新版 CAD 设计软件,老王都是自学而来。

在开始上手前,王震华确定了 81 倍的缩小比例。根据他的设想,每件作品都要做到"零件不用编号,可以任意拆装",这就要求每一种相同零件的尺寸都不能有丝毫出入。

因为现成的仪器达不到要求,前面两次尝试都失败了。王震华自己动手,重新改装了几台二手设备,将误差缩小到了 0.02 毫米。每天工作 10 个小时,一年只休息 10 天,整整五年没有收入,这就是王震华生活的全部。

仅仅关于刀的研究,王震华就用了三年时间,从开始的 3 毫米到现在的 1.5 毫米,王震华始终要求精益求精。甚至一次要做 2 000 个零件,做到第 1 800 个时刀磨断了,为了作品的完美,王震华毅然决然把前面零件全部报废。"再磨一把刀,不可能一模一样,报废零件全部烧掉一个都不留,没有半成品只有成品。"(见图 8-3)

图 8-2 北京天坛祈年殿

图 8-3 王震华不断尝试

三年时间里,王震华用二手钢刀,制作了300 多把特制刀具,用处各不相同,有宽度1.5mm 的燕尾槽刀具,最细的刀头仅仅只有 0.8mm。就是用这些自制设备、二手钢刀,老王做出了误差正负在0.01 毫米的高精度模型。

在外人看来,老王倔强又疯狂,不善言辞。工作时的王震华看似有些冷漠,但实际上有颗暖人的心。为了回馈邻里阿姨的帮助,"会磨刀的王震华"每年会为大伙磨刀两次。关于每年两次这个频率,王震华是有些小心机的。"如果天天给她们磨,就显得我没水平啊。所以我一年就磨两次,否则就不够厉害了。"

在民房里待到第四年,王震华的第三代祈年殿终于做好了,他松了一口气说:"我才真正感觉到希望了,因为1.5毫米的榫卯出来了。""四年了,在一个房间里面每天工作10小时,每年休息四天,没有一分收入,在一个房间没人跟你说话,已经第四年了。"

尽管在外人看来,这个祈年殿已经接近完美,但王震华仍旧不满意。他犹豫再三最终决定打造第四版祈年殿。有一天王震华去测绘,看到 20 多个学生在素描,几个小时下来发现,角度不同,看到的画面不一样,瞬间醍醐灌顶。这种角度的差异,让王震华又多花了一年时间打造第四版祈年殿。

功夫不负有心人，2015年10月30日晚上8点，由7 108个零件组成的全榫卯结构微缩祈年殿顺利组装完成，高约0.5米，最大直径不超过0.8米，是原比例的1/81（见图8-4）。窗上有雕花，窗户可开合，小小的一扇门竟然是由8个以毫厘计算的零件拼接而成的。每个部件都可拆卸，王震华的祈年殿按照力学原理修建，可以像真正的房子那样搭建完成。

图8-4　第四版的全榫卯结构祈年殿

这座令王震华最满意的祈年殿，终在开工的第五年成功了。与世隔绝的五年，历经10多万道工序，20 000多个小时的孤独死磕，60000公里披星戴月的往返，王震华成就了他的不可思议和非常人的五年。

已完成的祈年殿和正在进行的赵州桥，都在王震华的10年计划之列。他要用全榫卯再现中国十大古建筑，更以全景故宫作为自己的收官之作。

是匠人，更是犟人；自负，但不负内心。

资料来源：知乎，https://www.zhihu.com/question/48617212/answer/179579584。

阅读上文，请思考、分析并简单记录：

（1）请通过网络搜索，简单记录、描述北京祈年殿。

答：_____

_____

_____

（2）被誉为"上海木痴王"，王震华师傅是怎么做到的？除了"痴"，还需要什么精神？

答：_____

_____

_____

（3）网络搜索其他优秀工匠的事迹，并请简单记录。

答：_____

_____

_____

（4）请简述你所知道的上一周发生的国内外或者身边的大事：

答：_____

8.1 什么是工匠精神

在 2016 年的政府工作报告中指出,"要鼓励企业开展个性化定制、柔性化生产,培育精益求精的工匠精神"。

工匠,原指民间有工艺专长的匠人。所谓工匠精神,是指在制作或工作中追求精益求精的态度与品质,是职业道德、职业能力、职业品质的体现,是从业者的一种职业价值取向和行为表现。

工匠们喜欢不断雕琢自己的产品(见图 8-5),不断改善自己的工艺,享受着产品在双手中升华的过程。工匠们对细节有很高要求,追求完美和极致,对精品有着执着的坚持和追求,把品质从 0 提高到 1,其利虽微,却长久造福于世。

图 8-5　工匠精神

8.1.1　工匠精神的内涵

工匠精神是社会文明进步的重要尺度,是中国制造前行的精神源泉,是企业竞争发展的品牌资本,是员工个人成长的道德指引。"工匠精神"就是追求卓越的创造精神、精益求精的品质精神、用户至上的服务精神,其基本内涵包括敬业、精益、专注、创新等方面。

(1)敬业。这是从业者基于对职业的敬畏和热爱而产生的一种全身心投入的认认真真、尽职尽责的职业精神状态。中华民族历来有"敬业乐群""忠于职守"的传统,敬业是中国人的传统美德,也是当今社会主义核心价值观的基本要求之一。

早在春秋时期,孔子就主张人在一生中始终要"执事敬""事思敬""修己以敬"。"执事敬"是指行事要严肃认真不怠慢,"事思敬"是指临事要专心致志不懈怠,"修己以敬"是指加强自身修养保持恭敬谦逊的态度。

(2)精益。精益就是精益求精,是从业者对每件产品、每道工序都凝神聚力、追求极致的职业品质。所谓精益求精,是指已经做得很好了还要求做得更好,即使做一颗螺丝钉也要做到最好。正如老子所说,"天下大事,必作于细"。能基业长青的企业,无不是精益求精才获得成功的。

（3）专注。专注就是内心笃定而着眼于细节的耐心、执着、坚持的精神，这是一切"大国工匠"所必须具备的精神特质（见图8-6）。从实践经验看，工匠精神都意味着一种执着，即一种几十年如一日的坚持与韧性。"术业有专攻"，一旦选定行业，就一门心思扎根下去，心无旁骛，在一个细分产品上不断积累优势，在各自领域成为"领头羊"。在中国早就有"艺痴者技必良"的说法，如《庄子》中记载的游刃有余的"庖丁解牛"、《核舟记》中记载的奇巧人王叔远等。

（4）创新。"工匠精神"还包括追求突破、追求革新的创新内蕴。古往今来，热衷于创新和发明的工匠们一直是世界科技进步的重要推动力量。新中国成立初期，我国涌现出一大批优秀的工匠，如倪志福、郝建秀等，他们为社会主义建设事业做出了突出贡献。改革开放以来，"汉字激光照排系统之父"王选，"中国第一、全球第二的充电电池制造商"王传福，从事高铁研制生产的铁路工人和从事特高压、智能电网研究运行的电力工人等都是"工匠精神"的优秀传承者，他们让中国创新重新影响了世界。

许多具备了"工匠精神"的企业往往是行业里的奢侈品牌，例如瑞士的手表制造行业（见图 8-7）。因为要做到完美必定耗时长、成本高，因此价格也会更高。香奈儿首席鞋匠曾说"一切手工技艺，皆由口传心授。"传授手艺的同时，也传递了耐心、专注、坚持的精神，这是一切手工匠人所必须具备的特质。这种特质的培养，只能依赖于人与人的情感交流和行为感染，这是现代的大工业的组织制度与操作流程无法承载的。"工匠精神"的传承，依靠言传身教地自然传承，无法以文字记录，以程序指引，它体现了旧时代师徒制度与家族传承的历史价值。

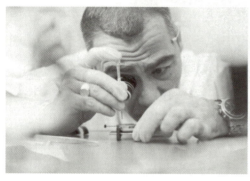

图 8-6　手表行业的工匠精神

图 8-7　钟表工匠

8.1.2　工匠精神的现实意义

当今社会存在心浮气躁的现象，有人追求"短、平、快"（投资少、周期短、见效快）带来的即时利益，因而忽略了产品的灵魂品质。因此，"工匠精神"在当今企业管理中有着重要的学习价值，企业更需要工匠精神，才能在长期的竞争中获得成功。当其他企业热衷于"圈钱、做死某款产品、再出新品、再圈钱"的循环时，坚持"工匠精神"的企业，依靠信念、信仰，看着产品不断改进、不断完善，最终，通过高标准要求历练之后，成为众多用户的骄傲，无论成功与否，这个过程，他们的精神是完完全全的享受，是脱俗的、也是正面积极的。

8.1.3　工匠精神的发展

曾经，工匠是一个中国老百姓日常生活须臾不可离的职业，木匠、铜匠、铁匠、石匠、篾匠等，各类手工匠人用他们精湛的技艺为传统生活图景定下底色。随着农耕时代结束，社会进入后工业时代，一些与现代生活不相适应的老手艺、老工匠逐渐淡出日常生活，但工匠精神永不过时。

所谓<u>工匠精神</u>，第一是热爱你所做的事，胜过爱这些事给你带来的收入；第二就是精益求精，精雕细琢。工匠精神是工业经济时代的一种产物，它是一种精致化生产的要求，它对农业生产同样适用。从农业生产来讲，实际上就是从源头保证食品安全，从种植开始，原料、化肥、土地等要保证安全，还有就是它的品质和质量，这里也需要工匠精神。

工匠精神就要求企业如同一个工匠一样，琢磨自己的产品，精益求精，经得起市场的考验和推敲。工匠精神的核心是企业要追求科技创新，技术进步。如果说企业是国家的经济命脉所在，那么一个以科技创新，技术进步为主体的企业，就是民族振兴的动力源泉，是国家财富增加的源泉所在。工匠精神不仅体现了对产品精心打造、精工制作的理念和追求，更是要不断吸收最前沿的技术，创造出新成果。

工匠精神落在个人层面，就是一种认真精神、敬业精神。其核心是：不仅仅把工作当作赚钱养家糊口的工具，而是树立起对职业敬畏、对工作执着、对产品负责的态度，极度注重细节，不断追求完美和极致，给客户无可挑剔的体验。将一丝不苟、精益求精的工匠精神融入每一个环节，做出打动人心的一流产品。与工匠精神相对的，则是"差不多精神"——满足于 90%，差不多就行了，而不追求 100%。

工匠精神落在企业家层面，可以认为是企业家精神。具体而言，表现在几个方面：

第一，<u>创新是企业家精神的内核</u>。企业家通过从产品创新到技术创新、市场创新、组织形式创新等全面创新，从创新中寻找新的商业机会，在获得创新红利之后，继续投入、促进创新，形成良性循环。

第二，<u>敬业是企业家精神的动力</u>。有了敬业精神，企业家才会有将全身心投入到企业中的不竭动力，才能够把创新当作自己的使命，才能使产品、企业更具竞争力。

第三，<u>执着是企业家精神的底色</u>。在经济处于低谷时，其他人也许选择退出，唯有企业家不会退出。改革开放 40 多年来，我国涌现出大批有胆有识、有工匠精神的企业家，但也有一些企业家缺乏企业家精神……可以说，企业家精神的下滑，才是经济发展的隐忧所在。

8.2　工程素质

所谓"工程素质"是解决工程实际问题的意识，是工程人才知识储备和能力结构的综合表现，他不仅要有比较扎实的工程基础理论和实践知识，而且需要见多识广，思维开阔，善于不同学科之间的渗透，从而具有创新思想，并且能付诸实施。工程技术人才必须具有良好的工程素质。

8.2.1　理科与工科

理工科是一个广大的领域，包含物理、化学、生物、工程、天文、数学及这六大类的各种运用与组合的科目。理工事实上是自然、科学和科技的统称。

西方世界里，理工这个词并不存在；理工在英文解释里，是科学（Science）与技术（Technology）的结合。

理科是指教育体系中对数学、物理、化学、生物、地理等与数理逻辑有关科目的统称，有别于工科。理科的诞生与发展是人类智慧发展的结果，标志着人类真正懂得了思考自然，因此理科的发展也是人类科学与自然思维发展的关键。

工科（工程学）是指如机械、建筑、水利、汽车等研究应用技术和工艺的学问。工科是应用数学、物理学、化学等基础科学的原理，结合生产实践所积累的技术经验而发展起来的学科。代表性的学科有土建类、水利类、电工类、电子信息类、热能核能类、仪器仪表类、化工制药类等。工科的培养目标是在相应的工程领域从事规划、勘探、设计、施工、原材料的选择研究和管理等方面工作的高级工程技术人才，主要是要培养具备实际应用能力的工作人员。以上所述主要指传统工科，此外还有新型工科（新工科）。新型工科是指为适应高技术发展的需要而在有关理科基础上发展起来的学科。

8.2.2 理工科学生的工程素质

工程素质是指从事工程实践的工程专业技术人员具备的一种能力，是面向工程实践活动时所具有的潜能和适应性。工程素质的内涵主要包括：

（1）有比较扎实的技术基础。
（2）受过必要的工程实践的训练。
（3）有分析和解决工程实际问题的能力。
（4）能够吃苦耐劳适应较艰苦的工作环境。

工程素质的特征是：

（1）敏捷的思维、正确的判断和善于发现问题。
（2）理论知识和实践的融会贯通。
（3）把构思变为现实的技术能力。
（4）具有综合运用资源，优化资源配置，保护生态环境，实现工程建设活动的可持续发展的能力并达到预期目的。

工程素质实质上是一种以正确的思维为导向的实际操作，具有很强的灵活性和创造性，主要包含以下内容：

（1）广博的工程知识素质。
（2）良好的思维素质。
（3）工程实践操作能力。
（4）灵活运用人文知识的素质。
（5）扎实的方法论素质。
（6）工程创新素质。

工程素质的形成并非是知识的简单综合，而是一个复杂的渐进过程，将不同学科的知识和素质要素融合在工程实践活动中，使素质要素在工程实践活动中综合化、整体化和目标化。

8.3 工程教育

所谓**工程教育**，就是要培养面对开放的国际环境，具有较深厚的理论知识、较强的工程实践能力、良好的综合素质，以及具有开创性和国际竞争力的高层次工程技术人员。

2016年6月2日，在吉隆坡召开的国际工程联盟大会上，中国科协代表中国正式加入《华盛顿协议》，成为国际本科工程学位互认协议的正式会员。"这是我国高等教育发展的一个里程碑，意味着英、美等发达国家认可了我国工程教育质量，我们开始从国际高等教育发展趋势的跟随者向领跑者转变。"这不仅为工科学生走向世界打下了基础，更意味着中国高等教育将真正走向世界。

8.3.1 什么是《华盛顿协议》

作为世界上最具影响力的工程教育学位互认协议之一，《华盛顿协议》（Washington Accord

1989年由来自美国、英国、加拿大、爱尔兰、澳大利亚、新西兰六个国家的民间工程专业团体发起和签署。其宗旨是通过双边或多边认可工程教育资格及工程师执业资格，促进工程师跨国执业。《华盛顿协议》规定任何签约成员须为本国（地区）政府授权的、独立的、非政府和专业性社团。是国际工程师互认体系的六个协议中最具权威性、国际化程度较高、体系较为完整的"协议"，是加入其他相关协议的门槛和基础。2016年6月2日，在吉隆坡召开的国际工程联盟大会上，全票通过了我国加入《华盛顿协议》，我国成为第18个《华盛顿协议》正式成员。此后，凡通过中国科协所属中国工程教育专业认证协会（CEEAA）认证的我国工科专业毕业生学位可以得到《华盛顿协议》其他成员组织的认可。

《华盛顿协议》主要针对国际上本科工程学历（一般为四年）资格互认，确认由签约成员认证的工程学历基本相同，并建议毕业于任一签约成员认证的课程的人员均应被其他签约国（地区）视为已获得从事初级工程工作的学术资格。

8.3.2 中国工程教育规模世界第一

工程教育是我国高等教育的重要组成部分，在高等教育体系中"三分天下有其一"。"中国开设工科专业的普通高校2 300多所，在校生超过1 000万人，规模为世界第一。"工程教育在国家工业化进程中，对门类齐全、独立完整的工业体系的形成与发展，发挥了不可替代的作用。加入《华盛顿协议》是中国工程教育国际化进程的重要里程碑。

相关专家指出，面对走中国特色新型工业化道路、建设创新型国家等对高等工程教育提出的新要求，我国高等工程教育仍迫切需要深入改革：人才培养需进一步加强与工业界的紧密结合；学生的工程实践能力和创新能力需进一步提升；工程教育师资队伍建设特别是青年教师的工程能力需进一步加强；工程教育的评价体系与政策保障需进一步完善；工程教育环境建设需进一步强化（见图8-8）。

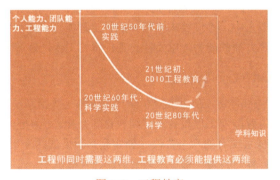

图8-8 工程教育

为适应经济社会发展需要，我国对学科专业结构不断进行优化调整，加大了软件、集成电路、水利、地质、核工业、信息安全、动漫等重点领域的人才培养力度，这些人才在载人航天、高性能计算机、三峡工程、青藏铁路、嫦娥工程等一大批重大工程建设中发挥了巨大作用。

我国高等工程教育专业认证开始于20世纪90年代初的建筑专业认证，经过十多年的实践，建筑领域的专业认证工作已经积累了大量经验。2006年3月17日，教育部办公厅发文成立了全国工程教育专业认证专家委员会，此后先后设立了机械类、化工类、电气类、计算机类、地矿类、轻工与食品类、交通运输类、环境类、水利类以及安全工程等专业认证分委员会或试点工作组，完成了对多所高校、数十个专业点的认证试点工作。试点认证丰富了认证经验，深化了对认证标准、质量保证与评价体系的认识，对什么是认证、为什么开展认证、怎样开展认证等问题进行了有益的研究和探索。

8.3.3 推动工程教育改革的国家战略

工程教育认证是实现工程教育国际互认和工程师资格国际互认的重要基础。中国从 2005 年起建设工程教育认证体系，逐步在工程专业开展认证工作，并把实现国际互认作为重要目标。这不仅是工程技术人才跨国流动的需要，更重要的是，工程教育认证还肩负着推动工程教育改革，完善工程教育质量保障体系的重任。中国工程教育在校生约占高等教育在校生总数三分之一，工程教育的质量很大程度上决定了中国高等教育的总体质量，因此认证标准的选择非常重要。

从实践来看，《华盛顿协议》体系有两个突出特点，一是"以学生为本"，着重"基于学生学习结果"的标准；二是用户参与认证评估，强调工业界与教育界的有效对接。在借鉴《华盛顿协议》各成员成功经验的基础上，中国在制度设计、标准建设、组织机构等方面按照国际实质等效的要求开展工作。

十多年的认证工作经验表明，课堂教学已经成为工程教育改革的"最后一公里软肋"。在认证实施过程中，我们遇到的最大困难是教育思想的转变，即认证强调专业人才培养结果导向，要求教师将毕业生出口要求分解对应到课程上去，并在课程教学中有效实施。而我国高等教育长期以来是学科导向、投入导向，这个观念贯穿在专业课程设置、教学实施、考核评价等方方面面。前清华大学副校长余寿文坦言，理念转变不可能一蹴而就。

中国工程教育专业认证的实践证明，被认证专业准备认证的过程其实就是全面发动并积极推行课堂改革的过程。专业认证促进学校教育教学改革，是通过专业认证的高校的共识。

专业认证以学生为中心、以产出为导向和持续改进的三大基本理念，与传统的内容驱动、重视投入的教育形成了鲜明对比，是一种教育范式的革新。

"回归工程"、培养学生的"大工程观"是当今国际工程教育的主流理念。《华盛顿协议》对毕业生提出的 12 条素质要求中，不仅要求工程知识、工程能力，还强调通用能力和品德伦理，主要包括沟通、团队合作等方面的能力，以及社会责任感、工程伦理等方面的内容。

8.3.4 国际工程师互认体系的其他协议

为适应经济全球化发展的需要，20 世纪 80 年代美国等一些国家发起并开始构筑工程教育与工程师国际互认体系，其内容涉及工程教育及继续教育的标准、机构的认证，以及学历、工程师资格认证等诸多方面。该体系现有的六个协议，分为互为因果的两个层次，其中《华盛顿协议》《悉尼协议》《都柏林协议》针对各类工程技术教育的学历互认。

（1）《悉尼协议》。《悉尼协议》2001 年首次缔约，是学历层次上的权威协议，主要针对国际上工程技术人员学历（一般为 3 年）的资格互认。该协议由代表本国（地区）的民间工程专业团体发起和签署。

（2）《都柏林协议》。《都柏林协议》于 2002 年签订，它是针对一般为两年，层次较低的工程技术人员的学历认证。

8.3.5 工程教育专业认证的特点

工程教育专业认证是指专业认证机构针对高等教育机构开设的工程类专业教育实施的专门性认证，由专门职业或行业协会（联合会）、专业学会会同该领域的教育专家和相关行业企业专家一起进行，旨在为相关工程技术人才进入工业界从业提供预备教育质量保证。

工程教育专业认证是国际通行的工程教育质量保障制度，也是实现工程教育国际互认和工程师资格国际互认的重要基础。工程教育专业认证的核心就是要确认工科专业毕业生达到行业认可的既定质量标准要求，是一种以培养目标和毕业出口要求为导向的合格性评价。工程教育专业认证要求专业课程体系设置、师资队伍配备、办学条件配置等都围绕学生毕业能力达成这一核心任务展开，并强调建立专业持续改进机制和文化，以保证专业教育质量和专业教育活力。

在尊重各自教育实际的基础上，《华盛顿协议》各签约成员的工程教育专业认证呈现出很多相同的特点。

（1）基于大专业领域分类进行认证，尊重专业办学自主权。

《华盛顿协议》各签约成员制定的专业认证标准注重培养目标的确定和符合目标要求的课程体系的设置，并对质量管理系统提出了严格要求。但目标和课程体系只是教育专业实施的框架和指导方针，教育过程本身则有宽松的发展空间。认证标准参照大专业领域（或称专业类）的思想，划分专业认证范围，不干涉具体专业设置。虽然有统一的最低认证要求，但只限于共性课程和师资的原则性要求，各校要结合本地区经济发展、科技进步的需求，在专业设置上可以有不同的侧重点和多样化的专业内容，办出各自特色。

这种以专业领域分类，每个专业领域里类似的专业按照同一套认证标准进行认证的方法，充分尊重高校专业设置的自主权，支持各专业办出自己的特色，有助于各认证专业结合市场需求和本学校、本专业的条件，设置相适应的课程体系，培养出同一学科内不同专业方向、从事不同工作的工程从业人员。同时，这种方式有助于学科的交叉、技术移植、共性课程教材开发和统一；也有助于工程师在职业发展中接受相应工程实践领域的培训和能力提升。

（2）适应技术发展需求，开展交叉学科的认证工作。

学科间或跨学科活动，形成新的知识体系，而构成了交叉学科，学科交叉点往往是科学新的生长点、新的学科前沿，这里最有可能产生重大的科学突破，使科学发生革命性的变化。《华盛顿协议》许多签约成员正视了在工程教育界交叉学科专业认证的问题，并采用多种方式解决了这一问题。

（3）构建完整体系，实现工程教育认证与工程师注册制度的有机衔接。

工程专业人员的发展必须经历特定的阶段。第一阶段是取得经过认证的学术资质或学位，即毕业生阶段。经过一段时间的培训和历练，就进入第二个阶段，即专业资质认证阶段。对工程师和工程技术专家而言，第三个阶段便是达到各种机构的国际互认。此外，工程专业人员还要通过工作实践来保持和增强个人的职业能力。

各签约成员签署《华盛顿协议》不仅仅是为了教育认证而认证，而是为了确定并鼓励以最好的方式完成工程师开展专业实践所需的学术准备，保证毕业生在其工作的职业领域内经过一定时间后拥有合格的专业技术资质，并能通过参加培训与技能提高项目，继续保持和提高其职业能力。大多数签约成员既是工程教育专业认证的执行组织，又是工程师注册的管理机构或是与注册密切相关的机构，在管理制度上解决了工程师注册问题的上下游关系。在政策上明确规定了通过工程教育专业认证的毕业生在工程师资格认证上的优先政策，促进工程教育专业认证工作的开展，满足毕业生就业的需求。这种体系构建完整，从体制上保障了工程师执业生涯从工程教育到从业再到执业发展教育的顺畅发展，实现了工程教育认证与工程师注册制度的无缝衔接。

同时，《华盛顿协议》规定，签约成员组织有义务协助其他签约成员认证过的专业的毕业生在该国（地区）获得工程师注册。为了解决签约成员组织的工程师在其他国家或地区就业的资格问题，《华盛顿协议》的主要成员组织发起成立了"工程师流动论坛""工程技术人员流动论坛",开始着手探索和解决工程师的国际双边、多边和国际互认问题。

(4) 统一互认原则,建立满足工程师从业要求的专业认证标准。

各签约成员的工程教育专业认证都是由学术界和工业界以及主管部门合作开展的,具有很高的权威性。各组织制定认证标准也是基于本国或本地区的经济、社会、教育发展状况和需求,紧密结合工程实际,从而能及时反映国家和社会的需求,反映工程技术领域的最新变化与发展状况,不断适应外界市场的需求,加上法律或政府的授权,从政策上将工程师的资格与工程教育紧密联系起来,用来引导各个学校专业办学的方向。

各签约成员从工程师的职业能力基准出发,针对工程师应具备的教育资格定义专业认证标准,在工程科学知识、问题分析能力、解决问题的设计与发展、信息检索与调研、现代工具的应用、个人工作及在团体中工作、交流能力、职业道德、环境和可持续发展、工程与金融领域的管理、终身学习、在工程实践中相关的责任 12 个方面分解学生的核心能力,并根据能力要求提出对课程体系、师资条件、学生、支持条件等方面的要求。

(5) 具有国际化视野,推动世界工程教育质量整体改进。

缔约《华盛顿协议》的初衷是促进本国(地区)工程教育认证的发展,方便本国(地区)工程技术人员的国际流动和在国际市场上的就业。通过《华盛顿协议》,各缔约方承认这些专业满足工程实践的学术要求,具有实质等效性……各缔约方要尽一切合理的努力,保证负责注册或批准职业工程师在本国或本地区从业的机构,承认本协议缔约组织所认证的工程专业的实质等效性。基于以上共识,各签约成员都将促进世界工程教育的发展和质量提升作为目标,将为其他国家建立工程教育认证体系提供帮助,加强国际合作,在认证工作上积极推进国际交流作为职能,并承诺认可《华盛顿协议》其他签约成员认证的工程教育专业,通过最合适的途径保持相互的监督和信息交流,包括定期沟通和交流认证标准、体系、程序、指南、出版物和已认证项目的清单等相关信息;受邀进行观摩认证的访问。这就起到了倡导各国工程教育专业学位和工程师资格的相互认可,推动世界工程教育质量改进和创新的作用。

8.4 CDIO 工程教育模式

CDIO 代表构思(Conceive)、设计(Design)、实现(Implement)和运作(Operate),CDIO 工程教育模式是近年来国际工程教育改革的成果。从 2000 年起,麻省理工学院和瑞典皇家理工学院等四所大学组成的跨国研究获得克努特和爱丽丝·瓦伦堡基金会近 2 000 万美元巨额资助,经过四年的探索研究,创立了 CDIO 工程教育理念,并成立了以 CDIO 命名的国际合作组织。CDIO 的理念不仅继承和发展了欧美 20 多年来工程教育改革的理念,更重要的是系统地提出了具有可操作性的能力培养、全面实施以及检验测评的 12 条标准。

8.4.1 CDIO 的内涵

CDIO 以产品研发到运行的生命周期为载体,让学生以主动的、实践的、课程之间有机联系的方式学习工程。CDIO 包括了三类核心文件:愿景、大纲和标准。

CDIO 的愿景是为学生提供一种强调工程基础的、建立在真实世界的产品和系统的构思—设计—实现—运行(CDIO)过程的背景环境基础上的工程教育(见图 8-9)。

CDIO 培养大纲将工程毕业生的能力分为工程基础知识、个人能力、人际团队能力和工程系统能力四个层面,要求以综合的培养方式使学生在这四个层面达到预定目标。它以逐级细化的方式表达出来(3 级、70 条、400 多款),使工程教育改革具有更加明确的方向性、系统性。它的

12 条标准对整个模式的实施和检验进行了系统的、全面的指引，使得工程教育改革具体化、可操作、可测量，并对学生和教师都具有重要指导意义。CDIO 体现了系统性、科学性和先进性的统一，代表了当代工程教育的发展趋势。

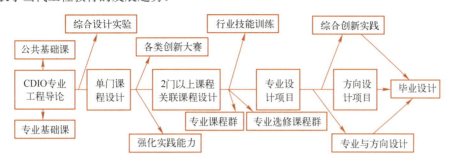

图 8-9 CDIO 软件的愿景

8.4.2 CDIO 的 12 条标准

标准 1：以 CDIO 为基本环境。学校使命和专业目标在什么程度上反映了 CDIO 的理念，即把产品、过程或系统的构思、设计、实施和运行作为工程教育的环境，技术知识和能力的教学实践在多大程度上以产品、过程或系统的生产周期作为工程教育的框架或环境。

标准 2：学习目标。从具体学习成果看，基本个人能力、人际能力和对产品、过程和系统的构建能力在多大程度上满足专业目标并经过专业利益相关者的检验。专业利益相关者是怎样参与学生必须达到的各种能力和水平标准的制定的。

标准 3：一体化教学计划。个人能力、人际能力和对产品、过程和系统的构建能力是如何反映在培养计划中的。培养计划的设计在什么程度上做到了各学科之间相互支撑，并明确地将基本个人能力、人际能力和对产品、过程和系统构建能力的培养融于其中。

标准 4：工程导论。个人能力、人际能力和对产品、过程和系统的构建能力是如何反映在培养计划中的，工程导论在多大的程度上激发了学生在相应核心工程领域的应用方面的兴趣和动力。

标准 5：设计-实现经历。培养计划是否包含至少两个设计-实现经历（其中一个为基本水平，一个为高级水平），在课内外活动中学生有多少机会参与产品、过程和系统的构思、设计、实施与运行。

标准 6：工程实践场所。实践场所和其他学习环境怎样支持学生动手和直接经验的学习，学生有多大机会在现代工程软件和实验室内发展其从事产品、过程和系统建构的知识、能力与态度，实践场所是否以学生为中心、方便、易进入并易于交流。

标准 7：综合性学习经验。综合性的学习经验能否帮助学生取得学科知识以及基本个人能力、人际能力与产品、过程和系统构建能力，综合性学习经验如何将学科学习和工程职业训练融合在一起。

标准 8：主动学习。主动学习和经验学习方法怎样在 CDIO 环境下促进专业目标的达成，教和学的方法中在多大程度上是基于学生自己的思考和解决问题的活动。

标准 9：教师能力的提升。用于提升教师基本个人能力和人际能力以及产品、过程和系统构建能力的举措能得到怎样的支持与鼓励。

标准 10：教师教学能力的提高。有哪些措施用来提高教师在一体化学习经验、运用主动和经验学习方法以及学生考核等方面的能力。

标准 11：学生考核。学生的基本个人能力和人际能力、产品、过程和系统构建能力以及学科知识如何融入专业考核之中，这些考核如何度量和记录，学生在何种程度上达到了专业目标。

标准 12：专业评估。有无针对 CDIO 的 12 条标准的系统化评估过程，评估结果在多大程度上反馈给学生、教师以及其他利益相关者，以促进持续改进，专业教育有哪些效果和影响。

8.5 新工科的形成与发展

高等工程教育在我国高等教育中占有重要的地位。深化工程教育改革、建设工程教育强国，对服务和支撑我国经济转型升级意义重大。2016 年 6 月，我国工程教育专业认证体系实现国际实质等效，为深化工程教育改革提供了良好契机。当前，国家推动创新驱动发展，以新技术、新业态、新模式、新产业为代表的新经济蓬勃发展，对工程科技人才提出了更高要求，迫切需要加快工程教育改革创新。这些创新主要体现在图 8-10 所示的工业领域。

图 8-10　新工科

8.5.1 新工科研究的内容

新工科研究和实践围绕工程教育改革的新理念、新结构、新模式、新质量、新体系开展。主要分为以下内容。

（1）工程教育的新理念：结合工程教育发展的历史与现实、国内外工程教育改革的经验和教训，分析研究新工科的内涵、特征、规律和发展趋势等，提出工程教育改革创新的理念和思路。

（2）学科专业的新结构：面向新经济发展需要、面向未来、面向世界，开展新型工科专业的研究与探索，对传统工科专业进行更新升级等。

（3）人才培养的新模式：在总结卓越工程师教育培养计划、CDIO 工程教育模式等工程教育人才培养模式改革经验的基础上，开展深化产教融合、校企合作的体制机制和人才培养模式改革的研究与实践。

（4）教育教学的新质量：在完善中国特色、国际实质等效的工程教育专业认证制度的基础上，研究制定新型工科专业教学质量标准，开展多维度的教育教学质量评价等。

（5）分类发展的新体系：分析研究高校分类发展、工程人才分类培养的体系结构，提出推进工程教育办出特色和水平的宏观政策、组织体系与运行机制等。

8.5.2 促进新工科再深化

为主动应对新一轮科技革命和产业变革，加快培养新兴领域工程科技人才，改造升级传统工科专业，主动布局未来战略必争领域人才培养，教育部 2018 年首批认定 612 个新工科研究与实践项目，探索建立"新工科"建设的新理念、新标准、新模式、新方法、新技术、新文化。组建人工智能、大数据、智能制造等项目群，加快项目交流沟通，集聚产业资源，推进校际协同。为推进新工科再深化，2019 年教育部多次召开专题交流会，成立"全国新工科教育创新中心"，探索形成中国特色、世界水平的新工科教育体系，打造世界工程创新中心和人才高地。

新工科建设正在进入再深化的新阶段，"天大方案""成电方案""F 计划"等正式发布并全力推进，引起了国内外教育界、产业界的高度关注，产生了极大影响。新工科建设正在改变高校教与学的行为，正在改变高校人才培养方案，正在改变学校的评价体系与资源配置方式，正在改变工科学生的人生命运，正在改变产业的竞争格局，正在重塑国家竞争力在全球的位置。

针对人工智能、机器学习、物联网、区块链和大数据等技术的快速兴起，原来培养的工科人才不能适应这些新兴产业，2017 年教育部提出以人工智能为核心的新工科的概念，以应对已经来临的科技革命与产业变革（第四次工业革命），新工科专业包括智能制造、云计算、人工智能、机器人等。这次的科技革命是由人工智能、机器学习、物联网、区块链和大数据等技术的兴起而引发。在原有的计算机及信息技术的基础上进行了深层次的技术交融，为机器人赋予人类的情感，以自主完成人们指派的任务。

教育部引导高校根据经济社会发展需要和办学能力，加大大数据、人工智能、区块链相关专业人才培养力度。2018 年 10 月，教育部、工信部、工程院联合发布《关于加快建设发展新工科实施卓越工程师教育培养计划 2.0 的意见》，实施卓越工程师教育培养计划 2.0，推动各地各高校着力建设一批新型高水平理工科大学、多主体共建的产业学院和未来技术学院、产业急需的新兴工科专业、体现产业和技术最新发展的新课程等。

【作业】

1. 在（　　）年的政府工作报告中指出，"要鼓励企业开展个性化定制、柔性化生产，培育精益求精的工匠精神"。

　　A．2019　　　　B．2016　　　　C．2017　　　　D．2018

2. 所谓"工匠精神"是指在制作或工作中追求精益求精的态度与品质，是（　　）的体现，是从业者的一种职业价值取向和行为表现。

　　A．职业道德　　B．职业能力　　C．职业品质　　D．上述全部

3. 工匠精神是社会文明进步的重要尺度、是中国制造前行的精神源泉、是企业竞争发展的品牌资本、是员工个人成长的道德指引，其基本内涵包括敬业、（　　）等方面的内容。

　　A．精益　　　　B．专注　　　　C．创新　　　　D．上述全部

4. 随着农耕时代结束，社会进入后工业时代，一些与现代生活不相适应的老手艺、老工匠逐渐淡出日常生活，而工匠精神（　　）。

　　A．永不过时　　B．随风飘散　　C．渐行渐远　　D．没有意义

5. 对于企业来说，工匠精神的核心是要求企业（　　），产品经得起市场的考验和推敲。

　　A．精益求精　　B．科技创新　　C．技术进步　　D．上述全部

6. 对于企业家的工匠精神，下列（　　）是错误的。

　　A．创新是企业家精神的内核

　　B．敬业是企业家精神的动力

　　C．坚守品牌，坚持传统，比创新更具务实性

D. 执着是企业家精神的底色

7. 理工科是一个广大的领域，包含物理、化学、生物、（　）、天文、数学及这六大类的各种运用与组合的科目。

　　A. 工程　　　　　　B. 文学　　　　　　C. 论语　　　　　　D. 艺术

8. 工科的代表性学科有土建类、水利类、电工类、（　）类、热能核能类、仪器仪表类、化工制药类等。

　　A. 程序设计　　　　B. 电子信息　　　　C. Java　　　　　　D. 软件工程

9. 工程素质是指从事工程实践的工程专业技术人员的一种能力，其内涵主要包括有比较扎实的技术基础、（　）。

　　A. 受过必要的工程实践的训练
　　B. 有分析和解决工程实际问题的能力
　　C. 能够吃苦耐劳适应较艰苦的工作环境
　　D. 上述全部

10. 所谓工程教育，就是要培养面对开放的国际环境，具有较深厚的理论知识、（　）的高层次工程技术人员。

　　A. 以下所有　　　　　　　　　　　　B. 较强的工程实践能力
　　C. 良好的综合素质　　　　　　　　　D. 具有开创性和国际竞争力

11. 1989 年由来自美国等六个国家的民间工程专业团体发起和签署的《（　）》是世界上最具影响力的国际本科工程学位互认协议，其宗旨是通过双边或多边认可工程教育资格及工程师执业资格，促进工程师跨国执业。

　　A. 新工科协议　　　B. 华盛顿协议　　　C. 悉尼协议　　　　D. 东京协议

12. 2001 年首次缔约的《（　）》是美国等一些国家发起并开始构筑工程教育与工程师国际互认体系，其内容涉及工程教育及继续教育的标准、机构的认证，以及学历、工程师资格认证等诸多方面。

　　A. 新工科协议　　　B. 华盛顿协议　　　C. 悉尼协议　　　　D. 东京协议

13. 中国的（　）在国家工业化进程中，对门类齐全、独立完整的工业体系的形成与发展，发挥了不可替代的作用，加入《华盛顿协议》是其国际化进程的重要里程碑。

　　A. 工程教育　　　　B. 质量教育　　　　C. 思政教育　　　　D. 信息教育

14. （　）的理念不仅继承和发展了国际上几十年来工程教育改革的理念，更重要的是系统地提出了具有可操作性的能力培养、全面实施以及检验测评的 12 条标准。

　　A. 新工程实践　　　B. AI 教育　　　　　C. IT 教育　　　　　D. CDIO

15. CDIO 的标准之一是：（　）在多大的程度上激发了学生在相应核心工程领域的应用方面的兴趣和动力。

　　A. 学生考核　　　　B. 工程导论　　　　C. 主动学习　　　　D. 外语能力

16. CDIO 的标准之一是：（　）和经验学习方法怎样在 CDIO 环境下促进专业目标的达成。

　　A. 学生考核　　　　B. 工程导论　　　　C. 主动学习　　　　D. 外语能力

17. CDIO 的标准之一是：（　）。学生的基本个人能力和人际能力，产品、过程和系统构建能力以及学科知识如何融入专业考核之中。

　　A. 学生考核　　　　B. 工程导论　　　　C. 主动学习　　　　D. 外语能力

18. 在尊重各自教育实际的基础上，《华盛顿协议》各签约成员的工程教育专业认证呈现出很多相同的特点，包括（　　）。
    A．基于大专业领域分类进行认证，尊重专业办学自主权
    B．适应技术发展需求，开展交叉学科的认证工作
    C．构建完整体系，实现工程教育认证与工程师注册制度的有机衔接
    D．上述全部
19. 新工科研究和实践围绕工程教育改革的新理念、新结构、（　　）开展。
    A．新模式　　　　B．新质量　　　　C．新体系　　　　D．上述全部
20. 2017 年教育部提出以人工智能为核心的新工科的概念，以应对已经来临的科技革命与产业变革（第四次工业革命），新工科专业包括（　　）、机器人等。
    A．智能制造　　　B．云计算　　　　C．人工智能　　　D．以上全部

【研究性学习】熟悉工匠精神与工程教育

小组活动：熟悉本章课文介绍的重要概念：

（1）理解工匠精神、工程素质、工程教育、工程教育认证等相关概念，思考创新思维与工程素质的关系。

答：_____
_____
_____
_____

（2）了解加入《华盛顿协议》对中国工程学科教育以及我们个人发展有什么积极意义。

答：_____
_____
_____
_____

（3）请记录：你正在就读的专业是：_____
这个专业未来获得的学位是：□ 理学学士　　　　□ 工学学士　　　　□ 管理学学士
你了解这些不同学位之间的差别吗？请简单叙述之：

答：_____
_____
_____
_____

（4）请结合你自己的专业，简单介绍你对工程素质的认识。

答：_____
_____
_____

记录： 请记录小组讨论的主要观点，推选代表在课堂上简单阐述小组成员的观点。

评分规则： 若小组汇报得 5 分，则小组汇报代表得 5 分，其余同学得 4 分，余类推。

实验评价（教师）： _____

第9章 计算的学科、思维与职业

【导读案例】智能汽车出行数据的安全

如今,智能汽车越来越像部智能手机,这样的话,智能汽车收集的出行数据会不会流到国外?由于智能汽车数据收集带来的个人隐私和国家安全风险应被纳入管控(见图9-1)。

图9-1 智能汽车收集出行数据

2021年5月12日晚,国家互联网信息办公室(简称"网信办")官方网站发布了关于《汽车数据安全管理若干规定(征求意见稿)》(简称"征求意见稿"),此文件2021年10月1日已经由国家互联网信息办公室、国家发展和改革委员会、工业和信息化部、公安部、交通运输部联合发布施行,向社会公开征求意见。

数据是智能汽车的命门。从软件定义汽车到数据驱动迭代,汽车在使用过程中贡献的数据已经成为众多车企最为宝贵的资产。但随着智能化、网联化的进一步发展,数据安全问题也被放大,例如汽车摄像头、激光雷达等传感器对车内车外环境的采集。

消费者的个人隐私、车企的商业机密和国家的数据安全急需政策进行规范。此前,《数据安全管理办法(征求意见稿)》等文件对数据的采集、存储、传输、处理、监督、保护以及出境做了明确的规定,但针对智能汽车的数据管理未曾有专门的法律法规可以遵守。

征求意见稿的发布可谓一场"及时雨",也是对近期一系列智能汽车安全事件的回应。

"在此之前,我们国家在智能汽车数据管理方面的规定措施基本是空白,企业在做智能汽车研发的时候,也无法可依,无规可依,这一规定公布以后,企业就可以在指导下做智能汽车相关技术的研发,也保证了智能汽车产业的健康发展。"清华大学车辆与运载学院创院院长杨殿阁表示。

更多传感器采集信息更多,涉及问题更大

伴随着智能化浪潮席卷汽车工业,汽车越来越"聪明",但数据安全的监管缺失和法规滞后也显露出来。

智能汽车产生的数据主要分为两部分,一类是用户数据,主要关于用户个人隐私,如微信上车会涉及用户账号和访问记录,车内摄像头、车内麦克风等也可能侵犯用户隐私。另外一类是车辆数据,包括地理位置信息、系统信息、业务相关的数据。

账号、身份、位置等个人信息之外,智能汽车行车路线、运行参数等数据的归属权如何界定也成为一个争议点。行驶过程中汽车采集的道路环境信息,涉及地理信息的测绘,更是威胁着国家安全。

随着车联网应用快速上车后,汽车更像一台智能手机,但智能汽车比手机采集的信息面更广,摄像头、激光雷达等各类传感器更多,涉及的安全问题更严重。

在车辆行驶的过程中,激光雷达和摄像头也时刻采集路面的信息,这些信息很有可能涉及敏感地点,内容是非法的。不仅内容非法,一些激光雷达精度很高,可能造成精度非法。征求意见稿在信息采集上,对个人信息的采集和地理信息的采集都做出了明确的限制:

征求意见稿第八条和第九条提到,在个人信息采集上,应默认为不收集,每次都应当征得驾驶人同意授权,驾驶结束(驾驶人离开驾驶席)后本次授权自动失效;需要明确地告知车内人员正在收集个人信息;需要对个人信息进行匿名化或脱敏处理。

征求意见稿第三条提到,将军事管理区、国防科工等涉及国家秘密的单位、县级以上党政机关等重要敏感区域的人流车流数据,和高于国家公开发布地图精度的测绘数据都纳入"重要数据"的范畴。

跨境传输风险难避,必须建设境内数据中心

智能汽车对涉及国家秘密单位的地理信息、环境信息的收集已经引发政府部门的注意。

业内人士指出,我国对数据跨境传输一直缺乏有效的监管机制,但涉密数据跨境传输对国家安全影响极大,且一旦数据传出去了,后期要再整治、修补的难度更大。

"在技术手段不完备、管理制度还不完善的情况下,对跨境传输应该采取更为严格的管理方式,尽快将数据先'堵住',待研究清楚之后,这些确实需要传出去且不涉密的脱敏数据才能在全球范围联合研发。但在研究清楚之前、控制手段完善之前,数据应该严格地留在国内。"杨殿阁表示。华东理工大学法学院特聘副研究员王鹏鹏说,汽车使用中产生的数据都要经过"脱敏"后才能被传输、保存并应用在车企的智能化研发中,车主的隐私敏感数据也得以被筛除掉(见图9-2)。

图9-2 境内数据中心

"但汽车收集的一些数据如行动轨迹,必然是带着人的属性,属于法律上需要'脱敏'的信息,这对于无人驾驶深度学习的技术贡献可能大打折扣。"王鹏鹏认为,要平衡数据安全和技术进步,需要建立一个数据平台处理中心,但必须让政府参与进来进行监督,尤其是涉外企业。

本次发布的征求意见稿尤其对数据存储和跨境传输做出规定:

征求意见稿第十二条指出,个人信息或者重要数据应当依法在境内存储,确需向境外提供的,应当通过国家网信部门组织的数据出境安全评估;征求意见稿第十三条提出,运营者向境外提供个人信息或者重要数据的,应当采取有效措施明确和监督接收者按照双方约定的目的、范围、方式使用数据,保证数据安全。

可以预见的是,跨国车企都需要像苹果在贵州建立数据中心一样,在国内设立专门的数据中心进行处理和存储。业界预测,此次征求意见稿将对数据后台在境外的汽车企业形成较大的约束作用。

隐私与功能难兼得

汽车的数据安全问题,能否从车企和智能解决方案供应商的源头层面进行规避,这在技术层面是可以实现的。

互联网时代的"安全守护者"加入汽车行业,也将为产业链伙伴提供智能汽车网络安全服务。近日,以安全为立身之本的 360 宣布与哪吒合作造车,360 为消费者提供更平价的数字化产品的同时,可以深入研究汽车网络安全问题。

不过,车企在信息处理中,仍面临诸多困惑。车企对每个数据的流向很难有一个宏观的印象和掌控,"车企不知道这辆车采集的数据在传输、分享中会面临哪些安全风险,以及需要用怎样的手段去处理。"

为了保护车主隐私,另一种解决方法是只提取部分信息。"数据是具有两面性的。我们承诺决不采用 Face ID 的技术,只需抽取用户眉毛、眼皮等面部核心信息。哪怕黑客来攻击,也不能在系统中找到一张完整的'face'。"智己汽车联席 CEO 刘涛对媒体表示。

汽车数据泄露不仅威胁着消费者,对于车企来说,它们也担心业务信息、商业机密的泄露。黑客或竞争对手通过爬虫获取数据、利用统计学抽样分析,构造一些模型,再通过抽样数据的获取和分析,就能非常精确地分析出实际业务的商业机密。

资料来源:综合网络资料。

阅读上文,请思考、分析并简单记录:

(1)请简述,为什么说数据是智能汽车的命门?

答:_____

_____

_____

(2)请简述,智能汽车产生的数据主要分为哪两个部分?

答:_____

_____

_____

(3)请简述,智能汽车对地理信息、环境信息的收集存在着跨境传输的风险,应该如何加以防范?

答：_____
_____
_____

（4）请简述你所知道的上一周发生的国内外或者身边的大事：
答：_____
_____
_____
_____

9.1 IEEE/ACM《计算课程体系规范》的相关要求

随着计算机技术（特别是网络技术）的迅猛发展和广泛应用，由新技术带来的诸如网络空间的自由化、网络环境下的知识产权、计算机从业人员的价值观与职业素质等社会和职业问题已极大地影响着信息产业的发展，并引起了业界人士的高度重视。无论是购买计算机还是选择职业，作为一个专业学生，同时也是消费者，了解计算机行业非常重要（见图9-3）。

图 9-3 计算机从业人员

国际 ACM/IEEE 计算课程体系规范（Computing Curricula，CC 规范）是美国计算机学会（ACM）和电气与电子工程师协会计算机学会（IEEE-CS）联合组织全球 20 个国家的 50 位相关领域计算机教育专家共同制定的计算机类专业课程体系规范，具有很高的权威性。该规范已历经 CC1991、CC2001、CC2005 三个重要版本，是国内外一流计算机专业制定课程体系时的重要指导。

CC2020 项目组研究当前计算领域的课程设计，通过对 CC2005 课程体系进行版本更新，并提供教学指导方针，以应对未来计算教育面临的挑战。CC2020 采用"计算"一词作为计算机工程、计算机科学和信息技术等所有计算机领域的统一术语，采用"胜任力"，融合知识、技能和品行三个方面的综合能力培养，加强了对职业素养、团队精神等方面的要求（见图9-4）。

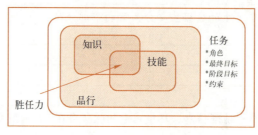

图 9-4 胜任力模型

9.1.1 胜任力培养实践

近年来计算机专业教育领域出现了"基于胜任力的学习"一词，计算教育的多个学科领域里已经或正在开展实践。之前计算教育领域大部分都倾向于基于知识的学习，然而对于计算机领域，基于知识或仅基于技能的培养不再适合，因为计算机专业的毕业生必须在面向工作岗位时展示出特定的胜任力。知识、技能、品行是构成胜任力的三要素。

知识对应胜任力的"了解"维度，是对事实的理解。在 CC2020 报告中，知识被分为计算知识和基础专业知识两个维度。其中，计算知识元素分为 6 类，包括人与组织、系统建模、软件系统架构、软件开发、软件基础和硬件；基础专业的知识元素被分为 13 项：分析和批判性思维、协作与团队合作、伦理和跨文化的观点、数理统计、多任务优先级和管理、口头交流与演讲、问题求解与排除故障、项目和任务组织与计划、质量保证/控制、关系管理、研究和自我入门/学习者、时间管理、书面交流。

技能是指应用知识主动完成任务的能力和策略。技能表达了知识的应用，是胜任力的"诀窍"维度，又分为认知技能和专业技能，其中认知技能分为 6 个技能等级：记忆、理解、应用、分析、评估和创造。专业技能包括沟通、团队精神、演示和解决问题。

品行构成胜任力的"知道为什么"维度，并规定任务执行的必要特征或质量。品行包含了社交情感技能、行为和态度，这些都是表征执行任务的倾向。CC2020 报告描述了 11 种与元认知意识有关的品行元素，包括主动性、自我驱动、热情、目标导向、专业性、责任心、适应性、协作合作、相应式、细致和创新性，还包括如何与他人合作以实现共同目标或解决方案。

9.1.2 我国计算机本科教育的现状

我国计算机类专业人才培养的规模从 1999 年开始逐年扩大。截至 2020 年 9 月，全国高等学校计算机类本科专业点已经超过 4 000 个，是我国规模最大的工科类专业。

在 1998 年教育部发布的《普通高等学校专业目录》中，计算机科学与技术还是电气信息类的一个专业。在 2012 年教育部发布的《普通高等学校专业目录》中设立了计算机类专业。在此目录发布的时候，计算机类专业包括计算机科学与技术、软件工程、网络工程、信息安全、物联网工程、数字媒体技术这 6 个基本专业，以及智能科学与技术、空间信息与数字技术、电子与计算机工程 3 个特设专业。2016 年，又增加了数据科学与大数据技术、网络空间安全专业。2017 年，则增加了新媒体技术、电影制作这几个特色专业。2020 年，又增加了保密技术、服务科学与工程、虚拟现实技术、区块链工程等专业。

为了应对计算机类专业快速发展下专业建设的需要，教育部高等学校计算机相关教学指导委员会等组织先后发布了计算机（类）专业的发展战略、专业规范、教学质量国家标准。2006 年 9 月，教育部高等学校计算机科学与技术教学指导委员会发布了《高等学校计算机科学与技术专业发展战略研究报告暨专业规范》（以下简称《规范》），第一次全面地总结了我国计算机科学与技术专业的发展历程，探索了计算机科学与技术专业发展战略，明确提出了按照研究型、工程型、应用型"分类培养计算机类专业人才"的指导思想，并按照计算机科学、计算机工程、软件工程、信息技术 4 个方向给出了不同方向、不同类型的人才培养的基本规范。

以《规范》为基础，教育部高等学校计算机类专业教学指导委员会后来陆续推出了计算机类其他专业乃至专业方向的规范，并进行了大量的宣传推广工作和试点工作，为我国计算机类专业的人才培养做出了重要贡献。2018 年 3 月，教育部发布了我国第一部《普通高等学校本科专业类教学质量国家标准》，其中包括《计算机类专业教学质量国家标准》，标志着我国的计算机类专业教育进入到依据国家标准开展人才培养的阶段。

2017 年以后，教育部开始推动新工科教育。计算机专业教育处于新工科建设的核心位置，既是带动各类工科实现跨越式发展的关键技术，又是对教育模式和形态进行创新的重要手段。从 2018 年开始，各高校陆续开办了人工智能、服务科学与工程、虚拟现实技术、区块链工程等新兴专业，这些专业瞄准社会经济发展的趋势，关注技术发展的核心问题和重大领域，主动布局信息领域未来战略人才的培养，在办学理念和模式上，从学科导向转向产业需求导向、从专业分割转向跨界交叉融合、从独立闭门式办学转向依托社会和企业的合作办学，是我国计算机专业设置以社会需求为导向的重大变化。

9.1.3　CC2020 对中国计算机本科专业学科设置的启发

本科专业培养方案设计的核心是课程体系的构建，面向 CC2020 提出的胜任力模型，一些高校也开始有意识地尝试将其与现有培养方案融合，从知识、技能、品行三个维度去构建更适应多层次培养目标的课程体系。

首先是知识维度的课程体系构建。不同于传统课程体系面向计算机学科覆盖的主要思路，面向 CC2020 的课程体系从知识覆盖的角度考虑，融入传统计算机学科以外的知识，调整和增加涉及管理、交流以及不同专业分支，通过调整课程设置、教学活动、应用项目的渠道实现复合知识领域的覆盖，满足不同应用领域与行业的需求。

然后是面向技能的课程体系设计。针对胜任力模型多技能等级的能力需求，需要学生进阶式的思考、批判性的思维、多项任务的完成等分阶段逐步培养，设计构建符合企业场景、实践项目中完成的实践教学体系，通过深度的校企合作、产学研协作构建更富内涵的技能培养实践体系。

最后是品行、热情维度。这与学生未来职业生涯发展息息相关。品行的培养要贯穿于整个本科学习阶段，渗透于整个学习过程，需要以课程体系多样化的内容为主要载体，组织专业学术讲座、举办科技探索与实践创新活动、引入高水平高素质师资等多个手段来实现。中国的计算机专业是一个厚基础、宽口径、重交叉、求创新的前沿理工科专业，CC2020 胜任力模型清晰地描述了未来计算机专业人才的特征，为专业建设和人才培养构建了一个很好的框架，但在如何符合中国国情方面还需做进一步细化和补充。

9.1.4　CC2020 对工业界的启发

从工业界角度来看，计算机专业教育存在的需求在于找到合适的专业人才，与大学合作，对员工实行继续专业教育。

大学教育的目标是培养具备知识、技能和品行的专业人才，但其不是职业教育，工业界不能把职业教育的责任推给大学，而是需要在考虑科技进步、社会经济发展和产业结构变化对计算类专业人员要求的基础上，做好相应的、持续的专业教育工作。

CC2020 报告的胜任力模型帮助我们连接学术界和工业界，连接大学毕业生和就业市场，其展示的量化和多维度全局观方法论对工业界的人才评定有深刻的参考意义。工业界企业在选择、培养和评估不同类型专业人才时，也可以在基于职业人才评定的基础上，借鉴这个模型的具体内容。

具体来说，从胜任力模型的知识角度来看，报告基于人与组织、系统建模、软件系统架构、软件开发、软件基础、硬件这 6 个方面提出了不同专业人才的知识体系，为企业选拔人才提供了非常好的指导意义。这个知识体系有助于工业界人士区分不同类型专业人才的特点，便于寻找细分人才。例如，人与组织包括了社会问题、用户体验、安全策略、信息系统管理、企业架构、项目管理，对国内很多企业选拔计算类管理型人才具有较好的参考意义。

从技能角度来看，报告提出了认知技能和专业技能。其中认知技能包括记忆、理解、应用、分析、评估、创造，专业技能包括沟通、团队精神、演示和解决问题。在对员工的持续专业教育中，工业界需要融合认知技能和专业技能的发展，其中认知技能培养的重点在于应用、分析、评估和创造，专业技能培养的重点在于团队精神和解决问题，同时还需要加强员工商业意识的培养，以及在真实工程中提升实践和创造能力。

从品行角度来看，包括主动性、自我驱动、热情、目标导向、专业性、责任心、适应性、协同合作、响应式、细致、创新性 11 项。这些与工业界的标准也是一致的。各个企业也有以上类似的对企业员工的要求，分别体现在企业文化和员工考核标准中。例如，斯蒂夫·迈克康奈尔强调，与优秀的计算工作者关系最大的性格是谦虚、求知欲、诚实、创造性和纪律。皮特·古德利弗在其著作中描述优秀的计算工作者应该是充满热情和适应性很强的人，惠普公司也在其企业文化"惠普之道"中强调对员工的品行要求，包括合作、创新和灵活性、目标导向，谷歌公司则在对大学毕业生的要求中强调善于沟通和倾听、同理心、辩证思维、社会意识等。因为以上个性的评判无法简单地用量化指标实现，企业会根据员工的行为模式和反思类实践来做相应的评判。

9.1.5 我国计算机本科专业设置面临的挑战

当前，我们正处于信息科技与信息化社会变革的关键时期，我国的计算机专业教育正面临巨大的挑战。

首先，当前的专业设置是学科导向与社会需求导向并存，存在一些结构性的问题。一方面，专业数量设置过多，专业分类设置过细，例如信息安全类有三个相关专业（信息安全、网络空间安全、保密技术），人工智能类有两个相关专业（人工智能、智能科学与技术），专业的重复建设可能会分散优秀的教育资源，一定程度上影响了优质专业人才的培养。另一方面，以社会需求为导向的专业刚刚开始招生，很多问题急待解决，包括明确的社会需求、合理的培养方案以及优质的办学条件。目前，这些专业招生形势过热与专业论证不充分的矛盾将在一段时期内制约这些专业的发展和人才的供给。

其次，需要对存量专业进行优化。我国的计算机类专业教育规模如此庞大，发展如此迅速，但是还是发生了"卡脖子"的现象，说明我国的计算机类专业教育离国际一流水平还有相当大的差距。这需要从计算机类一流人才培养的角度正视专业教育存在的问题，对当前的专业进行优化。例如，计算机系统结构方向仅包含在计算机科学与技术专业中，没有强调专门的计算机系统结构人才的培养，形成单独的专业，造成这方面人才长期的缺失。

9.2 计算思维

所谓**数据素养**，是指具备数据意识和数据敏感性，能够有效且恰当地获取、分析、处理、利用和展现数据，它是对统计素养、媒介素养和信息素养的一种延伸与扩展。可以从五个方面的维度来思考数据素养，即对数据的敏感性，数据的收集能力，数据的分析、处理能力，利用数据进行决策的能力，对数据的批判性思维。

第一次明确使用"计算思维"这一概念的是美国卡内基·梅隆大学计算机科学系主任周以真教授。2006 年 3 月，周教授在美国计算机权威期刊《ACM 通讯》上给出并定义了计算思维。

9.2.1 计算思维的概念

周以真教授认为：**计算思维**是运用计算机科学的基础概念进行问题求解、系统设计以及人类行为理解等涵盖计算机科学之广度的一系列思维活动。

为了让人们更易于理解，周教授又将它进一步定义为：通过约简、嵌入、转化和仿真等方法，把一个看来困难的问题重新阐释成一个我们知道问题怎样解决的方法；是一种递归思维、并行处理，把代码译成数据又能把数据译成代码的方法；是一种多维分析推广的类型检查方法；是一种采用抽象和分解来控制庞杂的任务或进行巨大复杂系统设计的方法，是基于关注分离的方法，即在系统中为达到目的而对软件元素进行划分与对比，通过适当的关注分离，将复杂的东西变成可管理的。计算思维也是一种选择合适的方式去陈述一个问题，或对一个问题的相关方面建模使其易于处理的思维方法；是按照预防、保护及通过冗余、容错、纠错的方式，并从最坏情况进行系统恢复的一种思维方法；是利用启发式推理寻求解答，即在不确定情况下的规划、学习和调度的思维方法；是利用海量数据来加快计算，在时间和空间之间，在处理能力和存储容量之间进行折中的思维方法。

计算思维吸取了问题解决所采用的一般数学思维方法，现实世界中巨大复杂系统的设计与评估的一般工程思维方法，以及复杂性、智能、心理、人类行为的理解等的一般科学思维方法。

计算思维建立在计算过程的能力和限制之上。计算方法和模型使我们敢于去处理那些原本无法由个人独立完成的问题求解和系统设计。计算思维直面机器智能的不解之谜：什么人比计算机做得好？什么计算机比人类做得好？最基本的问题是：什么是可计算的？

计算思维最根本的内容，即其本质是抽象和自动化。计算思维中的抽象完全超越物理的时空观，并完全用符号来表示，其中，数字抽象只是一类特例。

与数学和物理科学相比，计算思维中的抽象显得更为丰富，也更为复杂。数学抽象的最大特点是抛开现实事物的物理、化学和生物学等特性，而仅保留其量的关系和空间的形式，而计算思维中的抽象却不仅仅如此。

9.2.2 计算思维的作用

计算思维是每个人的基本技能（见图 9-5），在培养学生解析能力时，不仅要掌握阅读、写作和算术，还要学会计算思维。正如印刷出版促进了 3R（阅读，写作和算术）的普及，计算和计算机也以类似的正反馈促进了计算思维的传播。

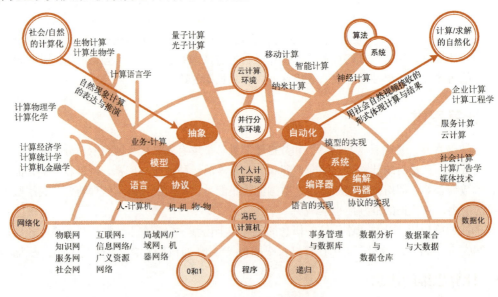

图 9-5 计算之树：计算思维教育空间

当我们必须求解一个特定问题时，首先会问：解决这个问题有多么困难？怎样才是最佳的解决方法？计算机科学根据坚实的理论基础来准确地回答这些问题。表述问题的难度就是工具的基本能力，必须考虑的因素包括机器的指令系统、资源约束和操作环境。

为了有效地求解一个问题，我们可能要进一步问：一个近似解是否就够了，是否可以利用一下随机化，以及是否允许误报和漏报。计算思维就是通过约简、嵌入、转化和仿真等方法，把一个看来困难的问题重新阐释成一个我们知道该怎样解决的问题。

计算思维是一种递归思维，它是并行处理，把代码译成数据又把数据译成代码。它是由广义量纲分析进行的类型检查。对于别名或赋予人与物多个名字的做法，它既知道其益处又了解其害处。对于间接寻址和程序调用的方法，它既知道其威力又了解其代价。它评价一个程序时，不仅仅根据其准确性和效率，还有美学的考量，而对于系统的设计，还要考虑简洁和优雅。

计算思维通过抽象和分解来迎接庞杂的任务或者设计巨大复杂的系统。它关注的是分离，它选择合适的方式去陈述一个问题，或者是选择合适的方式对一个问题的相关方面建模使其易于处理。它是利用不变量简明扼要且表述性地刻画系统的行为。它使我们在不必理解每一个细节的情况下能够安全地使用、调整和影响一个大型复杂系统的信息。可以说，它就是为预期的未来应用而进行的预取和缓存。

计算思维是按照预防、保护及通过冗余、容错、纠错的方式，从最坏情形恢复的一种思维。它称堵塞为"死锁"，称约定为"界面"。计算思维就是学习在同步相互会合时如何避免"竞争条件"（亦称"竞态条件"）的情形。

计算思维利用启发式推理来寻求解答，就是在不确定情况下的规划、学习和调度。它就是搜索、搜索、再搜索，结果是一系列的网页、一个赢得游戏的策略，或者一个反例。计算思维利用海量数据来加快计算，在时间和空间之间、在处理能力和存储容量之间进行权衡。

我们已经见证了计算思维在其他学科中的影响。例如，机器学习改变了统计学。就数学尺度和维数而言，统计学用于各类问题的规模仅在几年前还是不可想象的。各种组织的统计部门都聘请了计算机科学家，计算机院系正在与统计学系密切合作。

这种思维将成为每个人的技能组合成分，而不仅限于科学家。普适计算之于今天就如计算思维之于明天。普适计算是已成为今日现实的昨日之梦，而计算思维就是明日现实。

9.2.3　计算思维的特点

计算思维有以下几个特点：

（1）**概念化，不是程序化**。计算机科学不是计算机编程。像计算机科学家那样思维意味着远不止能为计算机编程，还要求能够在抽象的多个层次上思维。

许多人将计算机科学等同于计算机编程。许多人认为主修计算机科学的学生们看到的只是一个狭窄的就业范围。许多人认为计算机科学的基础研究已经完成，剩下的只是工程问题。当我们行动起来去改变这一领域的社会形象时，计算思维就是一个引导着计算机教育家、研究者和实践者的宏大愿景。

（2）**根本的，不是刻板的技能**。根本技能是每个人为了在现代社会中发挥职能所必须掌握的。刻板技能则意味着机械地重复。具有讽刺意味的是，当计算机像人类一样思考之后，思维可就真的变成机械的了。

（3）**是人的，不是计算机的思维方式**。计算思维是人类求解问题的一条途径，但决非要使人类像计算机那样地思考。计算机枯燥且沉闷，人类聪颖且富有想象力，是人类赋予计算机激情。

配置了计算设备,我们就能用自己的智慧去解决那些在计算时代之前不敢尝试的问题,达到"只有想不到,没有做不到"的境界。

(4) 数学和工程思维的互补与融合。计算机科学在本质上源自数学思维,因为像所有的科学一样,其形式化基础建筑于数学之上。计算机科学又从本质上源自工程思维,因为我们建造的是能够与现实世界互动的系统,基本计算设备的限制迫使计算机学家必须计算性地思考,不能只是数学性地思考。构建虚拟世界的自由使我们能够设计超越物理世界的各种系统。

(5) 是思想,不是人造物。不只是我们生产的软件硬件等人造物将以物理形式到处呈现并时时刻刻触及我们的生活,更重要的是还将有我们用以接近和求解问题、管理日常生活、与他人交流和互动的计算概念,而且是面向所有的人、所有地方。当计算思维真正融入人类活动的整体以致不再表现为一种显式哲学的时候,它就将成为一种现实(见图9-6)。

图 9-6 计算思维

因此,特别需要向人们传送下面两个主要信息:

(1) 智力上的挑战和引人入胜的科学问题依旧急待理解和解决。这些问题和解答仅仅受限于我们自己的好奇心和创造力。一个人可以主修英语或者数学,从事各种各样的职业,计算机科学也一样。一个人可以主修计算机科学,接着从事医学、法律、商业、政治,以及任何类型的科学和工程,甚至艺术工作。

(2) 应该让"怎么像计算机科学家一样思维"这样的课程面向所有专业,而不仅仅是计算机科学专业的学生。应当使广大学生接触计算的方法和模型,设法激发公众对计算机领域科学探索的兴趣。应当传播计算机科学的快乐、崇高和力量,致力于使计算思维成为常识。

9.3 码农的道德责任

计算机、网络、大数据和人工智能技术正在使世界经历一场巨大的变革,这种变革不但体现在人们的日常工作和生活中,而且深刻地反映在社会经济、文化等各个方面。例如,网络信息的膨胀正在逐步瓦解信息集中控制的现状;与传统的通信方式相比,计算机通信更有利于不同性别、种族、文化和语言的人们之间的交流,更有助于减少交流中的偏见和误解。

随着整个社会对计算机技术的依赖性不断增加,由计算机系统故障和软件质量问题所带来的损失与浪费是惊人的。如何提高和保证计算机系统及计算机软件的可靠性一直是科研工作者的研究课题,我们可以将其称为一种客观的手段或保障措施。而如何减少计算机从业者主观(如疏忽大意）所导致的问题，则只能由从业者自我监督和约束。

9.3.1 了解码农

码农，又称程序员，是一个依靠编写程序代码为生的职业群体，很多人看来，其职业特点主要表现在高收入和工作时间长。

码农，顾名思义为编码的"农民"，尤其是在工业化迅速发展的今天，各行各业对计算机应用的依赖不断增强，随之而来的社会需要大量的"IT 民工"投入到基础的编码工作当中来，他们有着聪慧的大脑，对于编程、设计、开发有着熟练的技巧，但随着企业雇主对利润的不断追求，他们的生活时间相当紧，加班成为常态。

随着时代的变化，很多互联网公司的 IT 工程师也自嘲为码农。他们多为高收入高学历的 IT 精英，很多人已经在企业中担任高级别的架构师和资深工程师，由于他们热爱编程和坚持写代码（code）的习惯，所以称之为"码"。加之互联网大企业的总部多坐落在城市边缘的开发区，例如北京上地和深圳的科技园，所以自嘲为"农"。

IT 似乎是一个属于年轻人的行业。随着年纪的增加，到 40、50 乃至 60 岁时，如果不做管理者，还能继续从事码农工作吗？雇主认为你比年轻人要求的职位和薪水更高，所以他们会认为聘请你的门槛更高。要改善这种状况，可以努力成为专家。既可以是某种语言（Java、C、Python 等），也可以是某个领域（数据系统设计、算法设计、机器学习等），甚至可以是某类软件（欺诈探测系统、推荐引擎等），这些技术很多都已经存在了十年，甚至更久。所以，如果你成为专家，肯定会很抢手。

但是，有两个提醒：

（1）你必须喜欢这个领域，否则会很不快乐。

（2）环境会随时间而改变，所以最好是将此作为 5～10 年的计划，而不是 30 年的计划。如果你目前的专业领域开始过时，就应该探索新的领域，但不要等到真正过时再动手。

——对一些初级职位持开放态度，尤其是当你进入了新的软件领域时。如果你能接受中等的职位和薪水，肯定比那些非 CTO（首席技术官）不干、非百万年薪不干的人更容易找工作。这是供给与需求的共同作用。

——利用自己的经验。不要变成"要求高薪的老家伙"，而要成为"有很多经验的良师益友"。应该不断吸取教训，然后与大家分享。尽管你仍然是一名程序员，但与单纯的程序员相比，你的价值会高得多。

——积累经验。你需要在与年轻人的竞争中脱颖而出，如果你过去 10 年一直没有什么提升，人家为什么放着年轻人不用，非要用你呢？

——不断学习新东西，尝试新技术。刚毕业的学生之所以有吸引力，是因为他们思维开阔、可塑性强。而对于年龄较大的员工，则有可能已经定型。你可以证明自己对新语言、新工具的接受程度，以此反驳这种观念。

9.3.2 职业化和道德责任

职业化通常也被称为职业特性、职业作风或专业精神等，应该视为从业人员、职业团体及其服务对象——公众之间的三方关系准则。该准则是从事某一职业，并得以生存和发展的必要条件。实际上，该准则隐含地为从业人员、职业团体（由雇主作为代表）和公众（或社会）拟订了一个三方协议，其中规定的各方的需求、期望和责任就构成了职业化的基本内涵。如从业人员希望职业团体能够抵制来自社会的不合理要求，能够对职业目标、指导方针和技能要求不断进行检查、评价与更新，从而保持该职业的吸引力。反过来，职业团体也对从业人员提出了要求，要求从业人员具有与职业理想相称的价值观念，具有足够的、完成规定服务所要求的知识和技能。类似地，社会对职业团体以及职业团体对社会都具有一定的期望和需求。任何领域提供的任何一项专业服务都应该尽量达到三方的满意，至少能够使三方彼此接受对方。

职业化是一个适用于所有职业的一个总的原则性协议，但具体到某一个行业时，还应考虑其自身特殊的要求。虽然职业道德规范没有法律法规所具有的强制性，但遵守这些规范对行业的健康发展是至关重要的。

道德准则被设计来帮助计算机专业人士决定其有关道德问题的判断。许多专业机构（诸如美国计算机协会、英国计算机协会、澳大利亚计算机协会以及美国计算机伦理研究所等）都颁布了道德准则，每种准则在细节上存在着差别，为专业人士行为提供了整体指南准则。

计算机伦理研究所颁布的最短准则如下：

（1）不要使用计算机来伤害他人。
（2）不要干扰他人的计算机工作。
（3）不要监控他人的文件。
（4）不要使用计算机来偷窃。
（5）不要使用计算机来提供假证词。
（6）不要使用或者复制你没有付费的软件。
（7）不要在没有获得允许的情况下使用他人的计算机资源。
（8）不要盗用他人的智能成果。
（9）应该考虑到自己所编写程序的社会后果。
（10）使用计算机时应该体现出对信息的尊重。

9.3.3 ACM 职业道德责任

在计算机日益成为各个领域及各项社会事务中心角色的今天，那些直接或间接从事软件设计和软件开发的人员，有着既可以从善也可从恶的极大机会，同时还可以影响周围其他从事该职业的人的行为。为能保证使其尽量发挥有益的作用，这就必须要求软件工程师致力于使软件工程成为一个有益的和受人尊敬的职业。

美国计算机协会（ACM）为专业人士行为制定的道德准则包含 21 条，包括"美国计算机协会成员必须遵守现有的本地、州、地区、国家以及国际法律，除非有明确准则要求不必这样做。"ACM 制定的一般道德规则包括：为社会和人类做贡献；避免伤害他人；诚实可靠；公正且不采取歧视行为；尊重财产权（包括版权和专利权），尊重知识产权；尊重他人的隐私，保守机密。针对计算机专业人员，具体的行为规范还包括以下部分：

（1）不论专业工作的过程还是其产品，都应努力实现最高品质、效能和规格。
（2）主动获得并保持专业能力。
（3）熟悉并遵守与业务有关的现有法规。
（4）接受并提供适当的专业化评判。
（5）对计算机系统及其效果做出全面彻底的评估，包括可能存在的风险。
（6）重视合同、协议以及被分配的任务。
（7）促进公众对计算机技术及其影响的了解。

（8）只在经过授权后再使用计算机及通信资源。

1998 年，IEEE-CS 和 ACM 联合特别工作组在对多个计算学科和工程学科规范进行广泛研究的基础上，制定了软件工程师职业化的一个关键规范《软件工程资格和专业规范》。该规范不代表立法，它只是向实践者指明社会期望他们达到的标准，以及同行们的共同追求和相互的期望。该规范要求软件工程师坚持以下 8 项道德规范。

原则 1：公众。从职业角色来说，软件工程师应当始终关注公众的利益，按照与公众的安全、健康和幸福相一致的方式发挥作用。

原则 2：客户和雇主。软件工程师应当有一个认知，什么是其客户和雇主的最大利益。他们应该总是以职业的方式担当他们的客户或雇主的忠实代理人和委托人。

原则 3：产品。软件工程师应当尽可能地确保他们开发的软件对于公众、雇主、客户以及用户是有用的，在质量上是可接受的，在时间上要按期完成并且费用合理，同时没有错误。

原则 4：判断。软件工程师应当完全坚持自己独立自主的专业判断并维护其判断的声誉。

原则 5：管理。软件工程的管理者和领导应当通过规范的方法赞成和促进软件管理的发展与维护，并鼓励他们所领导的人员履行个人和集体的义务。

原则 6：职业。软件工程师应该提高他们职业的正直性和声誉，并与公众的兴趣保持一致。

原则 7：同事。软件工程师应该公平合理地对待他们的同事，并应该采取积极的步骤支持社团的活动。

原则 8：自身。软件工程师应当在他们的整个职业生涯中，积极参与有关职业规范的学习，努力提高从事自己的职业所应该具有的能力，以推进职业规范的发展。

9.3.4 软件工程师道德基础

在软件开发的过程中，软件工程师及工程管理人员不可避免地会在某些与工程相关的事务上产生冲突。软件工程师应该以符合道德的方式减少和妥善地处理这些冲突。

1996 年 11 月，IEEE 道德规范委员会指定并批准了《工程师基于道德基础提出异议的指导方针》，提出了 9 条指导方针。

（1）确立清晰的技术基础。尽量弄清事实，充分理解技术上的不同观点，而且一旦证实对方的观点是正确的，就要毫不犹豫地接受。

（2）使自己的观点具有较高的职业水准，尽量使其客观和不带有个人感情色彩，避免涉及无关的事务和感情冲动。

（3）及早发现问题，尽量在最底层的管理部门解决问题。

（4）在因为某事务而决定单干之前，要确保该事务足够重要，值得为此冒险。

（5）利用组织的争端裁决机制解决问题。

（6）保留记录，收集文件。当认识到自己处境严峻的时候，应着手制作日志，记录自己采取的每一项措施及其时间，并备份重要文件，防止突发事件。

（7）辞职。当在组织内无法化解冲突的时候，要考虑自己是去还是留。选择辞职既有优点也有缺点，做出决定之前要慎重考虑。

（8）匿名。工程师在认识到组织内部存在严重危害，而且公开提请组织的注意可能会招致有关人员超出其限度的强烈反应时，可以考虑采用匿名报告的形式反映该问题。

（9）外部介入。组织内部化解冲突的努力失败后，如果工程人员决定让外界人员或机构介入该事件，那么不管他是否决定辞职，都必须认真考虑让谁介入。可能的选择有：执法机关、政府官员、立法人员或公共利益组织等。

9.4 计算机职业

在过去几十年中，计算机行业以其创造性、开拓性和技术性创造了以前从未有过的工作岗位和财富机会。研究数据显示，计算机和数据处理服务行业被认为是发展最快的行业，系统分析员、计算机工程师和数据处理设备维修人员被认为是社会需求量最大的几个职业之一（见图9-7）。

图9-7　计算机职业

9.4.1　计算机专业与工作分类

今天，几乎每项工作都要使用计算机，但并非使用计算机的人都属于计算机行业。为了清楚计算机工作，将其分成三类：计算机专业工作、计算机相关工作和计算机使用工作。计算机专业工作包括计算机编程、芯片设计和网络管理等那些没有计算机就不再存在的工作；计算机相关工作是一些普通工作在计算机行业的变形，这些工作在其他行业也存在，例如计算机销售、图形设计等；计算机使用工作需要使用计算机来完成某些任务，这些任务并不仅仅是计算。

拥有计算机专业工作的个人经常被称作"计算机专业人士"。在这三种工作中，计算机专业工作要求有充分的准备，对那些喜欢计算机、热爱计算机的人有很大的吸引力。

从事计算机软硬件的设计和开发工作要求经过很高程度的培养/培训和具有丰富的工作经验。很多大学都可以授予计算机工程、计算机科学和信息系统学位，它们为计算机专业工作提供了高质量的教育，这些专业之间有重叠的地方，但是它们的重点不同。

（1）计算机工程学位要求有良好的工程、数学和电子技术知识。计算机工程的毕业生一般从事计算机硬件和外围设备的设计工作，属于"芯片"级。

（2）计算机科学学位要求有良好的数学和计算机编程知识。它的主要学习对象是计算机，其主要目标是如何让计算机更有效地工作。计算机科学的毕业生通常是初级程序员，以后可以晋升到软件工程师、面向对象/GUI开发人员或者应用程序开发中的项目经理。

（3）信息系统学位集中于商业或组织机构中的计算机应用。它需要掌握商业、会计、计算机编程、通信、系统分析和人类心理学等知识。对于那些数学功底不够又想成为计算机专业人员的学生，导师会建议他们选择信息系统的学位。信息系统的毕业生，一般从事初级程序员、技术支持工程师，以后可以晋升为系统分析员、项目管理人员、数据库管理员、网络管理员或其他管理职位。

9.4.2　准备从事计算机行业工作

在寻找有发展潜力的计算机工作时，教育和经验非常重要。除了需要计算机工程、计算机科学和信息系统的学位以外，还要考虑如何通过兼职、服务、培训和自学获得充分的工作经验，这些经验是正规教育的合适补充。

拥有一台自己的计算机，并为其安装软件、解决软硬件问题等，为熟悉市场计算标准提供了很好的经验。为了让你的学历证书更有效，可能需要考虑参加认证学习。社会上有很多计算机工作方面的认证考试，包括程序设计、系统分析和网络管理等。例如，在计算机公司中从事网络管理，就应当考虑通过一些具体的认证系统工程师等的考试。

时刻留意专业领域的就业市场以及特殊开发技能和综合知识很重要。将多种知识和能力综合起来并灵活运用，会产生创造性的想法来解决问题。特殊技能（例如熟练使用 Java 或 Python 编程）将使你能够解决特定工作中的问题。这些技巧将是寻找新的工作时所需要的计算机技能，可以使你在求职时比其他人更有竞争力。

不少计算机专业人员喜欢自己找项目来做，自己负责合同、咨询等事宜。合同程序员和技术专家都为自己工作，寻找短期项目，谈判磋商项目收益率。他们自己安排时间表，通常每天要工作很长时间，要获得成功，需要动力和自律，其回报是能够自己安排自己的工作环境。

9.4.3 寻找工作的技巧

为寻找工作，第一步就是真实地评估自己的资历和需求。资历包括计算机技能、教育背景、工作经验、沟通能力和个人品质等。将你的资历和某份工作的要求进行比较，就会发现自己成功的机会。要明确自己理想的工作地点、工作条件、公司风格和薪水。通过比较需求和雇主所提供的工作条件，你就会知道一旦被雇用，你是否会喜欢这份工作。我们的目标是找到工作，找到自己喜欢的、有机会晋升并且报酬也可以的工作。

今天，通过互联网了解就业市场很容易。你需要准备一份简历，上面有求职目标、经验、技能和教育程度。有些求职顾问建议在寻求高技术工作岗位时，没有必要按照传统的规则来书写简历。例如，如果你有很多的工作技能可以写，就没有必要局限于一张纸。你的简历应当显示出你的经验，没有必要过分压缩；除非要申请的工作是 Web 页面制作或图形设计，否则没有必要把简历做得像杂志的页面；要记住公司的文化有差异。你可以制作多份简历以适应不同雇主公司的文化。

发布个人求职信息的标准方法就是将申请和简历通过邮件寄出去。不过，还有其他的更有效的方法。电子邮件是一个加速处理的方法。如果可能，要注意在申请表中写明电子邮件地址。使用电子邮件除了可以加速沟通之外，还表明申请者熟悉当前的技术。如果有个人主页的话，还可以在自己的主页上粘贴自己的简历。这个方法也很有效，它可以展示你对申请工作的熟练程度，大学生普遍更喜欢这种方式。现在很多的移动端 APP，也非常方便接收简历。

9.4.4 人工智能的人才培养

近年来，我国出台了一系列旨在促进人工智能教育的政策措施，为现代化、智能化建设指明了新的方向。

第一，在人才培养层面，2016 年 5 月，国家发改委牵头制定并印发了《"互联网+"人工智能三年行动实施方案》（以下简称《方案》），文件明确指出既要加快引进、培养一批人工智能领域的高端、复合型人才，也要着力突破若干人工智能关键核心技术。2017 年 7 月，国务院发布《新一代人工智能发展规划》，明确指出我国人工智能技术发展的关键在于高端人才队伍建设。国家相关政策的出台为高等教育培养新时代的人工智能技术人才指明了方向，也提供了政策依据。

第二，在专业与课程建设层面，《方案》指出，人工智能领域的人才培养要努力完善高校人工智能相关专业与课程的建设，并注重人工智能与其他学科专业的交叉融合。专业与课程建设是高校专业教育的根本，是技术技能人才培养的基石，是专业教学的质量保证。《方案》的出台无疑为人工智能相关专业建设与课程开发提供了重要指导。

第三，在关键技术发展层面，2016年8月，国务院印发的《"十三五"国家科技创新规划的通知》明确指出我国新一代信息技术发展的主要方向之一就是人工智能，强调在产业转型升级以及推动技术创新过程中，要重点关注人工智能技术的开发，推动人工智能与实体经济深度融合。技术创新与推广是高校教育的重要社会职能，国家政策对人工智能技术的高度重视既是对高校教育突破关键技术的鞭策，也为以技术服务社会经济发展指明了前进的方向。

2019年12月10日，职场社交平台领英发布了年度"新兴职业"榜单，列出了从2015年到2019年就业增长率很高的职位（见图9-8）：人工智能专家、机器人工程师、数据科学家、全栈工程师、网站可靠性工程师、客户成功专家、销售发展代表、数据工程师、行为健康技术员、网络安全专家。其中，排名第一的是人工智能专家，通常是工程师、研究人员或其他研究机器学习和人工智能的专业人士，他们的工作是搞清楚在哪些领域实现人工智能或构建人工智能系统是有意义的。

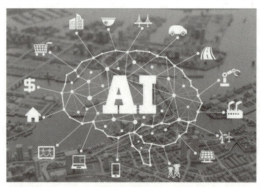

图9-8　人工智能排在2019年度新兴职业榜首

人工智能专家这个职位的薪水很可观，招聘规模也非常大，仅在过去的4年里，就以每年74%的速度增长。领英首席经济学家盖伊·伯杰称："人工智能已渗透到每个行业，目前对人工智能技术人才的需求超过了供给。这已经是连续三年，机器学习或人工智能领域的职位名列榜首，我们只能预计需求还会增加。"

【作业】

1. 国际ACM/IEEE计算课程体系规范是美国计算机学会和电气与电子工程师协会计算机学会联合组织全球计算机教育专家共同制定的计算机类专业课程体系规范。该规范已经历经了（　　）三个重要版本，是国内外一流计算机专业制定课程体系时的重要指导。

　　① CC1991　　　　② CC2001　　　　③ CC2005　　　　④ CC2011
　　A．①③④　　　　B．①②③　　　　C．①②④　　　　D．②③④

2. （　　）项目组研究当前计算领域的课程设计，通过对CC2005课程体系进行版本更新，并提供教学指导方针，以应对未来计算教育面临的挑战。

　　A．CC2020　　　　B．CC2021　　　　C．CC2015　　　　D．CC2018

3. 规范新版本采用"（　　）"一词作为计算机工程、计算机科学和信息技术等所有计算机领域的统一术语。

A．IT B．数据 C．数字 D．计算

4．规范新版本采用"（　　）"、融合知识、技能和品行三个方面的综合能力培养，加强了对职业素养、团队精神等方面的要求。

A．符合性 B．职场力 C．胜任力 D．能力

5．过去计算机专业教育领域大部分都倾向于基于知识的学习，然而对于计算机领域，基于知识或仅基于技能的培养不再适合，因为计算机专业的毕业生必须在面向工作岗位时展示出特定的（　　）。

A．符合性 B．职场力 C．胜任力 D．能力

6．（　　）对应胜任力的"了解"维度，是对事实的理解，分为计算知识和基础专业知识两个维度。

A．知识 B．技能 C．素养 D．品行

7．（　　）是指应用知识主动完成任务的能力和策略。技能表达了知识的应用，是胜任力的"诀窍"维度，又分为认知技能和专业技能。

A．知识 B．技能 C．素养 D．品行

8．（　　）构成胜任力的"知道为什么"维度，并规定任务执行的必要特征或质量。它包含了社交情感技能、行为和态度，这些都是表征执行任务的倾向。

A．知识 B．技能 C．素养 D．品行

9．我国计算机类专业人才培养的规模从 1999 年开始逐年扩大，全国高等学校计算机类本科专业点已经超过 4 000 个，是我国规模（　　）的工科类专业。

A．中等 B．一般 C．最大 D．最小

10．在 2012 年教育部发布的《普通高等学校专业目录》中开始独立设立计算机类专业。经多次增补，目前计算机类专业包括计算机科学与技术、软件工程、网络工程、信息安全、物联网工程、数字媒体技术、智能科学与技术、空间信息与数字技术、电子与计算机工程、数据科学与大数据技术、网络空间安全、新媒体技术、电影制作、保密技术、服务科学与工程、虚拟现实技术、区块链工程。

请记录：你就读的专业是＿＿＿＿＿＿＿＿＿＿＿＿＿＿＿＿＿＿＿＿＿＿＿＿＿＿＿＿。

11．2006 年 9 月，教育部高等学校计算机科学与技术教学指导委员会发布了《高等学校计算机科学与技术专业发展战略研究报告暨专业规范》，明确提出了按照（　　）"分类培养计算机类专业人才"的指导思想。

① 学术型 ② 研究型 ③ 工程型 ④ 应用型

A．②③④ B．①②③ C．①③④ D．①②④

12．（　　）年以后，教育部开始推动新工科教育。计算机专业教育处于新工科建设的核心位置，既是带动各类工科实现跨越式发展的关键技术，又是对教育模式和形态进行创新的重要手段。

A．2000 B．2017 C．2020 D．1978

13．根据 CC2020 提出的胜任力模型，（　　）的课程体系构建，考虑融入传统计算机学科以外的知识，调整和增加涉及管理、交流以及不同专业分支，通过调整课程设置、教学活动、应用项目的渠道实现复合知识领域的覆盖，满足不同应用领域与行业的需求。

A．面向技能 B．面向工程
C．知识维度 D．品行、热情维度

14. 根据 CC2020 提出的胜任力模型，（　　）的课程体系构建，需要学生进阶式的思考、批判性的思维、多项任务的完成等分阶段逐步培养，设计构建符合企业场景、实践项目中完成的实践教学体系，通过深度的校企合作、产学协作构建更富内涵的技能培养实践体系。

  A．面向技能　　　　　　　　　　B．面向工程
  C．知识维度　　　　　　　　　　D．品行、热情维度

15. 根据 CC2020 提出的胜任力模型，（　　）的课程体系构建，与学生未来职业生涯发展息息相关，它贯穿于整个学习阶段，渗透于整个学习过程，需要以课程体系多样化的内容为主要载体，组织专业学术讲座、举办科技探索与实践创新活动、引入高水平高素质师资等多个手段来实现。

  A．面向技能　　　　　　　　　　B．面向工程
  C．知识维度　　　　　　　　　　D．品行、热情维度

16. 大学教育的目标是培养具备知识、技能和品行的专业人才。工业界不能把（　　）的责任推给大学，而是需要在考虑科技进步、社会经济发展和产业结构变化对计算类专业人员要求的基础上，做好相应的持续的专业教育工作。

  A．创新水平　　B．职业教育　　C．能力提升　　D．道德素养

17. 我国的计算机专业教育正面临巨大的挑战。专业数量设置（　　），在一定程度上影响了优质专业人才的培养。

  A．层次偏少　　B．过少过粗　　C．过多过细　　D．门类缺失

18. 所谓（　　），是指具备数据意识和数据敏感性，能够有效且恰当地获取、分析、处理、利用和展现数据，它是对统计素养、媒介素养和信息素养的一种延伸与扩展。

  A．数据素养　　B．编程能力　　C．计算思维　　D．计算能力

19. 所谓（　　），是运用计算机科学的基础概念进行问题求解、系统设计，以及人类行为理解等涵盖计算机科学之广度的一系列思维活动。

  A．数据素养　　B．编程能力　　C．计算思维　　D．计算能力

20. （　　）是一个依靠编写程序代码为生的职业群体，很多人认为，其职业特点主要表现在高收入和工作时间长。从事这个职业，你必须喜欢这个领域，不断学习新东西，尝试新技术。

  A．架构师　　　B．分析师　　　C．规划师　　　D．码农

【研究性学习】关注计算类专业的职业与责任

小组活动：阅读本章的课文，讨论：
（1）作为计算机职业的发展，未来人工智能的相关工作是你的职业选择吗？
（2）你认为，人工智能职业的从业人员应该恪守的职业道德责任应该有哪些？

记录：请记录小组讨论的主要观点，推选代表在课堂上简单阐述小组成员的观点。

评分规则：若小组汇报得 5 分，则小组汇报代表得 5 分，其余同学得 4 分，余类推。

实训评价（教师）：＿＿＿＿＿＿＿＿＿＿＿＿＿＿＿＿＿＿＿＿＿＿＿＿

第 10 章 安全与法律

【导读案例】算力与东数西算

随着"新基建"概念的火爆,"算力"概念也随之引起大家的关注。新基建包含三大领域:信息基础设施、融合基础设施、创新基础设施。以数据中心、智能计算中心为代表的算力基础设施,就包含在信息基础设施当中。

其实,"算力"这个概念在我们生活中的存在感不亚于空气。算力又称计算力,指的是数据的处理能力,它广泛存在于手机、PC、超级计算机等各种硬件设备中。没有算力,这些硬件就不能正常使用,而算力越高对我们生活的影响也越深刻。例如,因为使用了超级计算机,电影《阿凡达》的后期渲染只用了一年的时间,而如果用普通计算机的话可能需要一万年。

1. 关于算力

先来看一组数据,2017 年,我国数字经济总量达到 27.2 万亿元,占 GDP 比重达 32.9%,是仅次于美国的第二大数字经济体。而与之相对应的是大数据的爆发式增长,据 IDC 预测,到 2025 年,全球数据总量预计将达到 180ZB。这个数字有多大?1ZB 相当于 1.1 万亿 GB,如果把 180ZB 全部存在 DVD 光盘中,这些光盘叠起来大概可以绕地球 222 圈。

而与此同时,继续遵循摩尔定律高速发展的集成电路会直接影响到中央处理器(CPU)的性能,进而影响到计算机的计算能力。换句话说,算力始终处于一个稳步上升的状态,而且成本会越来越低。

在数据大爆炸和算力成本普降的双重因素影响下,世界算力资源迎来了爆发式增长。1946 年,世界上第一台通用计算机 ENIAC 的计算速度是每秒 5000 次,而现在,超级计算机美国"顶点"的浮点运算速度已经达到了每秒 14.86 亿亿次。

以前,算力是稀缺资源,计算机造价昂贵、体型巨大,只有少数大型企业和政府单位才能拥有。而现在,全球的网民数量已经达到了 44.22 亿,比全球总人口的一半还多。算力已经成为普通人生活中不可缺少的一部分。

2. 个人算力、企业算力和云计算

按照使用主体,我们可以把算力分作:个人算力、企业算力和超级算力。

一般情况下,个人算力指的就是 PC,它包括了台式机、笔记本计算机、平板计算机、超极本等(见图 10-1)。我们上网、玩游戏等在计算机上进行的任何操作,都会被转化成二进制数暂存到计算机存储器中,然后经由 CPU 解译为指令,再被调入到运算器中进行计算,最后由输出

设备将结果输出。由于一台 PC 一般只安装一个 CPU，性能有限，如果数据量很大，需要非常大的计算量，PC 一般是完成不了的。

相比起来，企业算力就复杂多了。企业算力经常要面对上百、上千，甚至上万人同时进行某项操作，并在同一时间给出计算结果。很显然，这个问题只能由服务器来解决。

服务器可以安装很多个 CPU，甚至是集群性质的（见图 10-2）。它还是一台没有感情的工作机器，每天工作 24 小时，全年无休。服务器对外（企业、网络等）提供服务，可以很多人一起使用。例如我们访问网站，个人客户端发送请求到服务器，服务器接收请求并开始处理，服务器可以并行处理很多人的请求，但这个请求数量是有上限的。有的服务器一次只能处理 100 万个请求，那么第 100 万零一个请求发出的时候，服务器就会卡顿甚至崩溃。

图 10-1　个人算力

图 10-2　企业算力

那么就没有给服务器解压的办法了吗？像谷歌、亚马逊这样的公司，每年都要投入数十亿美金建设云计算中心，每个云计算中心里又有数万台计算机。简单来说，云计算中心就像是一个连接器，可以把算力供给端和需求端连接到一起。

其实，云计算就是把现实的计算资源放到网络里，然后将网络里的计算机虚拟成一台"超级计算机"，人们可以通过各种终端，享受到它提供的计算服务。云计算最大的特点就是它的灵活性，它是按照用户需求匹配计算资源的，还可以让用户大量使用非本地的计算资源，实现"算力共享"。

但与此同时，云计算也是有瓶颈的。对于一些对计算性能有着超高要求的企业，还是得用超级算力，即超级计算机。

3. 超算

超算，常常指信息处理能力比 PC 快一到两个数量级以上的计算机。和字面意思不同，它可不是一台计算机，而是很多台计算机。这些计算机也不是简单地攒在一起，数以万计的 CPU 需要低延迟数据互通，同时还要解决如何分发与存储数据、如何为系统散热与节能等难题。

一般来说，超算的运算速度平均每秒在 1000 万次以上，但现在超算已经进入了 E 级时代，其准入门槛也变成了运算速度每秒百亿亿次。这么快的计算机被用来完成人类无法完成的计算任务。它最先被应用到气候模拟领域（见图 10-3），气候模拟和天气预报被认为是世界上最复杂的问题之一。中国的超算"神威·太湖之光"可以在 30 天内完成未来 100

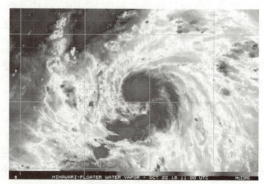

图 10-3　超算气候模拟

年的地球气候模拟。超算应用于数值天气预报，其准确率达到了 80%以上。

除此之外，超算还被广泛应用在军事、航空航天、科研、石油石化、CAE 仿真计算、生命科学、人工智能等各个领域。

目前，超算已经成为一个国家综合国力的象征，而中国在这一领域实现了全球领先。2010年，中国首台千万亿次超级计算机"天河一号"首次拿下全球超算 TOP500 第一名。自那以后，中国超算便成了榜首常客，2013 年—2017 年，中国相关超算都稳坐在这个位置。

2017 年，神舟十一号飞船和天宫一号在太空中进行无人对接，由于是中国首次载人交会对接，对飞船和航天器的模拟精准度要求极高。中国载人航天工程总体仿真实验室以联想高性能计算系统和 ThinkStation 图形工作站为核心的仿真系统，在轨道计算、模拟仿真、航天器设计等关键环节承担了大量计算工作，成功辅助了这次任务。

4. 数据中心

近几年来，数字经济以前所未有的方式爆发了，在线教育、在线办公、直播带货等"云上的行业"几倍甚至几十倍增长，其背后的数据中心功不可没。而新基建首提数据中心，并把它与 5G、人工智能等共同列为信息数字化基础设施，足以见得数据中心的重要性。

数据中心能够为用户提供远程的算力保障，它是算力的存在方式，也是数字经济的基础。2021 年我国移动互联网用户平均月流量为 7.82GB，是 2018 年的 1.69 倍，但只有不到 2%的企业数据被存了下来，其中又只有 10%被用于数据分析。这意味着如果没有足够的算力支撑，未来还将会有大量的数据被白白浪费掉。

而数据中心同样是云计算、工业互联网、人工智能的"弹药"，换句话说，算力是这些新技术发展的天花板。有这样的比喻，如果用火箭来比喻人工智能，那么数据就是火箭的燃料，算法就是火箭的引擎，算力就是火箭的加速器。人工智能研究组织 OpenAI 指出，高级人工智能所需要的算力每 3.43 个月将会翻 10 倍。

人工智能为什么需要如此高的算力？因为人工智能最大的挑战之一就是识别度不高、准确度不高，而要提高准确度就需要提高模型的规模和精确度，这就需要更强的算力。另一方面，随着人工智能的应用场景逐渐落地，图像、语音、机器视觉和游戏等领域的数据呈现爆发式增长，也对算力提出了更高的要求。

工业互联网描述了一个关于智能制造的美好愿景，但它同样离不开算力。简单来说，工业互联网就是将工业系统与科学计算、分析、感应技术以及互联网深度融合起来，在这个过程中，算力扮演的角色就是将采集到的大量工业数据进行分析处理，并生成推理模型，随后系统会运用该模型进行分析、预测、规划、决策等一系列智能活动。

数据显示，2018 年中国工业数字化经济的比重仅为 18.3%，尚不足 20%，这一领域尚有很大的发展空间。诸如人工智能、云计算等新技术的涌现将倒逼算力朝着更快更强的方向发展，而算力也将给这些领域带来更深刻的变革，这一切都值得我们期待。

5. 东数西算

2022 年 2 月 17 日，国家发展改革委高技术司接受媒体采访时称，8 个国家算力枢纽节点和 10 个国家数据中心集群完成批复，全国一体化大数据中心体系完成总体布局设计，"东数西算"工程正式全面启动。

按照全国一体化大数据中心体系布局，8 个国家算力枢纽节点将作为我国算力网络的骨干连接点，发展数据中心集群，开展数据中心与网络、云计算、大数据之间的协同建设，并作为国家"东数西算"工程的战略支点，推动算力资源有序向西转移，促进解决东西部算力供需失衡问题。

什么是"东数西算"呢？它其实和"南水北调""西电东送""西气东输"这些工程有类似之处，只不过上述这些工程运送的是水、电、气，而"东数西算"所运送的是数据。

"东数西算"中的"数"指的是数据，"算"指的是算力。"东数西算"就是在西部地区发展数据中心，把东部地区的数据放到西部地区去计算。

发展"东数西算"能有什么好处呢？

首先，我们都知道现阶段我国的资源分布不均。东部经济发达，有人，没资源；而西部是有资源，没人。正是因为这种错位，所以"东数西算"应运而生。举个很简单的例子，数据中心的散热需要大量的水，西部地区的水资源价格便宜；西部地区的电力资源也比东部更加丰富。所以，在西部建立数据中心，可以有效节约成本。

其次，"东数西算"可以提升西部地区数字化经济发展。在上一轮传统经济发展的过程中，东南部地区由于先发优势，享受了很多红利，和西部地区拉开了比较明显的差距。在新一轮"数字经济"的发展中，必须让西部地区也尽早"上车"，使得"东西差距"缓和乃至最终平衡。

最后，"东数西算"也会有利于双碳目标的实现。很多东部经济发达省份，其实碳排放的压力很大，而西部地区能源相对比较丰富，可以有效承接数据中心需要的能源消耗。

所以，"东数西算"是国家未来数字经济的区域发展战略，它是典型的自产战略，是国家的扶持产业。

资料来源：网络资料，张湧说财经。有改动。

阅读上文，请思考、分析并简单记录：

（1）请通过网络搜索，深入了解"新基建"的相关概念，并解释什么是信息基础设施。

答：_____
_____
_____

（2）在"东数西算"中，东数涉及哪些地区？西算涉及哪些地区？

答：_____
_____
_____

（3）请简述：作为国家未来数字经济的区域发展战略，"东数西算"有哪些积极意义？

答：_____
_____
_____

（4）请简述你所知道的上一周发生的国内外或者身边的大事：

答：_____
_____
_____
_____

10.1 消费者隐私权保护

隐私保护（见图 10-4）是计算机伦理学最早的课题。传统的个人隐私包括：姓名、出生日期、身份证号码、婚姻、家庭、教育、病历、职业、财务情况等数据，现代个人数据还包括电子邮件地址、个人域名、IP 地址、手机号码以及在各个网站登录所需的用户名和密码等信息。随着计算机信息管理系统的普及，越来越多的计算机从业者能够接触到各种各样的保密数据。这些数据不仅仅局限为个人信息，更多的是企业或单位用户的业务数据，它们同样是需要保护的对象。

图 10-4　个人隐私保护

隐私权，即公民享有的个人生活不被干扰的权利和个人资料的支配控制权。具体到计算机网络与电子商务中的隐私权，可从权利形态上分：隐私不被窥视的权利、不被侵入的权利、不被干扰的权利、不被非法收集利用的权利；也可从权利内容上分：个人特质的隐私权（姓名、身份、肖像，声音等）、个人资料的隐私权、个人行为的隐私权、通信内容的隐私权和匿名的隐私权等。

在西方，人们对权利十分敏感，不尊重甚至侵犯他人的权利被认为是可耻的。随着我国改革开放和经济的飞速发展，人们也开始逐渐对个人隐私有了保护意识。人们希望属于自己生活秘密的信息由自己来控制，从而避免对自己不利或自己不愿意公布于众的信息被其他个人、组织获取、传播或利用。因此，尊重他人隐私是尊重他人的一个重要方面，隐私保护实际上体现了对个人的尊重。

10.1.1 隐私数据保护

要在业务中运用大数据，就不可避免地会遇到隐私问题。对 Web 上的用户个人信息、行为记录等进行收集，在未经用户许可的情况下将数据转让给广告商等第三方，这样的经营者现在也不少见，因此，各国都围绕着 Web 上行为记录的收集展开了激烈的讨论与立法。涉及个人及其相关信息的经营者，需要在确定使用目的的基础上事先征得用户同意，并在使用目的发生变化时，以易懂的形式进行告知，这种对透明度的确保今后应该会愈发受到重视。

10.1.2 隐私的法律保护

2010 年 12 月，美国商务部发表了一份题为"互联网经济中的商业数据隐私与创新：动态政策框架"的长达 88 页的报告。这份报告指出，为了对线上个人信息的收集进行规范，需要出台一部"隐私权法案"，在隐私问题上对国内外的相关利益方进行协调。受这份报告的影响，2012 年 2 月 23 日，"消费者隐私权法案"正式颁布。这项法案中，对消费者的权利进行了如下具体的规定。

（1）个人控制：对于企业可收集哪些个人数据，并如何使用这些数据，消费者拥有控制权。对于消费者和他人共享的个人数据，以及企业如何收集、使用、披露这些数据，企业必须向消费者提供适当的控制手段。为了能够让消费者做出选择，企业需要提供一个可反映企业收集、使用、披露个人数据的规模、范围、敏感性，并可由消费者进行访问且易于使用的机制。

例如，通过收集搜索引擎使用记录、广告浏览记录、社交网络使用记录等数据，就有可能生成包含个人敏感信息的档案。因此，企业需要提供一种简单且醒目的形式，使消费者能够对个人数据的使用和公开范围进行精细控制。此外，企业还必须提供同样的手段，使消费者能够撤销曾经承诺的许可，或者对承诺的范围进行限定。

（2）**透明度**：对于隐私权及安全机制的相关信息，消费者拥有知情、访问的权利。前者的价值在于加强消费者对隐私风险的认识并让风险变得可控。为此，对于所收集的个人数据及其必要性、使用目的、预计删除日期、是否与第三方共享以及共享的目的，企业必须向消费者明确说明。

此外，企业还必须以在消费者实际使用的终端上容易阅读的形式来提供关于隐私政策的告知。特别是在移动终端上，由于屏幕尺寸较小，要全文阅读隐私政策几乎是不可能的。因此，必须要考虑移动终端的特点，采取改变显示尺寸、重点提示移动平台特有的隐私风险等方式，对最重要的信息予以显示。

（3）**尊重背景**：消费者有权期望企业按照与自己提供数据时的背景相符的形式对个人信息进行收集、使用和披露。这就要求企业在收集个人数据时必须有特定的目的，企业对个人数据的使用必须仅限于该特定目的的范畴，即基于"公平信息行为原则"的声明。

从原则上说，企业在使用个人数据时，应当仅限于与消费者披露个人数据时的背景相符的目的。另一方面，也应该考虑到，在某些情况下，对个人数据的使用和披露可能与当初收集数据时所设想的目的不同，在这样的情况下，必须用比最开始收集数据时更加透明、醒目的方式来将新的目的告知消费者，并由消费者来选择是允许还是拒绝。

（4）**安全**：消费者有权要求个人数据得到安全保障且负责任地被使用。企业必须对个人数据相关的隐私及安全风险进行评估，并对数据遗失、非法访问和使用、损坏、篡改、不合适的披露等风险维持可控、合理的防御手段。

（5）**访问与准确性**：当出于数据敏感性因素，或者当数据不准确可能对消费者带来不良影响的风险时，消费者有权以适当方式对数据进行访问，以及提出修正、删除、限制使用等要求。企业在确定消费者对数据的访问、修正、删除等手段时，需要考虑所收集的个人数据的规模、范围、敏感性，以及对消费者造成经济上、物理上损害的可能性等。

（6）**限定范围收集**：对于企业所收集和持有的个人数据，消费者有权设置合理限制。企业必须遵循第三条"尊重背景"的原则，在目的明确的前提下对必需的个人数据进行收集。此外，除非需要履行法律义务，否则当不再需要时，必须对个人数据进行安全销毁，或者对这些数据进行身份不可识别处理。

（7）**说明责任**：消费者有权将个人数据交给为遵守"消费者隐私权法案"具备适当保障措施的企业。企业必须保证员工遵守这些原则，为此，必须根据上述原则对涉及个人数据的员工进行培训，并定期评估执行情况。在有必要的情况下，还必须进行审计。

在上述 7 项权利中，对于准备运用大数据的经营者来说，第三条"尊重背景"是尤为重要的一条。例如，如果将在线广告商以更个性化的广告投放为目的收集的个人数据，用于招聘、信用调查、保险资格审查等目的的话，就会产生问题。

此外，脸书等社交网络服务中的个人档案和活动等信息，如果用于脸书自身的服务改善以及新服务的开发是没有问题的。但是，如果要向第三方提供这些信息，则必须以醒目易懂的形式对用户进行告知，并让用户有权拒绝向第三方披露信息。

在保护隐私安全方面，目前世界上可供利用和借鉴的政策法规有：《世界知识产权组织版权条约》（1996 年）、美国《知识产权与国家信息基础设施》白皮书（1995 年）、美国《个人隐私权和国家信息基础设施》白皮书（1995 年）、欧盟《隐私保护指令》（1995 年）、欧盟《数据保护通用条例》（2016 年）、加拿大《隐私权法》（1983 年）等。

在我国已有的法律法规中，涉及隐私保护也有一些规定。《宪法》第 38 条、第 39 条和第 40 条分别规定：中华人民共和国公民的人格尊严不受侵犯。禁止用任何方法对公民进行侮辱、诽谤和诬告陷害。中华人民共和国的公民住宅不受侵犯。禁止非法搜查或者非法侵入公民的住宅。中华人民共和国公民的通信自由和通信秘密受法律的保护，除因国家安全或者追查刑事犯罪的需要，由公安机关或者检察机关依照法律规定的程序对通信进行检查外，任何组织或者个人不得以任何理由侵犯公民的通信自由和通信秘密。

在宪法原则的指导下，我国刑法、民事诉讼法、刑事诉讼法和其他一些行政法律法规分别对公民的隐私权保护做出了具体的规定，如刑事诉讼法第 188 条规定：人民法院审理第一审案件应当公开进行。但是有关国家秘密或者个人隐私的案件，可以不公开审理；涉及商业秘密的事件，当事人申请不公开审理的，可以不公开审理。

目前，我国出台的有关法律法规也涉及计算机网络和电子商务中的隐私权保护，如《计算机信息网络国际联网安全保护管理办法》第 7 条规定：用户的通信自由和通信秘密受法律保护。任何单位和个人不得违反法律规定，利用国际联网侵犯用户的通信自由和通信秘密。《计算机信息网络国际联网管理暂行规定实施办法》第 18 条规定：用户应当服从接入单位的管理，遵守用户守则；不得擅自进入未经许可的计算机系统，篡改他人信息；不得在网络上散发恶意信息，冒用他人名义发出信息，侵犯他人隐私；不得制造传播计算机病毒及从事其他侵犯网络和他人合法权益的活动。

10.1.3 人工智能的隐私保护

人工智能使个人的隐私和自由变得非常脆弱。例如基于深度学习的人工智能需要收集、分析和使用大量数据，这其中有很多信息由于具有身份识别性，属于个人信息。按照个人信息保护方面的法律规定，这些行为应当取得用户明确、充分且完备的授权，并应当明确告知用户收集信息的目的、方式手段、内容、留存时限还有使用的范围等。但是现在，这种个人授权已经非常脆弱。例如人脸识别。相比指纹等其他生物特征数据，人脸的一个巨大区别就是它们能够远距离起作用。只要有手机就可以拍下照片，供人脸识别程序使用。但这意味着我们的隐私可能遭受更大损害。

相比于工业时代，"数据"就是人工智能时代的石油和天然气。这里的数据，不仅包括个人数据，也包括不属于个人数据，但有商业价值的数据。

个人数据方面存在以下挑战：技术与商业模式变革，导致个人数据概念不断扩展，界限模糊；个人数据财产权性质凸显，挑战传统制度框架；国家安全价值与个人数据保护价值的冲突与选择；数据跨境流动日益频繁，域外管辖情况复杂。

数据的权属问题也是当前讨论的焦点，谁拥有包括个人数据在内的数据权属？用户、企业还是其他？在 2017 年发布的《建立欧盟数据经济》中，欧盟开始考虑设立数据产权，即"数据生产者权利"，其客体主要是"非个人的和计算机生成的匿名化数据"。实践中，计算机生成的数据可以是个人性的或非个人性的，当机器生成的数据能够识别自然人的时候，该类信息则属于个人信息，应适用个人数据保护规则，直到这些数据完全匿名化为止。按照欧盟委员会的设想，数据生产者（设备的所有者或长期用户）权利可以是排他性的财产权，数据生产者有权分配或许可他人使用其数据,并独立于其与第三方之间的合同关系;或者仅仅是纯粹的防御性权利,只允许在非法盗用数据的案件中提起诉讼。

10.2 计算机犯罪与立法

计算机犯罪的概念是 20 世纪五六十年代在美国等信息科学技术比较发达的国家首先提出的。国内外对计算机犯罪的定义不尽相同。美国司法部从法律和计算机技术的角度将计算机犯罪定义为:因计算机技术和知识起了基本作用而产生的非法行为。欧洲经济合作与发展组织的定义是:在自动数据处理过程中,任何非法的、违反职业道德的、未经批准的行为都是计算机犯罪行为。

10.2.1 计算机犯罪

信息技术的发展带来了以前没有的犯罪形式,如电子资金转账诈骗、自动取款机诈骗、非法访问、设备通信线路盗用等。

一般来说,计算机犯罪可以分为两大类:使用了计算机与网络技术的传统犯罪和计算机与网络环境下的新型犯罪。前者例如网络诈骗和勒索、侵犯知识产权、网络间谍、泄露国家秘密以及从事反动或色情等非法活动等,后者例如未经授权非法使用计算机、破坏计算机信息系统、发布恶意计算机程序等。

我国《刑法》认定的计算机犯罪,举例如下:

(1)违反国家规定,侵入国家事务、国防建设、尖端科学技术领域的计算机信息系统的行为。

(2)违反国家规定,对计算机信息系统功能进行删除、修改、增加、干扰造成计算机信息系统不能正常运行,后果严重的行为。

(3)违反国家规定,对计算机信息系统中存储、处理或者传输的数据和应用程序进行删除、修改、增加的操作,后果严重的行为。

(4)故意制作、传播计算机病毒等破坏性程序,影响计算机系统正常运行,后果严重的行为。

这几种行为基本上包括了国内外出现的各种主要的计算机犯罪。一般来说,防范计算机犯罪有以下几种策略。

(1)加强教育,提高计算机安全意识,预防计算机犯罪。

(2)健全惩治计算机犯罪的法律体系。健全的法律体系一方面使处罚计算机犯罪有法可依,另一方面能够对各种计算机犯罪分子起到一定的威慑作用。

(3)发展先进的计算机安全技术,保障信息安全。例如使用防火墙、身份认证、数据加密、数字签名和安全监控技术、防范电磁辐射泄密等。

(4)实施严格的安全管理。计算机应用部门要建立适当的信息安全管理办法,确立计算机安全使用规则,明确用户和管理人员职责;加强部门内部管理,建立审计和追踪体系。

10.2.2 病毒扩散

病毒、蠕虫、木马,这些字眼已经成为计算机类新闻中的常客。例如病毒"熊猫烧香",它其实是一种蠕虫的变种,经过多次变种而来,它能够终止大量的反病毒软件和防火墙软件进程。由于"熊猫烧香"可以盗取用户名与密码,因此带有明显的牟利目的,其制作者已被定为破坏计算机信息系统罪并被判处有期徒刑。计算机病毒和信息扩散对社会的潜在危害远远不止网络瘫痪、系统崩溃这么简单，如果一些关键性的系统如医院、消防、飞机导航等受到影响发生故障，是直接威胁人们生命安全的。

10.3 网络安全问题

在网络社会，网络技术、大数据技术和人工智能技术的广泛应用，也导致网络伦理面临着一些问题。

从观念层面上，可以看到个人自由主义盛行的现象。网络社会是现实社会的延伸，在网络环境下，人们言行更自由放松，一定程度上，网络空间里表现出来的自我更接近真实自我，是自我内心的释放与展现。同时，道德虚无主义、自由无政府主义膨胀。网络道德虚无主义的特征是：怀疑道德、否定道德，将个人视为自己网络道德行为的唯一评判者，甚至为实现内心自我而不顾他人感受，忽视社会传统规范和礼仪甚至法律，造成不必要的伤害，如"网络暴力"就是很好的佐证。同时，无政府主义者在网络上宣言"完全自由"与"彻底民主"，主张取消政府，不要法制，不要道德，这和自由的实质是相违背的。而"黑客"成为"电脑英雄"代名词，不少青少年盲目崇拜并效仿，将个人主义推向极致。这些个人主义思想在青少年人群中扩散，引起社会高度重视。

从规范层面上，可以看到道德规范运行机制失灵的问题。网络伦理与传统伦理不是相对的，而是对传统伦理道德的继承与发扬。但在虚拟网络社会中，道德规范受到严峻挑战，主要表现在两个方面。首先，道德规范主体在虚拟社会中表现不完整，传统的年龄、性别、相貌、职业、地位等属性在虚拟社会中模糊，取代的是虚拟的文字或数字符号，给网络欺骗和网络犯罪留下空间。处在此环境下的道德主体会产生主体感和社会感淡漠现象，不利于虚拟社会道德水平提高。其次，道德规范实施力量出现分化甚至消亡。现实社会中，人们面对面交往，道德规范通过社会舆论压力和人们内心信念起作用。而虚拟社会是人机交流，人们之间互不熟识也能交往，很容易冲破道德底线，发生"逾越"行为。在此情况下，社会舆论承受的对象对个体来说不明确，直面的道德舆论抨击难以进行，从而使社会舆论作用下降。由此说明，传统道德规范运行机制受阻，对道德行为约束下降。

从行为层面上看，存在着网络不道德行为蔓延的现象。网络社会中，不道德行为处处可见，正蚕食道德领域。网络上不道德行为表现有：商业欺诈、利用网络散布虚假信息；制造大量垃圾邮件，造成网络堵塞；利用网络散布反动言论及一些黄、赌、毒等不良信息，扰乱社会秩序；网络犯罪，利用病毒或者信息技术盗取他人密码，给社会及个人造成经济损失；网络使人的传统的社会性人格发生嬗变，网民社会责任感弱化，人际关系淡化，忽视自己作为社会人的存在，一味在网上欺骗别人，造成不利影响。这些不道德的行为被一些人追捧，给青少年带来不良影响，深深刺痛社会敏感的神经。

10.4 大数据安全问题

传统的信息安全侧重于信息内容（信息资产）的管理，更多地将信息作为企业/机构的自有资产进行相对静态的管理，不能适应实时动态的大规模数据流转和大量用户数据处理的特点。大数据的特性和新的技术架构颠覆了传统的数据管理方式，在数据来源、数据处理、数据使用和数据思维等方面带来革命性的变化，这给大数据的安全防护带来了严峻的挑战。

10.4.1 大数据的管理维度

数据已成为国家基础性战略资源，建立健全大数据安全保障体系，对大数据的平台及服务进行安全评估，是推进大数据产业化工作的重要基础任务。中国《网络安全法》《网络产品和服务安全审查办法》《数据安全管理办法》等法律法规的陆续实施，对大数据运营商提出了诸多合规要求。如何应对大数据安全风险，确保其符合网络安全法律法规政策，成为急需解决的问题。

大数据管理具有分布式、无中心、多组织协调等特点。因此有必要从数据语义、生命周期和信息技术（IT）三个维度（见图 10-5）去认识数据管理技术涉及的数据内涵，分析和理解数据管理过程中需要采用的 IT 安全技术及其管控措施和机制。

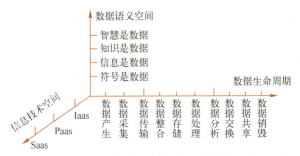

图 10-5　大数据管理的三个维度

从大数据运营者的角度看，大数据生态系统应提供包括大数据应用安全管理、身份鉴别和访问控制、数据业务安全管理、大数据基础设施安全管理和大数据系统应急响应管理等业务安全功能，因此大数据业务目标应涵盖这 5 个方面。

在 2020 年全国大数据标准化工作会议暨全国信标委大数据标准工作组第七次全会上发布了《大数据标准化白皮书（2020 版）》。白皮书指出了目前大数据产业化发展面临的安全挑战，包括法律法规与相关标准的挑战、数据安全和个人信息保护的挑战、大数据技术和平台安全的挑战。针对这些挑战，我国已经在大数据安全指引、国家标准及法律法规建设方面取得了阶段性成果，但大数据运营过程中的大数据平台安全机制不足、传统安全措施难以适应大数据平台和大数据应用、大数据应用访问控制困难、基础密码技术及密钥操作性等信息技术安全问题急待解决。

10.4.2 数据生命周期安全

大数据的安全不仅是大数据平台的安全，而是以数据为核心，在全生命周期各阶段流转过程中，在数据采集汇聚、数据存储处理、数据共享使用等方面都面临新的安全挑战（见图 10-6）。

云计算、社交网络和移动互联网的兴起，对数据存储的安全性要求随之增加。各种在线应用大量数据共享的一个潜在问题就是信息安全。虽然信息安全技术发展迅速，然而企图破坏和规避信息保护的各种网络犯罪的手段也在不断发展，更加不易追踪和防范。

数据安全的另一方面是管理。在加强技术保护的同时，加强全民的信息安全意识，完善信息安全的政策和流程至关重要。

根据工业和信息化部的相关定义，所谓数据安全风险信息，主要是通过检测、评估、信息搜集、授权监测等手段获取的，包括但不限于：

第 10 章 安全与法律

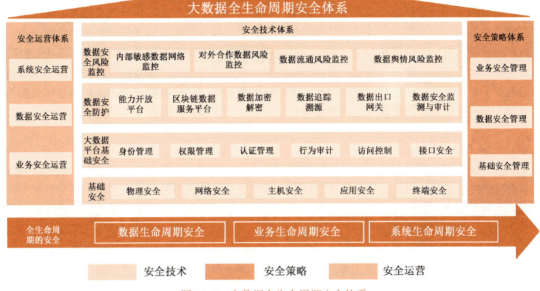

图 10-6 大数据全生命周期安全体系

(1) 数据泄露,数据被恶意获取,或者转移、发布至不安全环境等相关风险。
(2) 数据篡改,造成数据破坏的修改、增加、删除等相关风险。
(3) 数据滥用,数据超范围、超用途、超时间使用等相关风险。
(4) 违规传输,数据未按照有关规定擅自进行传输等相关风险。
(5) 非法访问,数据遭未授权访问等相关风险。
(6) 流量异常,数据流量规模异常、流量内容异常等相关风险。

此外,数据安全风险还包括由相关政府部门组织授权监测的暴露在互联网上的数据库、大数据平台等数据资产信息等。

伴随着大数据传输技术和应用的快速发展,在大数据传输生命周期的各个阶段、各个环节,越来越多的安全隐患逐渐暴露出来。例如,大数据传输环节,除了存在泄露、篡改等风险外,还可能被数据流攻击者利用,数据在传播中可能出现逐步失真等。又如,大数据传输处理环节,除数据非授权使用和被破坏的风险外,由于大数据传输的异构、多源、关联等特点,即使多个数据集各自脱敏处理,数据集仍然存在因关联分析而造成个人信息泄露的风险。作为大数据传输汇集的主要载体和基础设施,云计算为大数据传输提供了存储场所、访问通道、虚拟化的数据处理空间。因此,云平台中存储数据的安全问题也成为阻碍大数据传输发展的主要因素。

10.4.3 采集汇聚安全

大数据环境下,随着物联网特别是 5G 技术的发展,出现了各种不同的终端接入方式和各种各样的数据应用。来自大量终端设备和应用的超大规模数据源输入,对鉴别大数据源头的真实性提出了挑战,数据来源是否可信,源数据是否被篡改都是需要防范的风险。数据传输需要各种协议相互配合,有些协议缺乏专业的数据安全保护机制,从数据源到大数据平台的数据传输都可能带来安全风险。数据采集过程中存在的误差会造成数据本身的失真和偏差,数据传输过程中的泄露、破坏或拦截会带来隐私泄露、谣言传播等安全管理失控的问题。因此,大数据传输中信道安全、数据防破坏、防篡改和设备物理安全等几个方面都需要考虑。

在对大数据进行数据采集和信息挖掘的时候，要注重用户数据的安全问题，在不泄露用户隐私数据的前提下进行数据挖掘。需要考虑的是，在分布计算的信息传输和数据交换时，要保证各个存储点内的用户隐私数据不被非法泄露和使用，这是当前大数据背景下信息安全的主要问题。同时，当前的大数据数据量并不是固定的，而是在应用过程中动态增加的，但是，传统的数据隐私保护技术大多是针对静态数据的，所以，如何有效地应对大数据动态数据属性和表现形式的数据隐私保护也是要注重的安全问题。最后，大数据的数据远比传统数据复杂，现有的敏感数据的隐私保护是否能够满足大数据复杂的数据信息也是应该考虑的安全问题。

10.4.4 存储管理安全

大数据所存储的数据量非常巨大，往往采用分布式的方式进行存储，而正是由于这种存储方式，存储的路径视图相对清晰，而数据量过大，导致数据保护相对简单，黑客较为轻易利用相关漏洞，实施不法操作，造成安全问题。大数据安全虽仍继承传统数据安全保密性、完整性和可用性三个特性，但也有其特殊性。

大数据的数据类型和数据结构是传统数据所不能比拟的，在大数据的存储平台上，数据量是非线性甚至是以指数级的速度增长的，各种类型和各种结构的数据进行数据存储，势必会引发多种应用进程的并发且频繁无序地运行，极易造成数据存储错位和数据管理混乱，为大数据存储和后期的处理带来安全隐患。

大数据平台处理数据的模式与传统信息系统不同（见图10-7）。传统数据的产生、存储、计算、传输都对应明确界限的实体，可以清晰地通过拓扑结构表示，这种处理信息方式用边界防护相对有效。但在大数据平台上，采用新的处理范式和数据处理方式（MapReduce、列存储等），存储平台同时也是计算平台，应用分布式存储、分布式数据库、NewSQL、NoSQL、分布式并行计算、流式计算等技术，一个平台内可以同时具有多种数据处理模式，完成多种业务处理，导致边界模糊，传统的安全防护方式难以奏效。

图10-7 大数据安全事故分析

（1）大数据平台的分布式计算涉及多台计算机和多条通信链路，一旦出现多点故障，容易导致分布式系统出现问题。此外，分布式计算涉及的组织较多，在安全攻击和非授权访问防护方面比较脆弱。

（2）分布式存储由于数据被分块存储在各个数据节点，传统的安全防护在分布式存储方式下很难奏效，其面临的主要安全挑战是数据丢失和数据泄露。

（3）大数据平台访问控制的安全隐患主要体现在：用户多样性和业务场景多样性带来的权限控制多样性和精细化要求，超过了平台自身访问控制能够实现的安全级别，策略控制无法满足权限的动态性需求，传统的角色访问控制不能将角色、活动和权限有效地对应起来。因此，在大数据架构下的访问控制机制需要对这些新问题进行分析和探索。

（4）针对大数据的新型安全攻击中最具代表性的是高级持续性攻击，由于其潜伏性和低频活跃性，使持续性成为一个不确定的实时过程，产生的异常行为不易被捕获。传统的基于内置攻击事件库的特征实时匹配检测技术对检测这种攻击无效。大数据应用为入侵者实施可持续的数据分析和攻击提供了极好的隐藏环境，一旦攻击得手，失窃的信息量甚至是难以估量的。

（5）基础设施安全的核心是数据中心的设备安全问题。主要来自大数据服务所依赖的云计算技术引起的风险，包括如虚拟化软件安全、虚拟服务器安全、容器安全，以及由于云服务引起的商业风险等。

（6）服务接口安全。由于大数据业务应用的多样性，使得对外提供的服务接口千差万别，给攻击者带来机会。因此，如何保证不同的服务接口安全是大数据平台的又一巨大挑战。

（7）数据挖掘分析使用安全。大数据的应用核心是数据挖掘，从数据中挖掘出高价值信息为企业所用，是大数据价值的体现。然而使用数据挖掘技术，为企业创造价值的同时，容易产生隐私泄露的问题。如何防止数据滥用和数据挖掘导致的数据泄密和隐私泄露问题，是大数据安全一个主要的挑战性问题。

10.4.5 共享使用安全

互联网给人们生活带来方便，同时也使得个人信息的保护变得更加困难。

（1）数据的保密问题。频繁的数据流转和交换使得数据泄露不再是一次性的事件，众多非敏感的数据可以通过二次组合形成敏感的数据。通过大数据的聚合分析能形成更有价值的衍生数据，如何更好地在数据使用过程中对敏感数据进行加密、脱敏、管控、审查等，阻止外部攻击者采取数据窃密、数据挖掘、根据算法模型参数梯度分析对训练数据的特征进行逆向工程推导等攻击行为，避免隐私泄露，仍然是大数据环境下的巨大挑战。

（2）数据保护策略问题。大数据环境下，汇聚不同渠道、不同用途和不同重要级别的数据，通过大数据融合技术形成不同的数据产品，使大数据成为有价值的知识，发挥巨大作用。如何对这些数据进行保护，以支撑不同用途、不同重要级别、不同使用范围的数据充分共享、安全合规的使用，确保大数据环境下高并发多用户使用场景中数据不被泄露、不被非法使用，是大数据安全的又一个关键性问题。

（3）数据的权属问题。大数据场景下，数据的拥有者、管理者和使用者与传统的数据资产不同，传统的数据是属于组织和个人的，而大数据具有不同程度的社会性。一些敏感数据的所有权和使用权并没有被明确界定，很多基于大数据的分析都未考虑到其中涉及的隐私问题。在防止数据丢失、被盗取、被滥用和被破坏上存在一定的技术难度，传统的安全工具不再像以前那么有用。如何管控大数据环境下数据流转、权属关系、使用行为和追溯敏感数据资源流向，解决数据权属关系不清、数据越权使用等问题是一个巨大的挑战。

10.5 大数据安全体系

在大数据时代，如何确保网络数据的完整性、可用性和保密性，不受信息泄露和非法篡改的安全威胁影响，已成为政府机构、事业单位信息化健康发展所要考虑的核心问题。具体包括：根据对大数据环境下面临的安全问题和挑战进行分析，提出基于大数据分析和威胁情报共享为基础的大数据协同安全防护体系，将大数据安全技术框架、数据安全治理、安全测评和运维管理相结合，在数据分类分级和全生命周期安全的基础上，体系性地解决大数据不同层次的安全问题（见图 10-8）。

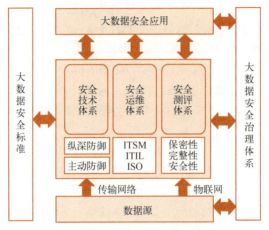

图 10-8　大数据安全保障体系

大数据的安全技术体系是以大数据安全管理、安全运行的技术保障。以密码基础设施、认证基础设施、可信服务管理、密钥管理设施、安全监测预警五大安全基础设施为支撑服务，结合大数据、人工智能和分布式计算存储能力，解决传统安全解决方案中数据离散、单点计算能力不足、信息孤岛和无法联动的问题（见图 10-9）。

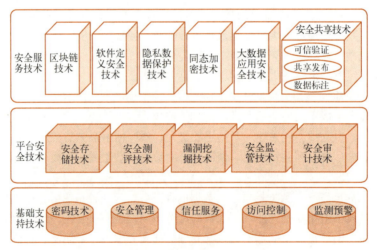

图 10-9　大数据安全技术体系

10.6　人工智能法律问题

面对迅猛发展的人工智能产业，各国纷纷出台人工智能国家战略，抢占战略制高点。2016 年 10 月，美国发布了《国家人工智能研究和发展战略计划》和《为人工智能的未来做好准备》两份重要报告，全面部署人工智能发展。继美国之后，英国政府相继发布了《人工智能：未来决策制定的机遇和影响》和《在英国发展人工智能产业》两份报告，阐述了人工智能的未来发展对英国经济、社会和政府的影响，论述了如何利用英国的独特人工智能优势，增强英国国力。此外，欧盟、日韩等也纷纷从战略层面进行布局。

全球互联网企业看重人工智能未来发展的巨大商机，纷纷布局人工智能产业链。脸书首席执行官马克·扎克伯格在 2016 年 3 月划定了以人工智能为核心的"十年路线图"；谷歌首席执行官桑达尔·皮查伊在 2016 年 4 月第一次明确提出，将人工智能优先作为公司大战略；微软 CEO 萨提亚·纳德拉也在 2016 年 10 月提出，人工智能将会成为微软的下一个战略目标。2016 年 9 月，美国谷歌、脸书、亚马逊、IBM、微软五家科技公司宣布将成立人工智能联盟，进行人工智能未来应用及标准的研究。

在计算机与信息技术的发展史上，网络法经历了三次重大转变，每个阶段都有其特殊的问题并产生了相应的法律规制。第一阶段的关注焦点是计算机，各国围绕计算机的安全、犯罪、欺诈、滥用等问题制定了一系列法律，这个阶段的典型立法包括美国 1984 年的《计算机欺诈与滥用法》等。

互联网兴起之后，网络法发展到第二阶段，信息大爆炸趋势下，信息成为关注焦点，法律规制围绕信息的隐私、保护、传播、滥用等问题展开，这个阶段的立法包括欧盟 1995 年的《数据隐私保护指令》、美国 1996 年的《通信规范法》等。

当前，作为关注焦点的数据和人工智能算法带来新的问题，预计将出现一系列新的人工智能法律，例如欧盟的 GDPR 已经针对人工智能应用进行了制度安排，欧盟议会发布的《算法责任与透明治理框架》则在考虑建立算法治理框架。

10.6.1 人格权保护

现在很多人工智能系统把一些人的声音、表情、肢体动作等植入内部系统，使所开发的人工智能产品可以模仿他人的声音、形体动作等，甚至能够像人一样表达，并与人进行交流。但如果未经他人同意而擅自进行上述模仿活动，就有可能构成对他人人格权的侵害。此外，人工智能还可能借助光学技术、声音控制、人脸识别技术等，对他人的人格权客体加以利用，这也对个人声音、肖像等的保护提出了新的挑战。例如，光学技术的发展促进了摄像技术的发展，提高了摄像图片的分辨率，使夜拍图片具有与日拍图片同等的效果，也使对肖像权的获取与利用更为简便。这确实是一个值得探讨的问题。

10.6.2 数据财产保护

人工智能的发展也对数据的保护提出了新的挑战，一方面，人工智能及其系统能够正常运作，在很大程度上是以海量的数据为支撑的，在利用人工智能时如何规范数据的收集、存储、利用行为，避免数据的泄露和滥用，并确保国家数据的安全，是急需解决的重大现实问题。另一方面，人工智能的应用在很大程度上取决于其背后的一套算法，如何有效规范这一算法及其结果的运用，避免侵害他人权利，也需要法律制度予以应对。目前，人工智能算法本身的公开性、透明性和公正性的问题，是人工智能的一个核心问题，但并未受到充分关注。

10.6.3 侵权责任认定

以自动驾驶为例，作为人工智能的重要应用之一，近年来，美、德等发达国家积极推动立法，鼓励自动驾驶车辆测试及应用。2016 年 9 月 21 日，美国交通运输部（DOT）颁布《联邦自动驾驶汽车政策》（2017 年 9 月发布了第二版《自主驾驶系统的安全愿景》），提出自动驾驶汽车安全评估、联邦与州监管政策协调等四部分内容，进一步为自动驾驶技术提供了制度保障。2016 年 4 月，德国政府批准了交通部起草的相关法案，将"驾驶员"定义扩大到能够完全控制车辆的自动系统。目前我国自动驾驶方面立法政策尚未出台，如何对自动驾驶等产业进行规制，如何确定事故责任承担等是值得思考的法律问题。

人工智能引发的侵权责任问题很早就受到了学者的关注，随着人工智能应用范围的日益广泛，其引发的侵权责任认定和承担问题将对现行侵权法律制度提出越来越多的挑战。无论是机器人致人损害，还是人类侵害机器人，都是新的法律责任。

据报道，2016年11月，在深圳举办的第十八届中国国际高新技术成果交易会上，一台某型号机器人突然发生故障，在没有指令的前提下自行打砸展台玻璃，砸坏了部分展台，并导致一人受伤。毫无疑问，机器人是人制造的，其程序也是制造者控制的，所以，在造成损害后，谁研制的机器人，就应当由谁负责，似乎在法律上没有争议。人工智能就好比人的手臂的延长，在人工智能造成他人损害时，当然应当适用产品责任的相关规则。其实不然，机器人与人类一样，是用"脑子"来思考的，机器人的脑子就是程序。我们都知道一个产品可以追踪属于哪个厂家，但程序却不一定，有可能是由众多的人共同开发的，程序的产生可能无法追踪到某个具体的个人或组织。尤其是，智能机器人也会思考，如果有人故意挑逗，惹怒了它，它有可能会主动攻击人类，此时是否都要由研制者负责，就需要进一步研究。

10.6.4　机器人主体地位

机器人是否可以被赋予法律人格，享有法律权利并承担法律责任？近年来，欧盟在机器人立法方面进行了积极探索。2015年，欧盟议会法律事务委员会决定成立一个工作小组，专门研究与机器人和人工智能发展相关的法律问题。2016年，该委员会发布《就机器人民事法律规则向欧盟委员会提出立法建议的报告》。2017年2月，欧盟议会已通过一份呼吁出台机器人立法的决议，在其中开始考虑赋予复杂的自主机器人法律地位（电子人）的可能性。

此外，人工智能发展所带来的伦理问题等也值得关注。人工智能因其自主性和学习能力而带来新的伦理问题，包括安全问题、歧视问题、失业问题、是否能最终被人控制的问题等，对人类社会各方面将带来重大影响。目前IEEE及联合国等已发布人工智能相关伦理原则，如保障人类利益和基本权利原则、安全性原则、透明性原则、推动人工智能普惠和有益原则等。

今天，人工智能机器人已经逐步具有一定程度的自我意识和自我表达能力，可以与人类进行一定的情感交流（见图10-10）。有人估计，未来若干年，机器人可以达到人类50%的智力。这就提出了一个新的法律问题，即我们将来是否有必要在法律上承认人工智能机器人的法律主体地位？在实践中，机器人可以为我们接听电话、语音客服、身份识别、翻译、语音转换、智能交通，甚至案件分析。有人统计，现阶段23%的律师业务已可由人工智能完成。机器人本身能够形成自学能力，对既有的信息进行分析和研究，从而提供司法警示和建议。甚至有人认为，机器人未来可以直接当法官，人工智能已经不仅是一个工具，而且在一定程度上具有了自己的意识，并能做出简单的意思表示。这实际上对现有的权利主体、程序法治、用工制度、保险制度、绩效考核等一系列法律制度提出了挑战，我们需要妥善应对。

人工智能时代已经来临，它不仅改变人类

图 10-10　机器人

世界，也会深刻改变人类的法律制度。我们的法学理论研究应当密切关注社会现实，积极回应大数据、人工智能等新兴科学技术所带来的一系列法律挑战，从而为立法的进一步完善提供有力的理论支撑。

【作业】

1. 要在业务中运用大数据，就不可避免地会遇到（　　）问题。
   A．设备　　　　　B．隐私　　　　　C．资金　　　　　D．场地
2. 涉及个人及其相关信息的经营者，在确定使用目的的基础上（　　）用户同意，并在使用目的发生变化时，以易懂的形式进行告知。
   A．事后征得　　　B．无须征求　　　C．事先征得　　　D．匿名得到
3. （　　）年 2 月 23 日，美国"消费者隐私权法案"正式颁布。这项法案中，对消费者的权利进行了具体规定。
   A．2018　　　　　B．1956　　　　　C．2021　　　　　D．2012
4. "消费者隐私权法案"中对消费者的（　　）权利规定了企业可收集哪些个人数据，并如何使用这些数据，消费者拥有控制权。
   A．个人控制　　　B．透明度　　　　C．安全　　　　　D．尊重背景
5. "消费者隐私权法案"中，（　　）是指对于隐私权及安全机制的相关信息，消费者拥有知情、访问的权利。前者的价值在于加强消费者对隐私风险的认识并让风险变得可控。
   A．个人控制　　　B．透明度　　　　C．安全　　　　　D．尊重背景
6. "消费者隐私权法案"中，（　　）权利是指消费者有权期望企业按照与自己提供数据时的背景相符的形式对个人信息进行收集、使用和披露。
   A．个人控制　　　B．透明度　　　　C．安全　　　　　D．尊重背景
7. "消费者隐私权法案"中，（　　）权利是指消费者有权要求个人数据得到安全保障且负责任地被使用。
   A．个人控制　　　B．透明度　　　　C．安全　　　　　D．尊重背景
8. 在"消费者隐私权法案"的消费者 7 项权利中，对于准备运用大数据的经营者来说，（　　）是尤为重要的一条。
   A．第三条"尊重背景"　　　　　　　B．第二条"透明度"
   C．第四条"安全"　　　　　　　　　D．第一条"个人控制"
9. 传统的信息安全侧重于（　　）的管理，更多地将其作为企业/机构的自有资产进行相对静态的管理。
   A．基础设施　　　B．数据算法　　　C．信息设备　　　D．信息内容
10. 大数据的安全不仅是大数据平台的安全，而是以（　　）为核心，在全生命周期各阶段流转过程中，在采集汇聚、存储处理、共享使用等方面都面临新的安全挑战。
    A．管理　　　　　B．数据　　　　　C．设备　　　　　D．网络
11. 数据安全的一个方面是（　　）。在加强技术保护的同时，加强全民的信息安全意识，完善信息安全的政策和流程至关重要。
    A．管理　　　　　B．数据　　　　　C．设备　　　　　D．网络
12. 所谓数据安全风险信息，是通过检测、评估、信息搜集、授权监测等手段获取的，其中

包括（ ）。

　　　① 数据泄露　　　② 算法白盒　　　③ 数据篡改　　　④ 数据滥用
　　　A. ①②④　　　B. ①②③　　　C. ②③④　　　D. ①③④

13. 所谓数据安全风险信息，是通过检测、评估、信息搜集、授权监测等手段获取的，其中包括（ ）。

　　　① 违规传输　　　② 非法访问　　　③ 流量异常　　　④ 过程紊乱
　　　A. ①②④　　　B. ①②③　　　C. ②③④　　　D. ①③④

14. （ ）安全是指：大数据环境下，物联网、5G 技术的发展带来各种不同的终端接入方式和各种各样的数据应用，对鉴别大数据源头的真实性提出了挑战，数据来源是否可信，源数据是否被篡改都是需要防范的风险。

　　　A. 存储处理　　　B. 算法优化　　　C. 采集汇聚　　　D. 共享使用

15. （ ）安全是指：在大数据平台上，采用新的处理范式和数据处理方式，存储平台同时也是计算平台，一个平台内可以同时具有多种数据处理模式，完成多种业务处理，导致边界模糊，传统的安全防护方式难以奏效。

　　　A. 存储处理　　　B. 算法优化　　　C. 采集汇聚　　　D. 共享使用

16. （ ）安全是指：互联网给人们生活带来方便，同时也使得个人信息的保护变得更加困难。

　　　A. 存储处理　　　B. 算法优化　　　C. 采集汇聚　　　D. 共享使用

17. 大数据管理具有分布式、无中心、多组织协调等特点。因此有必要从（ ）三个维度去认识数据管理技术涉及的数据内涵，分析和理解数据管理过程中需要采用的 IT 安全技术及其管控措施和机制。

　　　① 拓扑结构　　　② 数据语义　　　③ 生命周期　　　④ 信息技术
　　　A. ①②④　　　B. ①②③　　　C. ②③④　　　D. ①③④

18. 大数据的安全技术体系以大数据安全管理、安全运行的技术保障。以密码基础设施、（ ）、安全监测预警五大安全基础设施为支撑服务。

　　　① 认证基础设施　　　　　　　　② 可信服务管理
　　　③ 生命周期回溯　　　　　　　　④ 密钥管理设施
　　　A. ①②④　　　B. ①②③　　　C. ②③④　　　D. ①③④

19. 人工智能的人格权保护涉及的内容很多，但以下（ ）情况不属于此列。

　　　A. 系统把一些人的声音、表情、肢体动作等植入内部系统，使所开发的人工智能产品可以模仿他人的声音、形体动作等
　　　B. 系统借助光学技术、声音控制、人脸识别技术等，对他人的人格权客体加以利用
　　　C. 制造复制具有相同外观的机器人产品
　　　D. 机器人伴侣已经出现，存在虐待、侵害机器人伴侣的情形

20. 自动驾驶是人工智能的重要应用之一，推动立法来确定自动驾驶的事故（ ）是值得思考的法律问题。

　　　A. 责任承担　　　B. 赔偿分配　　　C. 危害程度　　　D. 发生概率

【研究性学习】辩论：数据公开还是隐私保护

　　小组活动：通过讨论，深入了解有关数据公开和隐私保护的内涵、不同的观点及其对信息技

术发展的影响。

正方观点：大数据技术和人工智能技术的发展离不开数据公开。

反方观点：隐私保护是人类文明发展的社会基础，必须重视和尊重个人隐私。

记录：请记录小组讨论的主要观点，推选代表在课堂上简单阐述小组成员的观点。

本小组担任：☐ 正方辩手　　☐ 反方辩手

本小组的基本观点是：_____

_____
_____
_____
_____
_____
_____

评分规则：若小组汇报得 5 分，则小组汇报代表得 5 分，其余同学得 4 分，余类推。

实训评价（教师）：_____

第 11 章 知识产权与自由软件

【导读案例】谷歌图书馆

20 世纪 70 年代,由美国作家迈克尔·S. 哈特于 1971 年创立的古腾堡计划开始把公共领域的书籍转换成数字格式。由于当时廉价的扫描仪还没有问世,志愿者们以手工方式键入全部书籍的文字。这是最古老的数字图书馆,其馆藏中的大多数项目都是公共领域书籍(版权已经过期的旧作品)的全文。随着扫描工具在 21 世纪初期开始大范围使用,在征得图书馆的同意之后,谷歌和微软开始扫描来自大学(和其他)研究图书馆的数百万册图书。微软只扫描已经在公共领域的书籍(没有版权保护)。谷歌的图书馆计划扫描受版权保护的书籍,把电子版提供给拥有这些图书的图书馆(见图 11-1),并且展示用于相应搜索的摘要("片段")——但这一切都没有得到版权持有人的许可。

图 11-1 谷歌数字图书馆

谷歌在没有经过许可的情况下扫描了数以百万计的整本书,看起来像是严重的大规模侵权。可以预想到的是,谷歌的"图书馆计划"遭到了多起法律诉讼。其中最重要的是"作家协会诉谷歌"案,在 2005 开始立案,直到 2016 年才正式宣判。陈卓光法官裁定谷歌的图书馆计划是合理使用。陈法官非常强调合理使用准则中的第一条,特别是谷歌的计划将书籍转化为新的、对社会非常有价值的东西。他认为,通过扫描和索引数百万本书的内容,谷歌提供了一套新的强大工具,可以增加信息的获取,帮助研究人员和读者找到相关书籍,并使语言研究人员能够分析历史和语言的使用。谷歌为图书馆提供在其馆藏中的图书的数字副本,这有助于图书馆员帮助用户定位资料。陈法官还观察到谷歌并不销售书籍或片段的副本,也不会在与其无权复制的书籍有关的网页上展示广告。对于合理使用准则中的第四条,即复制作品对市场的影响,陈法官描述了谷歌采用的各种技术,以防止用户收集到足够的片段来创建图书的完整副本。通过帮助人们找到图书,并且因为它包含指向人们可以购买所搜索到的书籍的网站的链接,陈法官推理说,这些图书无疑会提高销售额。作家协会则指出,谷歌的复制规模是前所未有的,谷歌使用书籍的内容来改进其搜索结果、翻译和语言分析——这些都有助于谷歌的商业成功。它认为,合理使用准则中的变革使用一词以前意味着新的创造性材料(例如模仿),而陈法官将该术语应用于谷歌的书籍复制是对合理使用的一种史无前例的扩展。最终作家协会上诉失败,因为最高法院拒绝接受此案的上诉。

除了考虑支持和反对这一裁定的论据之外,我们还可以推测一下,如果陈法官在 2005 年就此案做出裁决的话,他做出的决定是否会有所不同呢?在这个案件中,法律程序的长期延迟是否是一件好事?因为它提供了时间让新服务的好处变得更加清晰。又或者这种长期延迟是一件坏事?因为它确实存在不公正的影响,导致很多人已习惯使用的服务很难再被关停。

资料来源:综合网络资料。

阅读上文,请思考、分析并简单记录:

(1) 20 世纪 70 年代,由美国作家迈克尔·S. 哈特创立的古腾堡计划是最古老的数字图书馆,它为什么没有涉及知识产权问题?请简单分析。

答:

(2) 谷歌未经许可扫描了数以百万计的整本书,为什么 2016 年陈卓光法官却裁定谷歌的图书馆计划是合理使用?请简单分析。

答:

(3) 请通过网络搜索,了解更多关于谷歌图书馆的背景信息。你是否赞同这个项目的实施,它意义何在?

答:

(4) 请简述你所知道的上一周发生的国内外或者身边的大事:

答:

11.1 知识产权及其发展

知识产权（见图 11-2）是指创造性智力成果的完成人或商业标志的所有人依法所享有的权利的统称。所谓剽窃，简单地说就是以自己的名义展示别人的工作成果。随着个人计算机和互联网的普及，剽窃变得轻而易举，然而不论在任何时代、任何社会环境，剽窃都是不道德的。计算机行业是一个以团队合作为基础的行业，从业者之间可以合作，他人的成果可以参考、公开利用，但是不能剽窃。

图 11-2 知识产权

按照 1967 年 7 月 14 日在斯德哥尔摩签订的《关于成立世界知识产权组织公约》第二条的规定，知识产权应当包括以下权利：

（1）关于文学、艺术和科学作品的权利。
（2）关于表演艺术家的演出、录音和广播的权利。
（3）关于人们努力在一切领域的发明的权利。
（4）关于科学发现的权利。
（5）关于工业品式样的权利。
（6）关于商标、服务商标、厂商名称和标记的权利。
（7）关于制止不正当竞争的权利。
（8）在工业、科学、文学或艺术领域里一切其他来自知识活动的权利。

世界各国大都有自己的知识产权保护法律体系。例如在美国，与出版商和多媒体开发商关系密切的法律主要有四部：《版权法》《专利法》《商标法》和《商业秘密法》。在我国，版权又称为著作权。

11.1.1 保护知识产权

版权（或著作权）是一个法律概念，它保护创造性作品，如书籍、文章、戏剧、歌曲（音乐和歌词）、艺术品、电影、软件和视频，而事实、想法、概念、过程和操作方法不能拥有版权。另一个相关的法律概念是专利，它保护的是发明，也包括一些基于软件的发明。除了版权和专利，各种法律还会保护其他形式的知识产权，包括商标和商业秘密。数字技术和互联网对版权产生了强烈的影响。软件和网络技术的专利问题也是非常重要的，并且颇有争议。

对于知识产权，要保护的是无形的创造性工作，而不是它的具体物理形态。当购买一本纸质版小说时，我们买的是纸张和油墨的物理集合。当购买一部小说的电子书时，我们买的是电子图书文件的部分权利，而不是知识产权。一本实体书的所有者可以把他买来的书送人、出借或转售，但不能制作副本（除了一些例外）。制作副本的合法权利属于"书"的主人，也就是版权的所有者。类似的原则可以用于软件、音乐、电影等。一个软件的买方购买的只是它的一个副本，或使用该软件的许可。例如，当购买电影光盘或视频流的时候，我们购买的是观看它的权利，但不是在公共场所播放它或收取费用的权利。

一本书、一首歌或一个计算机程序的价值远远超过把它打印出来、拷贝到磁盘上或传到网上的成本。一幅画的价值远高于用于创作它的画布和颜料的成本。知识和艺术作品的价值来自创意、想法、科研、技能、劳动，以及它们的创作者提供的其他非物质的努力和属性。创作者对所创造或购买的有形财产拥有财产权。这包括它的使用权、防止其他人使用以及设定价格（要价）来销售它的权利。保护知识产权，对个人和社会都有好处：通过保护艺术家、作家和发明家的权利，可以补偿他们的创造性工作，也会鼓励人们从事有价值、无形的、容易被复制和有创造性的工作。

某项知识产权的作者或者他的雇主（如报社或软件公司）可以持有该版权，也可以把版权转移到出版商、音乐唱片公司、电影制片或其他一些实体。版权保护只能持续有限的时间，例如，作家的寿命再加上 70 年。在此之后，作品会被放到公共领域，任何人都可以自由复制和使用。

11.1.2　新技术的挑战

在过去，一些技术也曾对知识产权保护提出了挑战。例如，复印机使复制印刷材料变得非常容易。但使用这些早期技术复印一本书的全部内容不仅笨重，而且有时候印刷质量较低，阅读并不方便，甚至比一本平装书的成本还要更高。而如今，数字技术和互联网让我们每个人都有能力成为出版商，从而成为版权人（例如博客和照片），它们也给了大众进行复制的能力。过去几十年间数字技术的进步使得高品质的复印和大量发行变得非常容易且成本低廉，当然，也使得侵犯版权变得非常容易且成本低廉。例如：

（1）以标准数字格式存储的各种信息（如文字、声音、图像和视频）；复制数字化内容更加容易，而且每个副本事实上都是一个"完美"的副本。

（2）高容量、价格相对低廉的数码存储介质，包括用于服务器的硬盘，以及诸如 DVD、记忆棒和闪存驱动器（U 盘）等小型便携式媒体。

（3）压缩格式，例如 MP3 可以把音频文件缩小至原来的 1/12~1/10，使音乐和电影文件足够小，更易于下载、复制和保存。

（4）网络和搜索引擎，使得更加容易找到想要的内容。

（5）点对点（P2P）技术，不需要集中的系统或服务，陌生人之间就可以在互联网上轻松传输文件；文档托管服务使得可以存储和共享大型文件（如电影）。

（6）宽带（高速）互联网连接，使大文件和视频流的传输更加快速。

（7）小型化相机和其他设备，使观众可以录制和传输电影与体育赛事；扫描仪也可以用于把印刷的文本、图片和艺术品转换为数字化的电子形式。

（8）处理视频和声音的软件工具，允许和鼓励非专业人士使用他人作品来创造新的作品。

（9）社交媒体，使得共享照片和视频变得非常方便和常见。

数字媒体威胁知识产权，首先就是计算机软件本身。拷贝软件在过去是很常见的做法，许多人都会把软件拷贝给朋友，企业也会这样拷贝商业软件。人们随意交易未经授权的软件拷贝，软件出版商使用术语"软件盗版"来指代大量的未经授权的软件复制行为。盗版软件几乎在所有在售的消费软件或商业软件中都存在，网上大多数 MP3 歌曲交易都是未经授权的。

11.1.3 版权保护的历史

美国的第一部版权法于 1790 年通过，覆盖了图书、地图和图表，这部版权法后来扩展到涵盖摄影、录音和电影。在 1909 年的《版权法案》中规定，未经授权的拷贝必须是从视觉上可以看到或阅读的一种形式。法庭把它应用到一个关于把歌曲复制到打孔的钢琴音乐卷片（这种卷片可以在自动钢琴上演奏）上的案件。因为人无法从视觉上阅读该钢琴卷片上的音乐，因此这个复制就不被认为是对歌曲版权的侵犯，即使它侵犯了版权的精神和宗旨。在 20 世纪 70 年代，一个公司提起诉讼，要求保护在掌上电脑中的象棋游戏，这是一个保存在只读存储器（ROM）芯片上的下象棋程序。另一家公司出售的游戏中使用了相同的程序，它很可能是复制了其 ROM。但由于 ROM 无法从视觉上读取，因此法院认为该副本没有违反这个程序的版权。

1976 年和 1980 年，美国国会分别对版权法进行修改，使之涵盖了计算机软件。受版权保护的"文学作品"中包括了表现出创造力和独创性的计算机数据库，以及展现了原创思想表达的计算机程序。因为认识到技术发生变化的速度很快，修改后的法律规定：版权适用于实际上的作品，与它们体现的物质对象的性质无关。如果可以直接或间接地通过副本，或从副本中感知、重现或以其他方式传播原始作品的话，那么该副本就违反了版权法。

这个例子说明，版权法发展过程中的一个重要目标是：制定好的法律定义，把保护范围扩展到新的技术。随着复制技术的改进，另一个问题又出现了：如果一件坏事很容易去做，而且处罚又很弱的话，那么就会有很多人会违反该法律。在 20 世纪 60 年代，伴随着音乐产业的增长，非法销售未经授权的录制音乐拷贝（如磁带）也随之增长。在 1982 年，大批量复制唱片和电影成为一项重罪。1992 年，故意和出于商业利益或谋取私利的目的，小规模地复制版权作品也成为重罪。为了应对在互联网上免费共享的文件快速增长的现象，1997 年的《禁止电子盗窃法案》把即使没有获得商业利益或谋取私利地故意侵犯版权（在 6 个月内复制总价值超过 1000 美元的作品）也定为刑事犯罪行为，并且可能会遭受很严重的惩罚。在销售未经授权的盗版电影出现快速增长之后，美国国会把在电影院录制电影定为重罪行为，因为这是非法复制和销售电影的人获得副本的一种常见方法。版权法越来越具有限制性和惩罚性。

11.1.4 剽窃和版权

剽窃是使用别人的作品（通常是文字作品），把它当作自己的作品。在学生当中，剽窃（抄袭）通常意味着从网站、书籍或杂志中摘抄一些段落（可能加一些小修改），没有标明出处，就把它们添加到论文中，当作课堂作业提交。剽窃还包括花钱购买论文，并把它当作自己的工作成果提交。

社会公约可能会影响是否构成抄袭的判定。大多数情况下，被抄袭材料的作者并不知道或未授权其使用，所以抄袭通常包含了侵犯版权。如果材料是在公共领域，或如果有人同意为另一个人代写论文，那么它就不是侵犯版权，但它仍然可能是抄袭。

抄袭是不诚实的，因为它是对别人工作的挪用，（通常）未经许可而且也没有标注引用。在学校，它是对教师撒谎，是对自己作业的弄虚作假。在新闻或出版业，它是对雇主或出版商以及对公众的一个谎言。抄袭违反有关单位规定，也被认为是严重违反职业道德的行为。

11.1.5 软件著作权

信息时代的知识产权问题要复杂得多，法律条文之外的讨论、争议和争论为知识产权问题增加了丰富的内容，同时这些讨论、争议和争论的存在又是完善现有知识产权保护法律体系的必要前提。

软件盗版问题是一个全球化问题。我国已于 1991 年宣布加入保护版权的《保护文学和艺术作品伯尔尼公约》，并于 1992 年修改了版权法，将软件盗版界定为非法行为。然而在互联网资源极大丰富的今天，软件反盗版更多依靠的还是计算机从业者和使用者的自律。

在我国，一般软件通常用著作权法来保护。软件开发者依照《中华人民共和国著作权法》和《计算机软件保护条例》对其设计的软件享有著作权。著作权包括如下人身权和财产权。

（1）发表权，即决定作品是否公之于众的权利。
（2）署名权，即表明作者身份，在作品上署名的权利。
（3）修改权，即修改或者授权他人修改作品的权利。
（4）保护作品完整权，即保护作品不受歪曲、篡改的权利。
（5）使用权和获得报酬权。

加入 WTO 之后，我国对知识产权的保护越来越重视。但软件的知识产权保护问题较为复杂，它和传统出版物的版权保护既相似又有不同。随着国际贸易和国际商业往来的日益发展，各国除了制定自己国家的知识产权法律之外，还建立了世界范围内的知识产权保护组织，并逐步建立和完善了有关国际知识产权保护的公约和协议。1990 年 11 月，在关税与贸易总协定（乌拉圭回合）多边贸易谈判中，达成了《与贸易有关的知识产权协定》。

11.2 合理使用条款与案例

对受版权保护的作品制作拷贝，或者使用某个专利发明，并没有剥夺其拥有者或任何其他人对该作品的使用权。因此，通过复制来夺取知识产权与盗窃有形财产的性质是不同的，而且版权法并不禁止所有未经授权的复制和分发等行为。这里一个很重要的例外就是合理使用条款。

合理使用条款表现在不同场景下。首先，它有助于我们找出在什么情况下，作为消费者可以合法地复制音乐、电影、软件等。其次，开发新软件、录音设备、游戏机和其他产品的开发人员通常必须要拷贝另一家公司的软件的一部分或者全部，作为开发新产品过程中的一部分，甚至新产品可能会与其他公司的产品产生竞争。

合理使用准则作为一个可接受的识别标准，可以在一定程度上用来帮助区分合理和不合理的复制行为。由于问题的复杂性，在应用该准则的过程中，总是会存在道德和法律上的不确定性，但它给我们提供了对应于合理道德标准的一个良好框架。

11.2.1 "合理使用"条款

版权法律和法院判决试图在定义作者和出版商的权利的时候做到符合两个目标：促进生产有益的作品，同时鼓励信息的使用和流通。"合理使用"条款允许在有助于创作新作品时使用受版权保护的材料（如在评论中引述一个作品的一部分），也允许不会剥夺作者或出版商的合法收入的使用行为。在合理使用时，不需要版权持有人的许可。

合理使用的概念（对于文学和艺术作品）也随着司法判决在进步。1976 年，美国版权法明确包含了合理使用的条款，其制定要早于个人计算机的广泛使用，因此它涉及的软件问题主要和大型业务系统有关，而该法律根本没有涉及与互联网有关的任何问题。因此，它没有考虑到现在出现的许多关于合理使用的问题中涉及的新情况。该法律指出了一些合理使用情形，例如批评、评论、新闻报道、教学（包括课堂使用的多个副本）、学术或研究。它列出了在确定某个特定的使用是否是"合理使用"时，需要考虑的 4 个因素：

（1）使用的目的和性质。例如，是用于商业目的还是教育目的（商业用途一般不太可能是合理使用），以及是把被拷贝的作品改造成了新的东西，还是简单地再生产。

（2）版权作品的性质（使用有创造性的作品（例如小说）相比使用事实性的作品不太可能是合理使用）。

（3）被使用的部分的规模和其重要性。

（4）对该版权作品的潜在市场或价值可能产生的影响（如果可能会降低原来作品的销量，那么就不太可能被认为是合理的）。

没有一个单一的因素可以单独决定一个特定的使用是否是合理使用，但最后一个因素比其他因素的权重更大。

11.2.2　环球影城诉索尼公司

1984 年索尼公司的案例，是美国最高法院裁决的关于对受版权保护的作品进行私人、非商业拷贝的第一个案件。它涉及的是录像带摄录机，但在基于 Web 的娱乐案件和有关新型数字录制设备的案件中经常被引用。

两家电影制片厂状告索尼侵犯版权，因为一些客户使用索尼生产的 Betamax 录像带摄录机来录制在电视上播放的电影。因此，这个案例提出了一个重要的问题：版权人是否可以因为一些买家使用这些设备侵犯了版权，而起诉复制设备的制造商。首先，我们关注一下最高法院在索尼案件中裁决的一些其他问题：录制电影供个人使用是版权侵权还是合理使用？电影是创意作品，不是事实作品。因此，若以合理使用准则中的第二个和第三个因素为依据，则应反对该录制行为。录制该电影的目的是在稍后时间可以观看，通常情况下消费者在观看电影之后，会重复使用该录像带录制其他内容，因此该拷贝就成为"短命拷贝"。该拷贝是用于私人的、非商业的目的，电影制片厂无法证明它们受到任何伤害。法院对合理使用准则中的第二个因素（即版权作品的性质）进行了解释，它不仅包括简单地对创意或事实的判断，还包括制片厂在电视上播放该电影时已经收到了一大笔费用，而该费用的收取是基于大批观众会免费观看该电影。所以合理使用准则中的第一个、第二个和第四个因素都支持是合理使用。法院裁定，录制影片在稍后时间观看属于一种合理使用。

事实上，人们拷贝整个作品并不一定就会构成非合理使用的裁决，虽然许多关于合理使用的例子都只应用于小规模的摘录片段。拷贝本身是用于私人的非商业用途这个事实是很重要的。法院认为，私人的非商业用途应当被假定是合理的，除非存在对版权持有人造成实际经济损害的可能性。

在 Betamax 机器的合法性问题上，法院认为，拥有大量合法用途的设备制造商不应该因为有些人用其设备来侵犯版权就受到惩罚，这是一个非常重要的原则。

11.2.3　逆向工程：游戏机

在几起涉及游戏机的案件中，法院裁定，为了商业用途复制整个计算机程序也是合理的，主要是因为其目的是创建一个新的产品，而不是为了销售其他公司的产品拷贝。一个案例是世嘉株式会社诉 Accolade 公司。Accolade 公司制作的是可以在世嘉（Sega）机器上运行的视频游戏（见图 11-3）。为了使他们的游戏正常运行，Accolade 公司需要弄清楚 Sega 游戏机软件中的一些部分是如何工作的，Accolade 拷贝了 Sega 的程序，并对它进行反编译。这种行为属于逆向工程，即搞明白一个产品的工作机制，通常需要把该产品拆开来看才行。Sega 提起诉讼，但 Accolade 赢得了官司。Accolade 拷贝 Sega 的软件的目的是创建新的创造性作品，这样做满足了合理使用准则中的第一个因素。Accolade 是一个商业实体这个事实并不是最关键的。虽然 Accolade 的游戏可能会降低 Sega 游戏的市场，但这是一种公平竞争。Accolade 并没有销售 Sega 的游戏拷贝。在"雅达利游戏公司诉任天堂"的案件中，法院还裁定拷贝一个程序用于逆向工程也不是侵犯版权，而是合理的"研究"用途。

图 11-3　Sega 游戏

法院把类似的论据用在索尼计算机娱乐公司提起的一起诉讼中，做出支持 Connectix 公司的裁决。Connectix 公司拷贝了索尼的 PlayStation BIOS（基本输入输出系统），并对它进行逆向工程，以开发软件来模拟 PlayStation 游戏机。这样游戏玩家就可以购买 Connectix 的程序，并在他们的计算机上玩 PlayStation 的游戏，而无须购买 PlayStation 游戏机。Connectix 公司的程序中没有包含任何索尼的代码，并且它是一个新产品，与 PlayStation 游戏机是不同的。因此法院裁定他们基于这个目的对 BIOS 的拷贝是合理使用。

这些裁决表明，法院在解释合理使用的时候，考虑了在制定准则时并没有想象到的情形。如果目的是创造必须与其他公司的硬件和软件进行交互的新产品，那么逆向工程是一个必不可少的过程。

11.2.4　用户和程序界面

一个程序的外观和感觉指的是如下功能：下拉菜单、窗口、图标以及手指的动作和使用它们来选择或激活动作的具体方式。两个程序如果拥有类似的用户界面，有时也被称为软件通用型的程序。它们的内部结构和编程结构可能是完全不同的，因此一个程序可能会更快或有其他优势。

20 世纪八九十年代，一些公司在起诉他人软件拥有类似的外观和感觉时，赢得了版权侵权的诉讼。当苹果公司销售带有它的窗口操作系统的麦金塔（Macintosh）计算机时，它强烈鼓励 Mac 程序要采用这样的外观和感觉，从而用户可以很快知道如何执行许多基本的应用活动，从打开和打印文件，到剪切和粘贴文本。当苹果公司鼓励在它的平台上使用通用的外观时，它又在同时强烈地保护 Mac 外观和感觉不能在其他的平台（例如微软的 Windows）上实现。

支持保护用户界面的主要论点是，它是一个重要的创造性工作。因此，通常的版权和专利的论点（例如，奖励和鼓励创新）也适用于用户界面。另一方面，标准用户界面可以提高用户和程序员的效率。我们不用再学习每个程序、设备或操作系统的新界面。程序员不必"推倒重来"，只是为了有所不同而非要设计一个新的界面。他们可以专注于开发程序中真正创新的方面。在浏览器、智能手机等中采用类似界面的价值现在已经得到了公认，并被视为理所当然。

当软件开发人员开发程序时，他们通常依赖于应用程序接口（API），允许他们的代码与另一个应用程序交互。API 是程序员的"用户界面"。在开发安卓（Android）操作系统时，谷歌使用了 Java 语言中的 37 个 API（约占 Java API 总数的 20%）。谷歌在设计安卓时，并没有想用它来替代 Java 或是利用 Java，而是想让熟悉 Java 的程序员在编写安卓程序的时候更加容易；使用 Java API 减少了新的安卓开发者的学习曲线。甲骨文公司（Oracle）是 Java 的拥有者。2010 年 8 月，甲骨文公司起诉谷歌，声称谷歌未经许可擅自使用 Java API 作为安卓操作系统的一部分（12 000 行代码），因此侵犯了其专利和版权，要求赔偿近 90 亿美元。此案中的一个关键法律问题是 API 是否享有版权。

一审法官认为 API 不享有版权，因为系统或操作方法是不可以进行版权保护的。然而，美国联邦上诉法院裁定 API 中有足够的独创性，因此使其可以受到版权保护。这个有争议的决定让很多程序员感到不安，因为实现 API 是确保程序互操作性而广泛采用的实践。在上诉后的审判中（2016 年），在决定谷歌使用 Java API 到底是侵犯了甲骨文公司的版权还是属于合理使用的裁决中，陪审团认定它是合理使用，甲骨文公司则表示将上诉。

在过去了近十年之后，Oracle 与谷歌之间备受瞩目的诉讼终于有了一个结果。2021 年 4 月 5 日，美国最高法院在这场围绕移动操作系统安卓中所用软件的旷日持久的版权诉讼中推翻了此前联邦巡回法院的裁决，判谷歌胜诉。法院的判决为 6 比 2。

在该案中撰写多数判决意见的法官斯蒂芬·布雷耶认为，谷歌使用代码受到合理使用的版权原则的保护。布雷耶写道："我们得出的结论是，在此案中，谷歌重新实现了用户界面，仅采用了让用户可以在新的、变革性的程序中让积累的人才可以发挥作用所需要的代码；按照法律，谷歌复制 Sun Java API 是合理使用这些材料。"

11.3 对侵犯版权的防范

娱乐和软件行业采用了多种方法来防止未经授权使用其产品的行为，方法包括：用技术手段来检测和阻止拷贝，关于版权法和为什么要保护知识产权的教育，法律诉讼（既有合理诉讼，也有滥用），为了扩展版权法而进行的游说（有些合理有些则不然），游说以限制或禁止有助于侵犯版权的技术，以及通过新的商业模式以方便的形式向公众提供数字内容。总的来说，这些行动是可以理解的，但是有的时候内容产业采取了不适当的行动或者滥用他们的权利，尝试超越版权法的最初目标。

11.3.1 用技术手段阻止侵权

早期的一些保护软件的不同技术取得了不同程度的成功，其中包含软盘的"拷贝保护"机制以防止软件被拷贝。软件公司在免费试用的软件版本中设置一个到期日期，使得在该日期之后会无法使用。一些昂贵的图形或商业软件会包含一个硬件加密狗，买方需要把一种装置插入计算机的一个端口才能运行该软件，从而确保该软件在同一时间只能在一台机器上运行。有些软件需要激活或注册一个特殊的序列号。不过，这些技术中的大部分后来都被破解了，也就是说，有程序员发现了绕过这些保护机制的方法。许多公司在并不是很昂贵的软件应用中放弃了软件保护技术，主要是因为消费者不喜欢这些机制所带来的不便。大多数现代软件通过互联网与软件公司通信，以确认软件是有许可证的。有些软件访问控制机制后来发展成用于娱乐节目和电子书的更复杂的数字版权管理方案。

有些音乐公司采用巧妙的战术阻止未经授权的文件共享：他们把大量损坏的音乐文件（称为"诱饵"）放到文件共享网站上。例如，这些诱饵可能无法正常下载，或者充满了噪音。当时的想法是，如果人们试图下载的歌曲中有很大比例无法正常播放，他们会因此变得沮丧，从而停止使用文件共享网站。电影公司也采用类似的战术，在互联网上散布新电影的许多假的副本。

11.3.2 执法

软件行业组织也被称为"软件警察"，它们在互联网出现之前的早期商务计算时期就开始活跃。在大多数情况下，违反版权法的行为非常清楚，企业或组织会同意接受巨额罚款，而不会选择走向法庭审判。企业中的软件拷贝行为逐渐减少，部分是因为更好地理解了所涉及的道德问题，部分是因为害怕被罚款和曝光，因为在现在的商业环境中，人们都会把大规模侵犯版权认为是不能接受的。

执法机构会搜查交易场所、仓库和其他地点，对盗版软件（以及后来的音乐 CD 和电影 DVD）的卖家提起诉讼。法院会对有组织、大规模的盗版行为处以严厉的处罚。例如，iBackup 公司的老板在承认非法拷贝和销售了价值 2 000 万美元的软件的罪行之后，被判处 7 年监禁，并被罚款 500 万美元。类似地，经常到电影院用摄像机录制新电影并销售自己制作的盗版拷贝的一名男子也被判处 7 年监禁。

显然，想得到关于非法活动的准确数字是非常困难的。商业软件联盟是一家软件行业组织，据其估计，全球在个人计算机上使用的盗版软件大约占 39%。估算时考虑了出售的计算机数量、每台计算机上软件包的预计平均数，以及销售的软件包数量。

国内软件行业的缺乏是软件法律保护薄弱的一个结果，当无法从软件开发的投资中获利时，这样的产业就难以发展。在一些国家盗版频发的另一个原因是：经济薄弱，人们收入较低。因此，文化、政治、经济发展、知识产权法律都是导致高盗版率的因素。

11.3.3 禁令、诉讼和征税

通过诉讼和游说，知识产权产业已经推迟、限制了使拷贝变得容易的服务、设备、技术和软件，有时候仅仅因为人们有可能以侵犯版权的方式来广泛使用它们，尽管它们也具有很多合法用途。可供消费者使用的音乐 CD 录制设备技术早在 1988 年就有了，但唱片公司提起的诉讼推迟了它的销售。一些公司起诉存储电视节目的数字视频摄录机的制造商，因为该机器可以跳过广告。美国电影和唱片业通过"威胁"要起诉制造 DVD 播放机的公司，禁止消费者在设备上对电影进行复制，推迟了 DVD 播放机进入市场的日期。美国唱片业协会取得禁制令，要求钻石多媒体系统公司停止发售其生产的 Rio 机器（一种可以播放 MP3 音乐文件的便携式设备）。钻石公司最终赢得了官司，部分是因为法院解释说 Rio 只是一种播放设备，而不是录音机，它允许人们在不同的位置播放自己的音乐，有些人认为，如果当初起诉 Rio 成功的话，那么苹果公司的 iPod 也就不可能出现了。

在新公司推出多种新产品和服务，以灵活方便的方式来提供娱乐节目的同时，与行业诉讼的斗争成本在事实上迫使其中一些公司不得不关闭，而很多其实并没有真正通过审判来决定他们的产品是否合法。

娱乐产业强力推行法律和行业协议，要求个人计算机、数码录像机和播放机的制造商在其产品中内置拷贝保护机制。它对设备制造商施加压力，要求把他们的系统设计为：使用未受保护的格式的文件时无法很好地播放，或者根本不能播放。这样的要求当然可以降低非法拷贝，然而，它们也干扰了用户自制作品的使用和共享，使公共领域的内容共享变得复杂化。它们限制用于个人使用和其他合理使用的合法拷贝，要求或禁止特定功能的法律违反了制造商可以开发和销售他们认为合适的产品的自由。

作为禁止增加版权侵权可能性的设备的一种替代方法，一些国家的政府（包括大部分欧盟国家）对数字媒体和设备征收额外的税费，以支付版权持有人因为未经授权的复制而可能造成的损失。

11.3.4 数字版权管理

数字版权管理（Digital Rights Management，DRM）是一组技术，用来控制在数字格式中知识产权的访问和使用。DRM 包括使用加密和其他工具的硬件与软件方案。把 DRM 实现内嵌到文本文件、音乐、电影、电子书等中，可以阻止保存、打印、复制超过指定数量、分发文件、提取摘录或快进跳过商业广告。

有很多人批评数字版权管理技术。DRM 在阻止侵权使用的同时，也阻止了很多合理使用。例如，它可以阻止为了评论而提取的小量摘录，或者在一个新作品中的合理使用。你无法在老的或不兼容的机器和操作系统（例如 Linux）上播放或观看受保护的作品。

1908 年美国最高法院确立的原则中认为，版权拥有人只对一个拷贝的"首次销售"拥有权利。出版商（特别是经常被转售的教科书的出版商）游说立法机构，要求对每次转售提成，结果他们的游说失败了。然而，DRM 使内容销售商可以阻止用户出借、销售、租赁或赠送自己购买的拷贝。

音乐产业为反对以（不受保护的）MP3 格式发行音乐进行了长期的斗争，他们更喜欢使用 DRM，尽管唱片行业的一些人也认为 DRM 对防止盗版是无效的。在 2007 年—2009 年，音乐销售发生了重大变化，EMI 集团、环球音乐集团和索尼这些世界上最大的音乐公司开始销售不包含 DRM 的音乐，苹果在 iTunes 商店中的音乐也不再使用 DRM。

关于 DRM 的争论在电影和图书产业中还在继续，许多人认为它是防止盗版的必要条件。他们担心，如果不包括对数字内容的访问控制，这些行业将遭受严重的经济损失。

DRM 与我们之前讨论的禁令、诉讼和征税相比，有着根本上的不同，因为公司在自己的产品上采用 DRM，不会干扰到其他人或企业。他们是在以一种特定的方式提供自己的产品，这种方式对于公众来说存在缺点，但是出版商有选择以任何形式来提供他们的产品的自由。

11.3.5 人工智能知识产权问题

从实践来看，机器人已经能够自己创作音乐、绘画，机器人写作的诗歌集也已经出版，这对现行知识产权法提出了新的挑战。例如，百度已经研发出可以创作诗歌的机器人，微软公司的人工智能产品"微软小冰"于 2017 年 5 月出版了人工智能诗集《阳光失了玻璃窗》，其中包含 139 首现代诗，全部是小冰的创作，此类创作随着人工智能技术的发展将会越来越普遍。这就提出了一个问题，即这些机器人创作作品的著作权究竟归属于谁？是归属于机器人软件的发明者，还是机器人的所有权人，还是赋予机器人一定程度的法律主体地位从而由其自身享有相关权利？人工智能的发展也可能引发知识产权的争议。智能机器人要通过一定的程序进行"深度学习""深度思维"，在这个过程中有可能收集、储存大量的他人已享有著作权的信息，这就有可能构成非法复制他人的作品，从而构成对他人著作权的侵害。如果智能机器人利用获取的他人享有著作权的知识和信息来创作作品（例如，创作的歌曲中包含他人歌曲的音节、曲调），就有可能构成剽窃。但构成侵害知识产权的情形下，究竟应当由谁承担责任，这本身也是一个问题。

欧盟法律事务委员会建议欧盟委员会就"与软硬件标准、代码有关的知识产权"提出一个更平衡的路径，以便在保护创新的同时，也促进创新。同时，对于计算机或者机器人创作的版权作品，需要提出界定人工智能的"独立智力创造"的标准，以便可以明确版权归属。国际标准化组织 IEEE 在其标准文件草案《合理伦理设计：利用人工智能和自主系统（AI/AS）最大化人类福祉的愿景》中也提出，应对知识产权领域的法规进行审查，以便明确是否需对人工智能参与创作的作品的保护做出修订。其中基本原则为，如果人工智能依靠人类的交互而实现新内容或者发明创造，那么使用人工智能的人应作为作者或发明者，受到与未借助人工智能进行创作和发明相同的知识产权保护。

11.4 搜索引擎应用

对于搜索引擎的许多业务和服务来说，拷贝是必不可少的。在回应搜索查询时，搜索引擎会显示网站的文字摘录，或者图像或视频的副本。为了快速响应用户查询，它们会对网页内容进行复制和缓存（指存储在专门的存储器中的需要频繁更新的数据，用于优化数据传输），有时也会向用户显示这些副本。搜索引擎公司会复制整本书，使它们在响应用户查询时，能够对书的内容进行搜索和显示其中的片段。除了复制，搜索引擎提供链接的网站中也可能包含侵权材料。许多个人和公司对谷歌提供的几乎每种搜索服务（Web 文本、新闻、书籍、图片、视频）都提起过诉讼。对于搜索服务至关重要的这种复制行为，搜索引擎是否应当获得复制的授权？它们应该向版权拥有人支付费用吗？谷歌在侵犯版权的投诉威胁下，依然大胆引入新的服务，但是因为担心诉讼，已经吓退了许多规模较小的公司，因为如果不知道它们的责任，就无法事先估计其业务成本。

在搜索引擎的实践中，通常会显示从网页中摘录的副本，这似乎显然属于合理使用准则包括的范围。摘录都很短，显示它们可以帮助人们找到包含所摘录文档的网站，这对于该网站拥有者来说通常是有好处的。在大多数情况下，搜索引擎复制摘录的网站都是公开的，任何人都可以读取其内容。对于使信息更加容易获取的社会目标来说，网络搜索服务是一个非常有价值的创新和工具。在 Kelly 诉 Arriba 软件公司的案件中，上诉法院裁定，从网页复制图像，把它们转换成缩略图（较小的低分辨率的拷贝），并把缩略图显示给搜索引擎的用户，这样做并没有侵犯版权。在 Field 诉谷歌的案件中，一个作者起诉谷歌公司，因为谷歌复制和缓存了他在自己的网站上发布的故事。缓存中包括对整个网页的拷贝。最终，法院裁定缓存网页是一种合理使用。

然而，持反对意见的一方也存在一些合理的论点。大多数主要搜索引擎运营商都是商业企业。它们从广告中赚取了大量收入。因此，拷贝本身也完成了其商业目的。在某些情况下，显示简短摘录会减少版权持有人的收入，例如对新闻机构来说，如果人们从摘要中已经得到了足够多的信息，他们可能就不会选择点击到新闻网站去接着阅读。

11.5 自由软件

如今，网上有各种免费的东西。个人在网上发布信息，并创建有用的网站。很多的志愿者组织虽然互不相识，但却可以一起合作项目。专家分享他们的知识，提供他们的作品。这样创造的有价值的信息"产品"是分散性的。在商业意义上，它只有很少或根本没有"管理"，它所受到的激励与利润和市场价格无关。这种现象有时候被称作对等生产，它的前身是在 20 世纪 70 年代开始的自由软件运动。

自由软件是一种思想、一种职业道德，由一大群松散组合的计算机程序员倡导和支持，允许和鼓励人们复制、使用和修改他们的软件。自由软件不一定是没有成本的，但往往是不收费的。自由软件爱好者主张允许软件可以被无限制地复制，同时把源代码（即一个软件可阅读的形式）免费提供给所有人。以源代码形式分发或公开其源代码的软件被称作开源软件，而开源运动与自由软件运动是密切相关的。商业软件通常也被称为专有软件，通常出售的是目标代码，即由计算机运行的代码，但人是无法直接理解的。商业软件的源代码是保密的。

理查德·斯托曼是最知名的自由软件运动的奠基人和倡导者。斯托曼在20世纪70年代发起了GNU项目，它一开始包括一个类UNIX的操作系统、一个复杂的文本编辑器，以及许多编译器和工具。GNU现在拥有数千个免费公开的程序，主要在计算机专业人员和熟练的业余程序员中流行。除此之外，还有数十万个软件包都作为自由软件可供使用，其中包括音频和视频操作软件包、游戏、教育软件，以及各种科学和商业应用。

由于提供了源代码，与传统的专有软件相比，自由软件有许多优点。任何一个程序员都可以查找其中的bug并迅速将之修复，也可以对程序进行裁剪和改进，修改程序以满足特定用户的需求，或者利用现有的程序来创造新的和更好的程序。斯托曼把软件比作菜谱，我们都可以决定在其中多加点蒜，或是少放些盐，而无须向发明菜谱的人支付任何使用费。

为了在目前提供版权保护的法律框架内，实施自由软件的开放和共享，GNU项目定义了对称版权的概念。根据对称版权的定义，开发者拥有程序的版权，并且在发布的协议中允许他人使用、修改和分发该程序，或基于它开发任何程序，但是他们也必须对新的作品采用相同的协议。换句话说，任何人都不能在根据对称版权的程序开发了新程序之后，对其添加条款来限制其使用和自由分发。被广泛使用的GNU通用公共许可（GPL）实现的就是对称版权。法院也支持对称版权：一个联邦法院表示，发行开源软件的人可以起诉违反开源许可协议、把该软件用于商业产品的人，对其申请禁制令。在Jacobsen诉Katzer一案中，就涉及了Jacobsen开发的自由和开源的模型训练软件。

有很长一段时间，精通技术的程序员和爱好者是自由软件的主要用户。商业软件公司则对于该想法持有很大的敌意。随着Linux操作系统的发展，这种观点发生了改变。莱纳斯·托瓦兹最早编写了Linux内核，从技术上来讲，Linux本身只是一个操作系统的内核，或核心部件。它是比它更早的UNIX操作系统的变种。操作系统中还包含来自GNU项目的其他部分，但人们通常会把整个操作系统都称作Linux。莱纳斯·托瓦兹把Linux内核免费发布在了互联网上，随后通过一个自由软件爱好者的全球网络来继续对它进行改进。在最开始，Linux是很难用的，也不适合作为消费类产品或企业产品。渐渐地，一些小公司开始销售Linux的不同版本（包括其手册和技术支持），最终，主要的计算机公司（包括IBM、甲骨文和惠普）几乎都开始使用、支持和销售Linux。其他流行的自由软件的例子包括Mozilla的火狐浏览器（Firefox）和使用最广泛的网站运营程序Apache。谷歌的移动操作系统安卓也是基于Linux开发的，其中包含了很多自由和开源软件的成分。

各大公司开始体会到了开源的好处。有些公司现在还把自己的产品源代码公开，允许在非商业应用中免费使用。采纳自由软件运动的观点之后，公司的期望是，如果程序员能够看到其软件是如何运作的，那么将会更加信任该软件。IBM向开源社区捐赠了数百个专利。自由软件逐渐成为微软的竞争对手，所以那些批评微软的产品和影响的人们把它看作是一种对社会有益的促进。有些国家的政府鼓励政府办公室从微软Office转向基于Linux的办公软件，以避免微软产品的许可证费用。

自由软件模型也存在一些弱点：

（1）对于普通消费者来说，许多自由软件并不好用。

（2）因为任何人都可以修改自由软件，因此一个应用会存在许多版本，却很少有通用的标准，对于非技术性的消费者和企业会产生一个困难和混乱的环境。

（3）许多企业希望能与一个特定的供应商打交道，从而他们可以提出改进和帮助请求；他们对于自由软件运动的松散结构感到不安。

在越来越多的企业学会如何与一个新的范式打交道之后，这其中的一些弱点会逐渐消失；而且还建立了许多新的企业、组织和协作社区来专门支持和改进自由软件（例如为 Linux 提供支持的 Red Hat 和 Ubuntu）。

自由软件和开源背后的精神还传播到了其他形式的创造性作品。例如，伯克利艺术博物馆在网上提供数字艺术作品及其源文件，并允许人们下载和修改这些艺术作品。

对于那些完全反对版权和专有软件的人，对等版权的概念和 GNU 通用公共许可提供了一个很好的机制，在目前的法律框架内保护自由软件的自由。对于那些相信自由软件和专有软件都拥有重要角色的人来说，它们也是使这两种模式可以共存的一种非常好的机制。

【作业】

1. 计算机行业是一个以团队合作为基础的行业，从业者之间可以合作，他人的成果可以（　　）。

　① 参考　　　　② 公开利用　　　③ 任意复制　　　④ 合理剽窃

　A. ①④　　　　B. ①③　　　　　C. ①②　　　　　D. ②③

2. 按照 1967 年 7 月 14 日在斯德哥尔摩签订的《关于成立世界知识产权组织公约》第二条的规定，知识产权应当包括的权利有（　　）项。

　A. 8　　　　　B. 6　　　　　　C. 12　　　　　　D. 4

3. （　　）是一个法律概念，它保护创造性作品，如书籍、文章、戏剧、歌曲（音乐和歌词）、艺术品、电影、软件和视频。

　A. 标签　　　　B. 版权　　　　C. 专利　　　　　D. 协议

4. （　　）是一个法律概念，它保护的是发明，也包括一些基于软件的发明。

　A. 标签　　　　B. 版权　　　　C. 专利　　　　　D. 协议

5. 对于知识产权，要保护的是（　　）。

　A. 有形的逻辑性工作　　　　　　B. 具体物理形态

　C. 具体逻辑过程　　　　　　　　D. 无形的创造性工作

6. 版权保护只能持续有限的时间，例如，作家的寿命再加上 70 年。在此之后，（　　）都可以自由复制和使用该作品。

　A. 任何人　　　B. 继承人　　　C. 官方　　　　　D. 专利部门

7. 在社会上，餐厅、酒吧、商场、卡拉 OK 场所需要为播放受版权保护的音乐而（　　）。侵犯版权会被处以民事或刑事处罚。

　A. 收取费用　　B. 详细记录　　C. 做好宣传　　　D. 支付费用

8. 美国的第一部版权法于 1790 年通过，当时覆盖图书、地图和图表。这部版权法后来扩展到涵盖摄影、录音和电影……版权法发展过程中的一个重要目标是：（　　）。

　A. 不断完善制度，协助收取更多的专利费用

B. 完善好的技术手段，做好专利的保密工作
C. 制定好的法律定义，把保护范围扩展到新的技术
D. 开发新的技术手段，积极宣传专利保护思想

9. （　　）可能会影响是否构成抄袭的判定。例如代笔人在合同中明确同意了不署名的情形。

　　A. 权力影响　　　B. 社会公约　　　C. 技术措施　　　D. 执行手段

10. 软件盗版问题是一个全球化问题。我国已于（　　）年宣布加入保护版权的伯尔尼国际公约，并于次年修改版权法，将软件盗版界定为非法行为。

　　A. 1991　　　　B. 2000　　　　C. 1958　　　　D. 1978

11. 在我国，一般软件通常用（　　）法来保护。软件开发者依法对其设计的软件享有权利。

　　A. 专利权　　　B. 编程权　　　C. 著作权　　　D. 商标权

12. 著作权包括（　　）以及保护作品完整权、使用权和获得报酬权等人身权和财产权。
① 发表权　　② 开发权　　③ 署名权　　④ 修改权

　　A. ①②④　　　B. ②③④　　　C. ①②③　　　D. ①③④

13. 通过复制来夺取知识产权与盗窃有形财产的性质是不同的。版权法（　　）所有未经授权的复制和分发等行为。一个很重要的例外就是合理使用条款。

　　A. 严格研判　　B. 并不关联　　C. 并不禁止　　D. 严格禁止

14. 由于问题的复杂性，在应用"合理使用"准则的过程中，总是会存在道德和法律上的（　　），但它给我们提供了对应于合理道德标准的一个良好框架。

　　A. 目的性　　　B. 不确定性　　C. 确定性　　　D. 指向性

15. 版权法律和法院判决试图在定义作者和出版商的权利的时候应做到符合（　　）这两个目标。
① 促进生产有益的作品　　　　② 提高利润，促进经济发展
③ 鼓励信息的使用和流通　　　④ 尊重创新，提高科技含量

　　A. ③④　　　　B. ①③　　　　C. ②④　　　　D. ①②

16. "合理使用"条款允许（　　）。在合理使用时，不需要版权持有人的许可。
① 在个人计算机之间无偿交换，互通有无
② 在有助于创作新作品时使用受版权保护的材料
③ 在组织内部随意复制，扩大应用范围
④ 不太会剥夺作者或出版商的合法收入的使用行为

　　A. ②④　　　　B. ①②　　　　C. ①③　　　　D. ①④

17. 在环球影城诉索尼公司 Betamar 机器的合法性案例中，法院裁定从电视上录制电影供以后观看（　　）版权。

　　A. 侵犯　　　　B. 不侵犯　　　C. 不存在　　　D. 属于转移

18. 当软件开发人员开发程序时通常依赖应用程序接口（API），这是程序员的"用户界面"。在开发安卓操作系统（2008 年发布第一版）时，谷歌使用了 Java 语言中约占总数 20%的 API。为此，2010 年 8 月甲骨文公司起诉谷歌，一审法官认为 API 不享有版权，2016 年联邦上诉法院裁定 API 可以受到版权保护。2021 年 4 月 5 日，美国最高法院判（　　）。

　　A. 不了了之　　B. 双方和解　　C. 甲骨文胜诉　　D. 谷歌胜诉

19．早期的一些保护软件的不同技术取得了不同程度的成功，这些技术中的大部分后来都"（　　）"。

  A．发了大财 B．成为法律 C．被破解了 D．得到提升

20．（　　）是一组技术，用来控制在数字格式中知识产权的访问和使用。它包括使用加密和其他工具的硬件和软件方案。

  A．DRM B．翻墙 C．诱饵 D．数字水印

【研究性学习】重视知识产权，熟悉"合理使用"条款

1．实验目的

（1）熟悉知识产权包括的定义和核心概念，了解各国关于知识产权保护的主要法律。

（2）熟悉"合理使用"法律条款，了解相关典型案例。

（3）了解相关机构对侵犯版权的防范技术措施。

2．工具/准备工作

在开始本实验之前，请认真阅读课程的相关内容。

需要准备一台带有浏览器，能够访问因特网的计算机。

3．实验内容与步骤

在阅读本章课文的基础上，请简要分析如下题目。

（1）在判断使用受版权保护的材料是否属于合理使用的时候，需要考虑哪四个因素？

答：

① _____

② _____

③ _____

④ _____

（2）在 2008 年美国总统竞选期间，一位平面设计师在互联网上发现了一张奥巴马的照片，并对它进行了修改，使之看起来更像是一个平面设计，由此制作了当时非常流行的"Hope（希望）"竞选海报（可通过网络搜索"奥巴马 Hope"），但是，他没有标注该照片的拍摄者，也没有从拥有该照片版权的美联社那里获得许可。美联社认为，该设计师侵犯了其版权，而把该设计用于运动衫等产品，获得了几十万美元的收入。设计师声称他的使用是合理使用。请根据合理使用准则，对该索赔行为进行评价。

答：_____

（3）阅读某个托管用户视频的网站的会员协议或政策声明。给出你所选择的网站的名称和网址，如果它不是一个知名网站，请给出它的简要介绍。对于上传未经授权包含或使用了他人作品

的文件，它的声明中有没有说明该如何处理？

答：

（4）假如你的叔叔拥有一家三明治店，他要求你为他写一个库存管理程序，你很高兴地帮助了他，也没有对该程序收费。该程序运行良好，并且后来你发现，叔叔把它的拷贝发给了也在经营小吃店的几个朋友。你是否认为你的叔叔应该在把你的程序送人的时候，需要先得到你的许可？你是否认为其他商家应该为使用这些拷贝向你支付费用？为什么？

答：

（5）你认为下列活动中哪些应该是合理使用？使用版权法或法院案件裁决给出你做出这样的判断的原因（如果你认为道德上正确的决定与使用合理使用准则得到的决定不一致，请解释为什么）。

① 拷贝朋友的电子表格软件，试用两个星期，然后将其删除或决定购买自己的拷贝。

② 制作一个计算机游戏的拷贝，玩两个星期，然后将其删除。

答：

（6）服务顾问是一家软件支持公司，向一个软件供应商的客户提供软件维护服务。公司拷贝了供应商的程序，但不是为了转售，而是为客户提供服务。该供应商提起诉讼，而服务公司辩称，他们所做的拷贝是合理使用。请给出双方的论点。你认为哪一方应该赢得诉讼？为什么？

答：

（7）讨论：在未来几年中，数字技术或设备可能发生什么变化，描述一个它们可能会为知识产权保护带来什么样的新问题。

答：

4. 实验总结

_____
_____
_____

5. 实验评价（教师）

_____
_____

第 12 章 区块链技术与应用

【导读案例】促进公共数据依法开放共享

2022 年 1 月 24 日,《浙江省公共数据条例》在杭州发布,浙江省人大法制委员会副主任委员尹林介绍,为夯实数字化改革底座,促进省域整体智治、高效协同,根据公共数据平台一体化、智能化定位,《条例》要求统筹建设浙江全省一体化数字资源系统,推动公共数据、应用、组件、算力等集约管理,促进数字资源高效配置供给,实现数据"多跨"流通。该《条例》系国内首部以公共数据为主题的地方性法规。公共数据管理平台框架如图 12-1 所示。

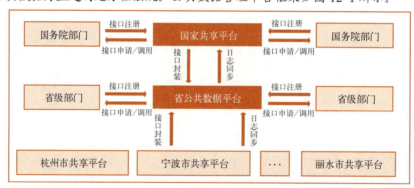

图 12-1 公共数据管理平台

"公共数据主管部门应当依托公共数据平台建设建立统一的数据共享、开放通道,公共管理和服务机构应当通过统一通道共享开放数据,不得新建通道。"尹林解释。

在数据收集方面,《条例》要求公共管理和服务机构收集数据时,不得强制要求个人采用多种方式重复验证或者用特定方式验证。已经通过有效身份证件验明身份的,不得强制通过收集指纹、虹膜、人脸等生物信息重复验证。

《条例》将公共数据共享分为无条件共享、受限共享和不共享三类,明确公共数据以共享为原则、不共享为例外。并根据风险程度,将公共数据分为无条件开放、受限开放、禁止开放三类,明确优先开放与民生紧密相关、社会迫切需要等方面的数据。

此外,为充分释放数据红利,培育大数据相关产业,《条例》建立了公共数据授权运营制度,规定政府可以授权符合安全条件的单位运营公共数据,授权运营单位对利用公共数据加工形成的数据产品和服务可以获取合理收益。

据悉，《浙江省公共数据条例》于 2022 年 1 月 21 日经浙江省第十三届人民代表大会第六次会议表决通过，于 3 月 1 日起施行。

资料来源：综合网络资料。

阅读上文，请思考、分析并简单记录：

（1）为什么"公共数据主管部门应当依托公共数据平台建设建立统一的数据共享、开放通道，公共管理和服务机构应当通过统一通道共享开放数据，不得新建通道。"请简单阐述。

答：＿＿＿＿＿＿＿＿＿＿＿＿＿＿＿＿＿＿＿＿＿＿＿＿＿＿＿＿＿＿＿＿
＿＿＿＿＿＿＿＿＿＿＿＿＿＿＿＿＿＿＿＿＿＿＿＿＿＿＿＿＿＿＿＿＿＿
＿＿＿＿＿＿＿＿＿＿＿＿＿＿＿＿＿＿＿＿＿＿＿＿＿＿＿＿＿＿＿＿＿＿

（2）据悉，《浙江省公共数据条例》是国内首部以公共数据为主题的地方性法规。请简单阐述：为什么是浙江？以公共数据为主题的意义是什么？

答：＿＿＿＿＿＿＿＿＿＿＿＿＿＿＿＿＿＿＿＿＿＿＿＿＿＿＿＿＿＿＿＿
＿＿＿＿＿＿＿＿＿＿＿＿＿＿＿＿＿＿＿＿＿＿＿＿＿＿＿＿＿＿＿＿＿＿
＿＿＿＿＿＿＿＿＿＿＿＿＿＿＿＿＿＿＿＿＿＿＿＿＿＿＿＿＿＿＿＿＿＿

（3）近年来，国内多地先后出台了多部"数据管理"地方法规。请通过网络搜索了解更多，并简单记录。

答：＿＿＿＿＿＿＿＿＿＿＿＿＿＿＿＿＿＿＿＿＿＿＿＿＿＿＿＿＿＿＿＿
＿＿＿＿＿＿＿＿＿＿＿＿＿＿＿＿＿＿＿＿＿＿＿＿＿＿＿＿＿＿＿＿＿＿
＿＿＿＿＿＿＿＿＿＿＿＿＿＿＿＿＿＿＿＿＿＿＿＿＿＿＿＿＿＿＿＿＿＿

（4）请简述你所知道的上一周发生的国内外或者身边的大事：

答：＿＿＿＿＿＿＿＿＿＿＿＿＿＿＿＿＿＿＿＿＿＿＿＿＿＿＿＿＿＿＿＿
＿＿＿＿＿＿＿＿＿＿＿＿＿＿＿＿＿＿＿＿＿＿＿＿＿＿＿＿＿＿＿＿＿＿
＿＿＿＿＿＿＿＿＿＿＿＿＿＿＿＿＿＿＿＿＿＿＿＿＿＿＿＿＿＿＿＿＿＿

12.1 区块链及其发展

区块链（Blockchain，见图 12-2）是信息技术领域一个用于验证信息有效性（防伪）的术语，属于数字资产的另外一种权益。从本质上讲，它是一个共享数据库，存储于其中的数据或信息具有"不可伪造""全程留痕""可以追溯""公开透明""集体维护"等特征。基于这些特征，区块链技术奠定了坚实的"信任"基础，创造了可靠的"合作"机制，具有广阔的运用前景。

2019 年 1 月 10 日，国家互联网信息办公室发布《区块链信息服务管理规定》。2019 年 10 月 24 日，在中央政治局第十八次集体学习时，习近平总书记强调，把区块链作为核心技术自主创新的重要突破口，加快推动区块链技术和产业创新发展。"区块链"已走进大众视野，成为社会的关注焦点。

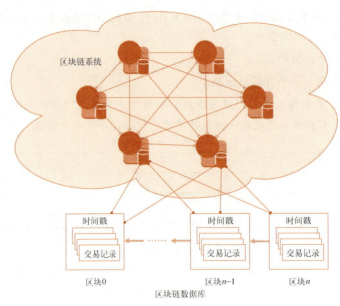

图 12-2　区块链

12.1.1　区块链的定义

狭义区块链是指按照时间顺序，将数据区块以顺序相连的方式组合成链式数据结构，并以密码学方式保证不可篡改和不可伪造的分布式账本。**广义区块链**是利用块链式数据结构验证与存储数据，利用分布式节点共识算法生成和更新数据，利用密码学的方式保证数据传输和访问的安全，利用由自动化脚本代码组成的智能合约，编程和操作数据的全新的分布式基础架构与计算范式。

（1）**公有区块链**。公有区块链是指世界上任何个体或者团体都可以发送交易，且交易能够获得该区块链的有效确认，任何人都可以参与其共识过程。公有区块链是最早也是应用最广泛的区块链，各种比特币系列的虚拟数字货币均基于公有区块链，世界上有且仅有一条该币种对应的区块链。

（2）**联合（行业）区块链**。联合（行业）区块链是由某个群体内部指定多个预选的节点为记账人，每个块的生成由所有的预选节点共同决定（预选节点参与共识过程），其他接入节点可以参与交易，但不过问记账过程（本质上还是托管记账，只是变成分布式记账，预选节点的多少，如何决定每个块的记账者成为该区块链的主要风险点），其他任何人可以通过该区块链开放的 API 进行限定查询。

（3）**私有区块链**。私有区块链指仅仅使用区块链的总账技术进行记账，可以是一个公司，也可以是个人，独享该区块链的写入权限，本链与其他的分布式存储方案没有太大区别。传统金融都想实验尝试私有区块链，而公链的应用已经工业化，私链的应用产品还在摸索当中。

12.1.2　区块链的发展

区块链起源于比特币（见图 12-3）。2008 年 11 月 1 日，一位自称中本聪（Satoshi Nakamoto）的人发表了《比特币：一种点对点的电子现金系统》一文，阐述了基于 P2P 网络技术、加密技术、时间戳技术、区块链技术等的电子现金系统的构架理念，这标志着比特币的诞生。两个月后理论步入实践，2009 年 1 月 3 日第一个序号为 0 的创世区块诞生。2009 年 1 月 9 日出现序号为 1 的区块，并与序号为 0 的创世区块相连接形成了链，标志着区块链的诞生。

图 12-3　比特币

近年来，比特币的发展起起落落，但作为比特币底层技术之一的区块链技术日益受到重视。在比特币形成过程中，区块是一个一个的存储单元，记录了一定时间内各个区块节点的全部的交流信息。各个区块之间通过随机散列（也称哈希算法）实现链接，后一个区块包含前一个区块的哈希值，随着信息交流的扩大，一个区块与一个区块相继接续，形成的结果就叫区块链。

从 2008 年中本聪第一次提出区块链概念，在随后的几年中，区块链成为电子货币比特币的核心组成部分：作为所有交易的公共账簿。通过利用点对点网络和分布式时间戳服务器，区块链数据库能够进行自主管理。区块链使比特币成为第一个解决重复消费问题的数字货币。比特币的设计已经成为其他应用程序的灵感来源。

2014 年，区块链 2.0 成为一个关于去中心化区块链数据库的术语。对这个第二代可编程区块链，经济学家们认为它是一种编程语言，可以允许用户写出更精密和更智能的协议。因此，当利润达到一定程度的时候，就能够从完成的货运订单或者共享证书的分红中获得收益。区块链 2.0 技术跳过了交易和价值交换中担任金钱与信息仲裁的中介机构。它们被用来使人们可以远离全球化经济，使隐私得到保护，使人们将掌握的信息兑换成货币，并且有能力保证知识产权的所有者得到收益。第二代区块链技术使存储个人的"永久数字 ID 和形象"成为可能。

2016 年 1 月 20 日，中国人民银行数字货币研讨会宣布对数字货币研究取得阶段性成果。会议肯定了数字货币在降低传统货币发行等方面的价值，并表示央行在探索发行数字货币。中国人民银行数字货币研讨会的声明大大增强了数字货币行业信心。这是继 2013 年 12 月 5 日央行等五部委发布关于防范比特币风险的通知之后，第一次对数字货币表示明确的态度。

2016 年 12 月 20 日，数字货币联盟——中国（深圳）FinTech 数字货币联盟及中国（深圳）FinTech 研究院正式筹建。

12.1.3　区块链的特征

区块链技术具有以下特征：

（1）去中心化。区块链技术不依赖额外的第三方管理机构或硬件设施，没有中心管制，除了自成一体的区块链本身，通过分布式核算和存储，各个节点实现了信息自我验证、传递和管理。去中心化是区块链最突出、最本质的特征。

（2）开放性。区块链技术基础是开源的，除了交易各方的私有信息被加密外，区块链的数据对所有人开放，任何人都可以通过公开的接口查询区块链数据和开发相关应用，因此整个系统信息高度透明。

（3）**独立性**。基于协商一致的规范和协议（类似比特币采用的哈希算法等各种数学算法），整个区块链系统不依赖其他第三方，所有节点能够在系统内自动安全地验证、交换数据，不需要任何人为的干预。

（4）**安全性**。只要不能掌控全部数据节点的51%，就无法肆意操控修改网络数据，这使区块链本身变得相对安全，避免了主观人为的数据变更。

（5）**匿名性**。除非有法律规范要求，单从技术上来讲，各区块节点的身份信息不需要公开或验证，信息传递可以匿名进行。

12.2 区块链核心技术

一般说来，区块链系统由数据层、网络层、共识层、激励层、合约层和应用层组成（见图12-4）。

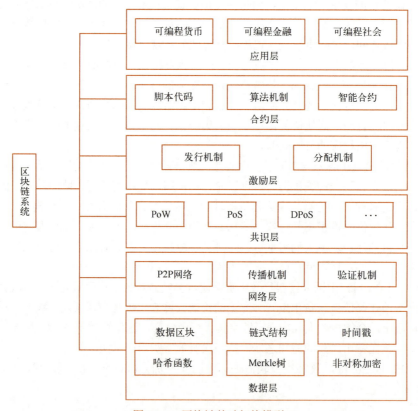

图 12-4 区块链基础架构模型

其中，数据层封装了底层数据区块以及相关的数据加密和时间戳等基础数据与基本算法；网络层则包括分布式组网机制、数据传播机制和数据验证机制等；共识层主要封装网络节点的各类共识算法；激励层将经济因素集成到区块链技术体系中，主要包括经济激励的发行机制和分配机制等；合约层主要封装各类脚本、算法和智能合约，是区块链可编程特性的基础；应用层则封装了区块链的各种应用场景和案例。该模型中，基于时间戳的链式区块结构、分布式节点的共识机制、基于共识算力的经济激励和灵活可编程的智能合约是区块链技术最具代表性的创新点。

12.2.1 分布式账本

分布式账本指的是交易记账由分布在不同地方的多个节点共同完成,而且每一个节点记录的是完整的账目,因此它们都可以参与监督交易合法性,同时也可以共同为其作证(见图12-5)。

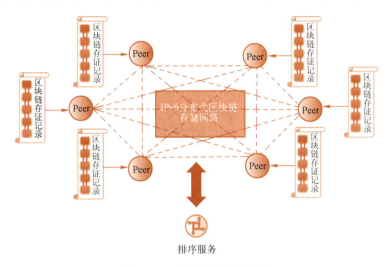

图 12-5 分布式区块链账本

与传统的分布式存储有所不同,区块链的分布式存储的独特性主要体现在两个方面:一是区块链每个节点都按照块链式结构存储完整的数据,传统分布式存储一般是将数据按照一定的规则分成多份进行存储。二是区块链每个节点存储都是独立的、地位等同的,依靠共识机制保证存储的一致性,传统分布式存储一般是通过中心节点往其他备份节点同步数据。区块链中没有任何一个节点可以单独记录账本数据,从而避免了单一记账人被控制或者被贿赂而记假账的可能性。由于记账节点足够多,理论上讲除非所有的节点被破坏,否则账目就不会丢失,从而保证了账目数据的安全性。

12.2.2 非对称加密

存储在区块链上的交易信息是公开的,但是账户身份信息是高度加密的,只有在数据拥有者授权的情况下才能访问到,从而保证了数据的安全和个人的隐私,一个非对称加密机制的示例如图12-6所示。

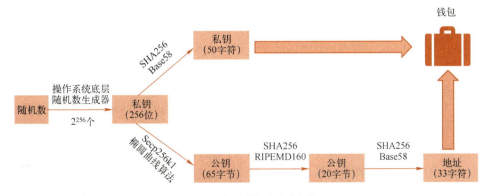

图 12-6 非对称加密机制示例

12.2.3 共识机制

共识机制就是所有记账节点之间怎么达成共识，去认定一个记录的有效性，这既是认定的手段，也是防止篡改的手段。区块链提出了四种不同的共识机制，适用于不同的应用场景，以在效率和安全性之间取得平衡。

区块链的共识机制具备"少数服从多数""人人平等"的特点。其中"少数服从多数"并不完全指节点个数，也可以是计算能力、股权数或者其他的计算机可以比较的特征量。"人人平等"是当节点满足条件时，所有节点都有权优先提出共识结果、直接被其他节点认同后并最后有可能成为最终共识结果。以比特币为例，采用的是工作量证明，只有在控制了全网超过51%的记账节点的情况下，才有可能伪造出一条不存在的记录。当加入区块链的节点足够多的时候，这基本上不太可能，从而杜绝了造假的可能。

12.2.4 智能合约

智能合约是基于可信的不可篡改的数据，可以自动化地执行一些预先定义好的规则和条款。以保险为例，如果说每个人的信息（包括医疗信息和风险发生的信息）都是真实可信的，那就很容易在一些标准化的保险产品中去进行自动理赔。在保险公司的日常业务中，虽然交易不像银行和证券行业那样频繁，但是对可信数据的依赖有增无减。因此，利用区块链技术，从数据管理的角度切入，能够有效地帮助保险公司提高风险管理能力。具体来讲可以分为投保人的风险管理和保险公司的风险监督。

12.3 区块链技术的应用

区块链的落地应用有三个阶段。1.0是数字货币，比特币是先驱。2.0是去中心化应用的初级阶段，也是目前所处的阶段，此时去中心化的应用虽然已具雏形，但是仍有非常多的不足之处，无法被广泛应用。以太坊和运行在以太坊上的智能合约是这个阶段最典型的代表。3.0是去中心化应用的成熟和广泛应用阶段，不同的去中心化解决方案会应用在所需要的场景之中。

1. 金融与保险领域

区块链在国际汇兑、信用证、股权登记和证券交易所等金融领域有着潜在的巨大应用价值。将区块链技术应用在金融行业中，能够省去第三方中介环节，实现点对点的直接对接，从而在大大降低成本的同时，快速完成交易支付。

例如Visa推出基于区块链技术的Visa B2B Connect，它能为机构提供一种费用更低、更快速和安全的跨境支付方式来处理全球范围的企业对企业的交易，而传统的跨境支付需要等3～5天，并为此支付1%～3%的交易费用。Visa还联合Coinbase推出了首张比特币借记卡，花旗银行则在区块链上测试运行加密货币"花旗币"。

在保险理赔方面，保险机构负责资金归集、投资、理赔，往往管理和运营成本较高。通过智能合约的应用，既无须投保人申请，也无须保险公司批准，只要触发理赔条件，实现保单自动理赔。一个典型的应用案例就是LenderBot，是2016年由区块链企业Stratumn、德勤与支付服务商Lemonway合作推出，它允许人们通过脸书的聊天功能，注册定制化的微保险产品，为个人之间交换的高价值物品进行投保，而区块链在贷款合同中代替了第三方角色。

2. 物联网和物流领域

区块链在物联网和物流领域也可以天然结合。通过区块链可以降低物流成本，追溯物品的生产和运送过程，并提高供应链管理的效率。该领域被认为是区块链一个很有前景的应用方向。

区块链通过节点连接的散状网络分层结构，能够在整个网络中实现信息的全面传递，并能够检验信息的准确程度。这种特性一定程度上提高了物联网交易的便利性和智能化。"区块链+大数据"的解决方案利用了大数据的自动筛选过滤模式，在区块链中建立信用资源，可双重提高交易的安全性，并提高物联网交易的便利程度。为智能物流模式应用节约时间成本。区块链节点具有十分自由的进出能力，可独立地参与或离开区块链体系，不对整个区块链体系有任何干扰。"区块链+大数据"解决方案还利用了大数据的整合能力，促使物联网基础用户拓展更具有方向性，便于在智能物流的分散用户之间实现用户拓展。

3. 公共服务领域

区块链在公共管理、能源、交通等领域都与民众的生产生活息息相关，但是这些领域的中心化特质也带来了一些问题，可以用区块链来改造。区块链提供的去中心化的完全分布式 DNS 服务通过网络中各个节点之间的点对点数据传输服务就能实现域名的查询和解析，可用于确保某个重要的基础设施的操作系统和固件没有被篡改，可以监控软件的状态和完整性，发现不良的篡改，并确保使用了物联网技术的系统所传输的数据没有经过篡改。

区块链上存储的数据，高可靠且不可篡改，天然适合用在社会公益场景。公益流程中的相关信息，如捐赠项目、募集明细、资金流向、受助人反馈等，均可以存放于区块链上，并且有条件地进行透明公开公示，方便社会监督。

4. 数字版权领域

通过区块链技术，可以对作品进行鉴权，证明文字、视频、音频等作品的存在，保证权属的真实、唯一性。作品在区块链上被确权后，后续交易都会进行实时记录，实现数字版权全生命周期管理，也可作为司法取证中的技术性保障。例如，美国纽约一家创业公司 Mine Labs 开发了一个基于区块链的元数据协议，这个名为 Mediachain 的系统利用 IPFS 文件系统，实现数字作品版权保护，主要是面向数字图片的版权保护应用。

5. 面临的挑战

从实践进展来看，区块链技术在商业银行的应用大部分仍在构想和测试之中，距离在生活、生产中的运用还有很长的路，而要获得监管部门和市场的认可也面临不少困难，主要有：

（1）受到现行观念、制度、法律制约。区块链去中心化、自我管理、集体维护的特性颠覆了人们的生产生活方式，淡化了国家、监管概念，冲击了现行法律安排。对于这些，整个世界完全缺少理论准备和制度探讨。即使是区块链应用最成熟的比特币，不同国家持有态度也不相同，不可避免地阻碍了区块链技术的应用与发展。解决这类问题，显然还有很长的路要走。

（2）在技术层面，区块链尚需突破性进展。区块链应用尚在实验室初创开发阶段，没有直观可用的成熟产品。比之于互联网技术，人们可以用浏览器、App 等具体应用程序，实现信息的浏览、传递、交换和应用，但区块链明显缺乏这类突破性的应用程序，面临高技术门槛障碍。再例如，区块容量问题，由于区块链需要承载复制之前产生的全部信息，下一个区块信息量要大于之前区块信息量,这样传递下去,区块写入信息会无限增大,带来的信息存储、验证、容量问题均有待解决。

(3) 竞争性技术挑战。虽然有很多人看好区块链技术,但也要看到推动人类发展的技术有很多种,哪种技术更方便更高效,人们就会应用该技术。例如,在通信领域应用区块链技术,通过群发信息的方式每次发给全网的所有人,但是只有那个有私钥的人才能解密打开信件,这样信息传递的安全性就会大大增加。同样,量子技术也可以做到,量子通信——利用量子纠缠效应进行信息传递——同样具有高效安全的特点,近年来取得了不小的进展,这对于区块链技术来说具有很强的竞争优势。

随着区块链技术成为社会关注热点,被监管部门严厉打击的虚拟货币出现死灰复燃势头。针对这一新情况,多地监管部门宣布,新一轮清理整顿已经展开。2019 年 11 月 22 日,国家互联网金融风险专项整治小组办公室表示,区块链的内涵很丰富,但并不等于虚拟货币。所有打着区块链旗号关于虚拟货币的推广宣传活动都是违法违规的。监管部门对于虚拟货币炒作和虚拟货币交易场所的打击态度没有丝毫改变。

12.4 区块链技术与安全

随着业界对网络安全问题关注度的日益提升,越来越多的专家开始寻找更多的途径,以打击网络犯罪和数据盗取。终端用户或消费者群体,也更加注重网络安全,安全性成为其选择网络产品服务的一大前提。区块链技术被广泛视为实现更安全的互联网的重要抓手,它的优势主要来源于其技术原理与当前互联网结构的不同。

区块链技术是一个去中心化的分布式账本系统,人们可以把任何数字资产放入区块链,无论任何行业。它使用一系列具有时间戳的不可变记录来保存信息,由计算机集群进行管理。通过这些记录可以跟踪不同的事务,这些记录通过区块来分隔,并由加密链连接。同时,数据并不属于某台计算机或某个个体,而是由整个系统内的多个用户共同拥有。

区块链技术如何推进网络安全?

(1) 物联网与边缘计算。随着物联网、边缘计算的发展,越来越多的数据分布在边缘计算和存储设备上,以进行实时、按需访问,也就是在更靠近数据源的位置处理和存储数据。区块链通过更严格的身份认证、改进的数据属性,以及更先进的记录管理系统,为物联网和工业物联网提供了一个安全的解决方案。

在物联网设备方面,区块链技术基于其去中心化的架构,能够为远程物联网设备提供安全性,保障其不受黑客攻击。智能合约可以为区块链环境下的交易提供安全验证,同时区块链可用于管理物联网活动。

(2) 数据访问控制。因为区块链最初设想的一个目标是能够实现公开访问,所以它并没有访问控制或限制。不过,如今各个行业都会通过使用私有区块链系统,确保数据机密性以及安全访问控制。区块链的完全加密,能够确保外部无法访问数据——无论是部分还是全部数据,特别是在传输数据时。

(3) DDoS 攻击。分布式拒绝服务(DDoS)攻击的目标通常是一个服务器,该服务器会受到多个受感染的计算机系统的攻击,通过拒绝服务导致系统变慢,最终导致系统过载或崩溃。如果将区块链集成到安全系统中,目标计算机、服务器或网络将成为去中心化系统的一部分,可以保护这些机器不受攻击。

（4）**个人通信**。使用基于区块链技术搭建的平台进行通信，企业可以获得更高的安全性，该技术可以抵御恶意攻击。无论在个人、企业还是高度机密的通信中，消费者都可以获得通信的保密性，无须担心网络攻击。区块链能比普通加密应用更好地处理公钥基础设施（PKI），因此现在有很多企业希望开发区块链私人通信应用。

（5）**公钥基础设施**。如今人们更加注重保护计算机和在线凭证的安全，而区块链技术也可以在这方面提供帮助。PKI 依赖第三方认证机构来保证通信应用程序、电子邮件和网站的安全。这些颁发、撤销或存储密钥对的发证机构，往往会成为黑客的目标，后者一般会使用伪造身份试图访问加密通信。当这些密钥被编码在区块链上时，它将生成虚假密钥或盗窃身份的可能最小化，因为合法账户持有人的身份已经在应用程序上得到验证，任何入侵、欺骗或身份盗窃都可以立即被识别出来。

（6）**域名系统**。采用区块链方法去存储域名系统（DNS），可以全面提高安全性。因为它不再是单个的、存有风险的目标，可以阻止黑客搞垮 DNS 服务提供商的恶意活动。

随着不断加深对区块链的认识，越来越多的人投入到区块链技术的应用与研发，这项技术正在慢慢成熟。随着区块链在不同行业场景中应用的增加，以及国家对区块链技术的政策导向，区块链已经发生了巨大的改变，不再是加密货币的代名词。区块链技术可能是因加密货币而生，但其价值绝不仅限于加密货币。区块链是一种安全可靠的技术，一旦融入主流安全措施，它可以为推进网络安全带来很多实际的好处。

随着黑客不断创造新的、更刁钻的数据窃取和攻击方式，网络安全的威胁正在加剧，区块链技术很可能在未来几年成为网络安全的前沿。从一定程度上来说，如今的区块链正是网络安全的未来。

【作业】

1.（　　）是信息技术领域一个用于验证信息有效性（防伪）的术语，属于数字资产的另外一种权益。
　　A．安全锁　　　B．认证码　　　C．区块链　　　D．可视化

2. 从本质上讲，区块链是一个（　　），存储于其中的数据或信息，具有"不可伪造""全程留痕""可以追溯""公开透明""集体维护"等特征。
　　A．共享数据库　　B．加密算法集　　C．安全关系链　　D．数据追溯链

3.（　　）年 1 月 10 日，国家互联网信息办公室发布《区块链信息服务管理规定》。
　　A．2000　　　B．2019　　　C．2021　　　D．2012

4.（　　）区块链是指按照时间顺序，将数据区块以顺序相连的方式组合成的链式数据结构，并以密码学方式保证的不可篡改和不可伪造的分布式账本。
　　A．私有　　　B．公有　　　C．广义　　　D．狭义

5.（　　）区块链是利用块链式数据结构验证与存储数据，利用分布式节点共识算法生成和更新数据，利用密码学的方式保证数据传输和访问的安全、利用由自动化脚本代码组成的智能合约，编程和操作数据的全新的分布式基础架构与计算范式。
　　A．私有　　　B．公有　　　C．广义　　　D．狭义

6.（　　）区块链是指世界上任何个体或者团体都可以发送交易，且交易能够获得该区块链的有效确认，任何人都可以参与其共识过程。
　　A．私有　　　B．公有　　　C．广义　　　D．狭义

7. （　　）区块链是指仅仅使用区块链的总账技术进行记账，可以是一个公司，也可以是个人，独享该区块链的写入权限，类似于分布式存储方案。

  A．私有   B．公有   C．广义   D．狭义

8．2008年11月1日，一位自称中本聪的人发表了《比特币：一种点对点的电子现金系统》一文，阐述了基于P2P网络技术、加密技术、时间戳技术、区块链技术等的电子现金系统的构架理念，这标志着（　　）的诞生。

  A．供应链   B．区块链   C．瑞波币   D．比特币

9．2009年1月3日，第一个序号为0的创世区块诞生。2009年1月9日出现序号为1的区块，并与序号为0的创世区块相连接形成了链，标志着（　　）的诞生。

  A．供应链   B．区块链   C．瑞波币   D．比特币

10．在比特币形成过程中，区块是一个一个的存储单元，记录了一定时间内各个区块节点全部的交流信息。各个区块之间通过哈希算法实现前后链接。随着信息交流的扩大，一个区块与一个区块相继继续，形成的结果就叫（　　）。

  A．供应链   B．信息链   C．区块链   D．产业链

11．区块链技术具有一些特征，其中（　　）是指基于协商一致的规范和协议（类似哈希算法等各种数学算法），整个区块链系统不依赖其他第三方，所有节点能够在系统内自动安全地验证、交换数据，不需要任何人为的干预。

  A．开放性   B．安全性   C．去中心化 D．独立性

12．区块链技术具有一些特征，其中（　　）是指不依赖额外的第三方管理机构或硬件设施，没有中心管制，除了自成一体的区块链本身，通过分布式核算和存储，各个节点实现了信息自我验证、传递和管理。

  A．开放性   B．安全性   C．去中心化 D．独立性

13．区块链技术具有一些特征，其中（　　）是指技术的基础是开源的，除了交易各方的私有信息被加密外，区块链的数据对所有人开放，任何人都可以通过公开的接口查询区块链数据和开发相关应用，因此整个系统信息高度透明。

  A．开放性   B．安全性   C．去中心化 D．独立性

14．区块链技术具有一些特征，其中（　　）是指只要不能掌控全部数据节点的51%，就无法肆意操控修改网络数据，这使区块链本身变得相对安全，避免了主观人为的数据变更。

  A．开放性   B．安全性   C．去中心化 D．独立性

15．区块链技术的（　　）是指除非有法律规范要求，单从技术上来讲，各区块节点的身份信息不需要公开或验证，信息传递可以匿名进行。

  A．综合性   B．随机性   C．匿名性   D．公开性

16．区块链的核心技术中，（　　）指的是交易记账由分布在不同地方的多个节点共同完成，而且每一个节点记录的是完整的账目，因此它们都可以参与监督交易合法性，同时也可以共同为其作证。

  A．分布式账本 B．智能合约 C．非对称加密 D．共识机制

17．区块链的核心技术中，（　　）指的是存储在区块链上的交易信息是公开的，但是账户身份信息是高度加密的，只有在数据拥有者授权的情况下才能访问到，从而保证了数据的安全和个人的隐私。

  A．分布式账本 B．智能合约 C．非对称加密 D．共识机制

18. 区块链的核心技术中，（　　）指的是所有记账节点之间怎么达成共识，去认定一个记录的有效性，这既是认定的手段，也是防止篡改的手段。

  A．分布式账本 B．智能合约 C．非对称加密 D．共识机制

19. 区块链的核心技术中，（　　）指的是基于这些可信的不可篡改的数据，可以自动化地执行一些预先定义好的规则和条款。

  A．分布式账本 B．智能合约 C．非对称加密 D．共识机制

20. 区块链技术被广泛视为实现更安全的互联网的重要抓手——它的优势主要来源于其（　　）与当前互联网结构的不同。

  A．系统粒度 B．带宽水平 C．技术原理 D．产业规模

【课程学习与实验总结】

至此，我们顺利完成了本书有关"专业伦理与职业素养"课程的全部学习与实验。为巩固通过学习与实验所了解和掌握的相关知识与技术，请就所学课程做一个系统的总结。由于篇幅有限，如果书中预留的空白不够，请另外附纸张粘贴在边上。

1. 学习与实验的基本内容

（1）本学期完成的"专业伦理与职业素养"的学习与实验内容主要有（请根据实际完成情况填写）：

第 1 章：主要内容是：＿＿

第 2 章：主要内容是：＿＿

第 3 章：主要内容是：＿＿

第 4 章：主要内容是：＿＿

第 5 章：主要内容是：＿＿

第 6 章：主要内容是：＿＿

第 7 章：主要内容是：＿＿

第 8 章：主要内容是：＿＿

第 9 章：主要内容是：＿＿

第 10 章：主要内容是：＿＿＿

第 11 章：主要内容是：＿＿＿

第 12 章：主要内容是：_____
_____

(2) 请回顾并简述：通过学习和实验，你初步了解了哪些有关伦理、职业、素养等的知识概念（至少 3 项）。

① 名称：_____
简述：_____
_____
_____

② 名称：_____
简述：_____
_____
_____

③ 名称：_____
简述：_____
_____
_____

④ 名称：_____
简述：_____
_____
_____

2. 学习和实验的基本评价

(1) 在全部学习和实验内容中，你印象最深，或者相比较而言你认为最有价值的是哪些？

① _____
你的理由是：_____
_____

② _____
你的理由是：_____
_____

(2) 在所有学习和实验中，你认为应该得到加强的是哪些？

① _____
你的理由是：_____
_____

② _____
你的理由是：_____
_____

(3) 对于本课程的学习和实验内容，你认为应该改进的意见和建议是什么？
_____
_____
_____

3. 课程学习能力测评

请根据你在本课程的学习和实验情况，客观地对自己的课程学习能力做一个测评。请给表 12-1 的"测评结果"栏中合适的项打"√"。

表 12-1　课程学习能力测评

关键能力	评价指标	测评结果				
		很好	较好	一般	勉强	较差
课程主要内容	1. 了解本课程的主要内容，熟悉本课程的大多数概念					
	2. 熟悉计算学科的社会背景					
	3. 了解通过网络自主学习的必要性和可行性					
	4. 掌握通过网络提高专业能力、丰富专业知识的学习方法					
对伦理和道德的认识	1. 熟悉伦理与道德的主要概念					
	2. 了解科技伦理、技术伦理和工程伦理					
	3. 熟悉算法，理解算法透明					
对专业伦理的认识	1. 熟悉计算机伦理规则					
	2. 熟悉网络伦理规则					
	3. 熟悉大数据伦理规则					
	4. 熟悉人工智能伦理规则					
	5. 熟悉职业和职业素养的概念与知识					
	6. 熟悉工匠精神和工程教育基础知识					
	7. 熟悉计算学科及其职业					
	8. 熟悉安全及其法律，熟悉知识产权保护					
自我管理与交流能力	1. 培养自己的责任心掌握、管理自己的时间					
	2. 知道尊重他人观点，能开展有效沟通，在团队合作中表现积极					
	3. 能获取并反馈信息					
解决问题与创新能力	1. 能根据现有的知识与技能创新性地提出有价值的观点					
	2. 能运用不同思维方式发现并解决一般问题					

说明："很好"为 5 分，"较好"为 4 分，其余类推。各栏目合计为 100 分，你给自己的测评分是：＿＿＿＿＿＿分。

4. 课程学习和实验总结

_____
_____
_____
_____

5. 课程学习总结评价（教师）

附录

附录 A　作业参考答案

第 1 章

1. A	2. B	3. C	4. A
5. D	6. B	7. A	8. A
9. C	10. A	11. D	12. C
13. B	14. D	15. A	16. B
17. C	18. D	19. B	20. B

第 2 章

1. C	2. B	3. A	4. D
5. C	6. B	7. C	8. A
9. D	10. C	11. A	12. D
13. A	14. C	15. D	16. A
17. A	18. C	19. D	20. B

第 3 章

1. B	2. C	3. D	4. A
5. C	6. B	7. D	8. A
9. C	10. B	11. A	12. C
13. D	14. B	15. C	16. A
17. D	18. B	19. C	20. C

第 4 章

1. D	2. A	3. B	4. C
5. D	6. A	7. C	8. D
9. A	10. B	11. C	12. A
13. D	14. B	15. C	16. D
17. A	18. C	19. B	20. D

第 5 章

1. C	2. A	3. B	4. C
5. D	6. B	7. A	8. C
9. B	10. D	11. A	12. C
13. A	14. D	15. C	16. A
17. D	18. B	19. C	20. A

第 6 章

1. A	2. C	3. D	4. B
5. A	6. C	7. B	8. D
9. A	10. B	11. A	12. D
13. C	14. B	15. A	16. D
17. B	18. C	19. A	20. C

第 7 章

1. D	2. B	3. A	4. C
5. B	6. D	7. B	8. A
9. C	10. D	11. B	12. D
13. C	14. B	15. C	16. B
17. D	18. A	19. A	20. C

第 8 章

1. B	2. D	3. D	4. A
5. D	6. C	7. A	8. B
9. D	10. A	11. B	12. C
13. A	14. D	15. B	16. C
17. A	18. D	19. D	20. D

第 9 章

1. B	2. A	3. D	4. C
5. C	6. A	7. B	8. D
9. C	10. 略	11. A	12. B
13. C	14. A	15. D	16. B
17. C	18. A	19. C	20. D

第 10 章

1. B	2. C	3. D	4. A
5. B	6. D	7. C	8. A
9. D	10. B	11. A	12. D
13. B	14. C	15. A	16. D
17. C	18. A	19. C	20. A

第 11 章

1. C	2. A	3. B	4. C
5. D	6. A	7. D	8. C
9. B	10. A	11. C	12. D
13. C	14. B	15. B	16. A
17. B	18. D	19. C	20. A

第 12 章

1. C	2. A	3. B	4. D
5. C	6. B	7. A	8. D
9. B	10. C	11. D	12. C
13. A	14. B	15. C	16. A
17. C	18. D	19. B	20. C

参 考 文 献

[1] 季凌彬，周苏．AI 伦理与职业素养[M]．北京：中国铁道出版社，2020．

[2] 梯利．伦理学导论[M]．何意，译．北京：北京师范大学出版集团，2015．

[3] 芭氏．IT 之火：计算机技术与社会、法律和伦理[M]．郭耀，译．北京：机械工业出版社，2020．

[4] 周海钧，周苏．大数据伦理与职业素养[M]．北京：清华大学出版社，2022．

[5] 李伦．人工智能与大数据伦理[M]．北京：科学出版社，2018．

[6] 周苏．大数据导论[M]．2 版．北京：清华大学出版社，2022．

[7] 周苏，王文．大数据可视化[M]．北京：清华大学出版社，2016．

[8] 周苏，张丽娜，王文．大数据可视化技术[M]．北京：清华大学出版社，2016．

[9] 吴明晖，周苏．大数据分析[M]．北京：清华大学出版社，2020．

[10] 柳俊，周苏．大数据存储：从 SQL 到 NoSQL[M]．北京：清华大学出版社，2021．

[11] 周苏，王文，张丽娜，等．新编计算机导论[M]．2 版．北京：机械工业出版社，2019．

[12] 周苏，张丽娜，陈敏玲．创新思维与 TRIZ 创新方法[M]．2 版．北京：清华大学出版社，2018．